普通高等教育"十二五"规划教材

事故调查与分析技术

主　　编　刘双跃

副 主 编　何发龙　王　娟

参编人员　高卫凯　胡　欢　李　玲

刘小芬　宋管政　夏　川

吴　情　杨　蕾　张天麒

北　京

冶 金 工 业 出 版 社

2024

内 容 提 要

本书系统地阐述了事故调查与分析的理论、方法及技术。全书共8章，主要内容为事故的管理与规定、事故致因理论、事故调查分析、事故原因分析与损失计算、危险化学品火灾与爆炸事故调查、煤矿事故调查分析、建筑工程事故调查分析、事故调查报告的编写。章末附有习题和思考题，便于学生掌握所学知识。

本书为高等学校安全工程专业本科教材，也可供研究生、工程技术人员参考。

图书在版编目(CIP)数据

事故调查与分析技术/刘双跃主编．—北京：冶金工业出版社，2014.8(2024.1 重印)

普通高等教育“十二五”规划教材

ISBN 978-7-5024-6724-1

Ⅰ.①事…　Ⅱ.①刘…　Ⅲ.①事故—调查—高等学校—教材　②事故分析—高等学校—教材　Ⅳ.①X928

中国版本图书馆 CIP 数据核字(2014)第 198364 号

事故调查与分析技术

出版发行　冶金工业出版社　　**电　话**　(010)64027926

地　址　北京市东城区嵩祝院北巷 39 号　　**邮　编**　100009

网　址　www.mip1953.com　　**电子信箱**　service@mip1953.com

责任编辑　杨　敏　美术编辑　吕欣童　版式设计　孙跃红

责任校对　禹　蕊　责任印制　窦　唯

北京虎彩文化传播有限公司印刷

2014 年 8 月第 1 版，2024 年 1 月第 6 次印刷

787mm×1092mm　1/16；15.25 印张；367 千字；233 页

定价 34.00 元

投稿电话　(010)64027932　投稿信箱　tougao@cnmip.com.cn

营销中心电话　(010)64044283

冶金工业出版社天猫旗舰店　yjgycbs.tmall.com

(本书如有印装质量问题，本社营销中心负责退换)

前　言

事故调查与分析技术是安全领域中一门多学科交叉的学科,具有涉及范围广、应用性强的特点。本书根据北京科技大学安全工程专业的发展需要,在大量参考国内外有关技术资料和多年作为内部教材试用的基础上编写而成。其突出特色如下:

将未遂事故的调查与分析纳为本书内容。通常事故调查与分析是指伤亡事故的原因调查和责任追究,本书在详细阐述伤亡事故调查与分析的基础上,引入了未遂事故的调查与分析。通过对无伤害的事故进行收集、调查和研究,可以掌握事故发生的倾向和概率,有效预防伤害事故的发生,这在工作上更为实用。安全工程专业的本科学生,在校期间掌握(具备)未遂事故调查与分析的知识和能力,具有现实意义。

突出行业特色、注重实践。本书在叙述完事故调查与分析的基础理论和方法后,结合危险化学品、煤矿、建筑施工重点行业典型事故进行分析,让学生了解不同行业事故调查与分析的实际情况,具有较强的实践性和可操作性。

框架知识表示法实现事故案例分析的知识化。本书引入了框架知识表示法,它是在事故调查与分析中,设法实现事故案例隐性知识向显性知识的有效提取,并从信息化角度进行事故案例的推理应用,加快事故调查的原因分析进度。框架知识表示法将在实际工作中应用越来越广,让安全工程专业本科学生学习此法具有前瞻性。

本书已列入北京科技大学校级"十二五"规划教材,得到学校教材建设经费的资助;在编写的过程中,参考了行业领域内一些专家、教授、学者的著作,在此一并表示感谢。

书中难免存在疏漏之处,敬请批评指正,以便持续改进。

编　者

2014年5月

目　录

1 事故管理与规定

本章学习要点：

（1）了解及对比国内外事故现状，理解事故调查与分析的重要意义。

（2）掌握事故定义、内涵、特征、形成和分类的基本概念。

（3）掌握未遂事故的定义、起源、分类及重大未遂事故标准的知识。

（4）明确法律法规中对事故报告、事故调查、事故处理等的相关规定，了解事故调查与分析的法律依据和标准。

1.1 事故概述

1.1.1 国外事故现状

人们经常可以从报纸、电视、广播等媒体上看到或者听到各类事故的报道，如道路交通事故、煤矿瓦斯爆炸事故、危险化学品爆炸事故、建筑坍塌事故、工伤事故，等等。

近年来，随着社会的不断发展，事故不断发生，造成的伤亡及财产损失给人们的生活及心灵造成了极大的伤害。

说到事故报道，尤以伤亡人数较多、经济损失较为惨重的煤矿事故为典型代表。世界主要产煤国家的煤矿事故统计如下：

据美国联邦矿山安全健康局统计，2005 年美国煤矿事故死亡 23 人，百万吨死亡率为 0.02；2007 年美国煤矿事故死亡人数 22 人，百万吨死亡率为 0.033；2008 年，美国煤矿事故共死亡 30 人，受伤 4230 人，20 万工时死亡率为 0.02，百万吨死亡率为 0.028。

据俄罗斯官方数据统计，俄罗斯 2004 年煤矿事故死亡人数为 148 人；2005 年煤矿事故死亡人数为 107 人；2006 年煤矿事故死亡人数为 85 人，百万吨死亡率为 0.27；2007 年煤矿事故死亡人数为 243 人，百万吨死亡率为 0.77；2008 年共发生 12 起重大事故，死亡人数降至 62 人，百万吨死亡率为 0.19。

据南非矿产能源部统计，2007 年南非煤矿事故死亡 13 人，百万吨死亡率为 0.05；2008 年南非矿山事故共死亡 171 人，其中煤矿死亡 20 人，百万工时死亡率为 0.15，百万吨死亡率为 0.079，受伤 332 人，百万工时受伤率为 2.42。

据印度煤炭部统计，2007 年印度煤矿死亡人数为 75 人，百万吨死亡率为 0.156；2008 年印度煤矿共发生死亡事故 67 起，死亡 82 人，严重事故 774 起，重伤 782 人，百万吨死亡率为0.154。

据波兰最高矿山局统计，2007年波兰煤矿事故死亡人数为16人，百万吨死亡率为0.11；2008年波兰硬煤矿井死亡24人，百万吨死亡率为0.29，硬煤矿井与褐煤矿井合计百万吨死亡率为0.17。

据乌克兰国家战略研究所统计，乌克兰2007年煤矿事故死亡人数为318人，百万吨死亡率为4.14；2008年1~8月，死亡400人，百万吨死亡率高达7.63。

除此之外，近年来其他行业的伤亡事故也时有发生。如：2012年2月14日，洪都拉斯中部城市科马亚瓜一所监狱发生火灾，导致至少272名囚犯丧生，另有十几人受伤；2012年9月11日，巴基斯坦两座工厂发生的火灾造成至少315人死亡，另有至少275人受伤；2012年9月18日，墨西哥东北部墨西哥国家石油公司一天然气处理厂发生火灾，事故造成26人死亡；2012年11月24日18时50分，位于孟加拉国首都达卡北部30km处的一家服装厂发生严重火灾，死亡人数达到112人。

1.1.2 国内事故现状

据国家安全生产监督管理总局统计：2010年全国发生各类事故363383起（见图1-1），死亡79552人，其中工矿商贸企业事故总量和死亡人数分别为8431起、10616人；煤矿事故起数和死亡人数分别为1403起、死亡2433人；非煤矿山共发生生产安全事故1009起、死亡1271人，发生较大事故43起、死亡179人，发生重大生产安全事故2起、死亡26人。2011年全国发生各类事故347728起，死亡75572人，全国煤矿发生事故1201起、死亡1973人。2012年全国发生各类事故约33.7万起，死亡71983人。平均每天大约发生各类事故950起，大约200人在事故中丧生，一次死亡10人以上的重特大事故发生了59起。2013年全国发生各类事故30.9万起、死亡6.9万人，同比分别下降8.2%和3.5%；发生重特大事故49起、死亡865人，同比分别下降16.9%和5.9%。

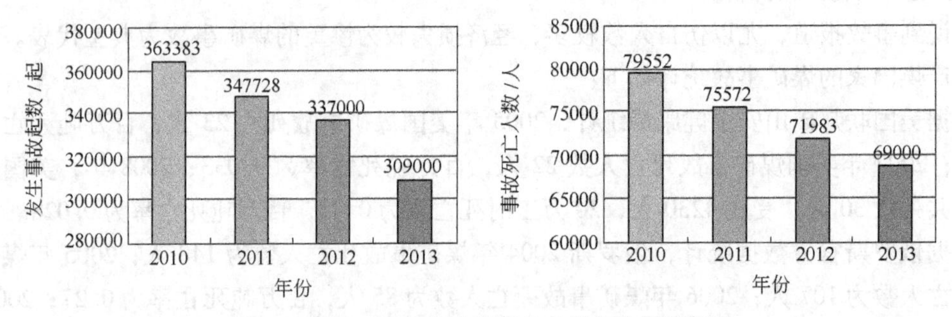

图1-1 2010~2013年全国发生各类事故情况统计

通过以上数据可以看出，虽然事故总起数和死亡人数呈现下降趋势，但是重特大事故仍时有发生，带来巨大的生命财产损失。

在道路交通行业，重特大事故频频发生。2011年7月23日20时30分5秒，甬温线浙江省温州市境内，由北京南站开往福州站的D301次列车与杭州站开往福州南站的D3115次列车发生动车组列车追尾事故，造成40人死亡、172人受伤，中断行车32小时35分，直接经济损失19371.65万元。2011年10月7日15时45分许，滨保高速公路天津市境内发生一起特别重大道路交通事故，造成 35 人死亡、19 人受伤，直接经济损失 3447.15 万元。

在煤炭行业，重特大事故往往伴随着二次连带事故发生的现象，严重加剧了事故后果。2013 年 3 月 29 日 21 时 56 分，吉林省吉煤集团通化矿业集团公司八宝煤业公司发生特别重大瓦斯爆炸事故，造成 36 人遇难、12 人受伤，直接经济损失 4708.9 万元。2013 年 4 月 1 日 10 时 12 分又发生瓦斯爆炸事故，造成 17 人死亡、8 人受伤，直接经济损失 1986.5 万元。

在石化行业，重特大事故也时有发生。2013 年 11 月 22 日 10 时 25 分，位于山东省青岛经济技术开发区的中国石油化工股份有限公司管道储运分公司东黄输油管道泄漏原油进入市政排水暗渠，在形成密闭空间的暗渠内油气积聚遇火花发生爆炸，造成 62 人死亡、136 人受伤，直接经济损失 75172 万元。

在这些重特大安全事故频发的事件背后，究其原因，几乎每起重大伤亡事故之前都曾有过事故先兆或发生过未遂事故。如南通某加油站油车卸油火灾事故，其直接原因是违章接放余油，并且对于多次发生的违章行为未加管理，导致静电起火。2010 年 3 月 28 日王家岭矿未严格执行《煤矿防治水规定》，掘进工作面探放水措施不落实，施工过程中存在违规违章行为，劳动组织管理混乱，特别是 2010 年 3 月以来 20101 工作面回风巷多次发现巷道积水，但一直未能采取有效措施消除隐患……

诸如此类的重特大事故还有很多，面对重特大事故不断发生的事实，我们只有采取积极措施应对，明确事故发生的原因，不断积累经验，通过总结和归纳，将这些经验总结为各种安全知识或规则，才可以达到避免同类事故发生或预防事故发生的目的。而为了达到避免同类事故发生或预防事故的目的，就必须进行事故的调查与分析。

1.1.3 事故调查与分析的意义

1.1.3.1 既遂事故调查与分析的意义

在安全管理工作中，对已发生的事故进行调查与分析是极其重要的一个环节。通过对既遂事故进行调查与分析，可以找出具体的事故原因和规律。当人们不断总结归纳出事故的基本规律时，再根据大量统计资料，借助数据统计的各种手段，对事故在一定时间和范围内发生的情况等参数进行研究和分析，从而了解总体事故的发生发展规律，这样可以加深人们对事故的认识和了解，同时为事故的预防提供参考，避免或减少事故发生带来的损失，为事故的最终处理提供依据。具体来说，进行既遂事故的调查与分析对于安全管理的重要性可归纳为以下几个方面：

（1）事故的发生既有它的偶然性，也有必然性。即如果潜在的事故发生的条件（一般称之为事故隐患）存在，何时发生事故是偶然的，但发生事故是必然的。通过进行既遂事故的事故调查与分析，可以充分发现事故发生的潜在条件，包括事故的直接原因和间接原因，找出其发生发展的过程，防止类似事故的再次发生。

（2）事故的发生是有因果性和规律性的，通过进行既遂事故的调查与分析是找出这种因果关系和事故规律的最有效的方法，掌握了这种因果关系和规律性，就能有针对性地制定出相应的安全防范措施，包括技术手段和控制手段的措施，从而取得最佳的事故控制效果。

(3) 任何系统，特别是具有新设备、新工艺、新产品、新材料、新技术的系统，都一定程度上存在着某些我们尚未了解或被我们忽视的潜在危险。事故的发生给了我们认识这类危险的机会和方式，进行既遂事故的调查与分析是把握这一机会的最主要途径，可以帮助人们揭示新的或者未被人们注意到的新的危险。

(4) 事故是管理不到位的表现形式，而管理系统缺陷的存在也会直接影响生产经营单位的经济效益。通过事故调查与分析，可以发现企业管理系统中存在的问题，加以改进后，就可以一举多得，既控制事故，又改进管理水平，提高企业经济效益。

(5) 安全管理工作主要是事故预防、应急措施和补偿手段的有机结合，且事故预防和应急措施更为重要。通过进行事故调查与分析得到的结果，对于帮助企业进行事故预防和应急计划的制定都有重要价值。

当然，事故调查与分析不仅仅与生产经营单位的安全生产有关。对于保险业来说，事故调查与分析也有着特殊的意义。因为事故调查与分析既可以帮助保险公司准确确定事故真相，排除被保险人的骗赔事件，减少经济损失；也可以据此确定事故经济损失，划定保险公司与被保险人双方都能接受的合理赔偿额；还可以根据事故发生的情况，进行保险费率的调整，同时提出合理的预防措施，协助被保险人减少事故，搞好防灾防损工作，减少事故率。另一方面，对于产品生产企业来说，对其产品使用、维修乃至报废过程中发生的事故进行调查与分析，对于确定事故责任，发现产品缺陷，保护企业形象，搞好新一代产品开发都具有重要意义。

1.1.3.2 未遂事故调查与分析的意义

由于未遂事故没有造成实际的伤害和损失，往往容易被人们所忽视，但是按照事故致因理论，未遂事故和伤害事故发生的机理与致因是一致的。通过对未遂事故进行辨识和分析，找到事故多发的危险源，必将使企业安全管理工作达到事半功倍的效果。对未遂事故进行调查分析的意义如下：

(1) 在事故管理中，一般对伤亡事故都已建立了一套相对较为完善的收集、调查、分析、统计、处理的制度，而在诸多领域对未遂事故的信息还缺少系统的收集与管理，更没有进行必要的分析、调查与处理，因而使大量的未遂事故中包含的各种有用信息没有得到充分的挖掘和利用。通过将这种无伤害的事故也作为发生的所有事故的一部分而加以收集、研究及调查，可以充分帮助企业单位有效地挖掘和收集与未遂事故相关的有用信息，便于各企业单位制定符合企业自身的未遂事故管理方案，从而为企业今后的未遂事故统计工作提供明确的制度和管理方向。

(2) 从事故对人体危害的结果来说，纵然有时是未遂伤亡，但到底会不会遭到伤害，却是一个难于预测的问题。通过将这种无伤害的事故作为发生的所有事故的一部分而加以收集、研究及调查，以便掌握事故发生的倾向和概率，并采取相应的措施对生产和生活中的不安全因素加以有效的管理和控制，可以在很大程度上达到减少伤害事故、特别是重特大事故发生的目的。

1.2 事故基本概念

1.2.1 事故定义

“事故”一词用得非常广泛，极为通俗，事故现象也屡见不鲜、表现各异。但是，若要确切阐明事故的内涵，给它下个完整的、科学的、准确的定义，却并不是一件容易的事情，这是一个至今尚无一致认识的问题。

国内外的有关专家学者对“事故”众说纷纭，他们从不同的角度出发对“事故”做出了各种解释。

比如，国外的几种对事故的解释是：事故是“意外的、特别有害的事件”；事故是“非计划的、失去控制的事件”；事故为“异常状态的典型现象”；“事故除了是意外的事件，同时事故具有破坏能力”；“事故未必是致伤的或（和）造成破坏的事件，它妨碍任务的完成。事故发生前一定有不安全的行为和（或）不安全条件”；“事故是多种因素决定的，任何特定事故都具有若干事件和情况联合存在或同时发生的特点”。还有学者从能量观点角度出发来解释事故，认为：“在生产过程中，能量按一定的方式和路线输入，但同时也必然或多或少地出现能量的逸散。当人体能量体系与生产能量体系或者逸散能量体系接触时，可能破坏人体能量体系的平衡而导致伤害事故；当生产设备、装置与逸散能量体系接触时，可能使生产设备、装置遭受破坏。这些违反人们意志的、造成暂时或永久停止工作的事件就是事故。”

国内的专家学者是这样解释的：“事故是生产、工作、活动等意外的损失或灾祸。”“事故是人们在进行有目的的活动过程中，突然发生的、违背人们意志的不幸事件，它的发生，可能迫使有目的的活动暂时地或者永久地停止下来，其后果可能造成人员伤害，或者财产损失，也可能二者同时出现；任何一次事故的出现，都具有若干事件和条件共存或同时发生的特点，从这个意义上说，事故是物质条件、环境、行为和管理以及意外事件的处理状况等众多因素的多元函数。”

“事故”是损失、破坏或灾祸的外在表象和内在原因的综合。无论何种事故，都不只是表面现象，而是在一定的条件下发生，事故的发生都有其偶然性和必然性。这里所说的条件是指主观条件和客观条件，也可以说是事故的外部原因和内部原因。唯物辩证法认为外因是变化的条件，内因是变化的根据，外因通过内因而起作用。我们可以对各种损失、破坏或灾祸的外在的表象和内在原因进行分析，根据分析从中找出规律和原因，并得出解决的方法，避免事故的再次发生。

对于事故，从不同的角度看会有不同的观点。在《辞海》中给事故下的定义是“意外的变故或灾祸”。在众多的定义中，伯克霍夫（George David Birkhoff）对事故的定义最为著名，他认为“事故是人在为实现某种意图而进行的活动过程中，突然发生的、违反人的意志的、迫使活动暂时或永久停止的事件”。该定义对事故做了全面的描述。

综上所述，事故的定义是指个人或集体在进行有目的的活动过程中，突然发生的、违反人的意愿，并可能使有目的的活动发生暂时性或永久性中止，造成人员伤亡或（和）财产损失的意外事件。简单来说，凡是引起人身伤害、导致生产中断或财产损失的所有事件统称为事故。

1.2.2 事故内涵

从上述的事故定义中，可以将事故的内涵归结如下：

（1）事故是一种发生在人类生产、生活活动中的特殊事件。事故在人类的任何生产、生活活动过程中都可能发生。因此，人们要在任何生产、生活过程中都要时刻注意，采取措施防止事故的发生。

（2）事故是一种突然发生的、出乎人们意料的意外事件。这是由于导致事故发生的原因非常复杂，往往是由许多偶然因素引起的，因而事故的发生具有随机性质。在一起事故发生之前，人们无法准确地预见什么时候、什么地方、发生什么样的事故。由于事故发生的随机性，使得认识事故、弄清事故发生的规律及防止事故发生成为一件非常困难的事情。

（3）事故是一种迫使进行着的生产、生活活动暂时或永久停止的事件。事故对进行着的生产、生活活动造成的中断、终止，必然会给人们的生产、生活带来某种形式的影响。因此，事故是一种违背人们意志的，是人们不希望发生的事件。

（4）事故这种意外事件除了影响人们的生产、生活活动顺利进行之外，往往还可能造成人员伤害、财物损坏或环境污染等其他形式的后果。值得指出的是事故与事故后果是互为因果的两件事情，但是在日常生产、生活中，人们往往把事故和事故后果看作一件事情，这是不正确的。之所以产生这种认识，是因为事故的后果，特别是给人们带来严重伤害或损失的后果，给人的印象非常深刻，人们就会注意造成这种后果的事故。相反地，当事故带来的后果非常轻微，没有引起人们注意的时候，人们就会忽略。

作为安全工程研究对象的事故，主要是那些可能带来人员伤亡、财产损失或环境污染的事故。于是，对事故可以进一步理解为：事故是在人们生产、生活活动过程中突然发生的、违反人们意志的、迫使活动暂时或永久停止，可能造成人员伤害、财产损失或环境污染的意外事件。安全事故是指生产经营单位在生产经营活动（包括与生产经营有关的活动）中突然发生的，伤害人身安全和健康，或者损坏设备设施，或者造成经济损失的，导致原生产经营活动（包括与生产经营活动有关的活动）暂时中止或永远终止的意外事件。

1.2.3 事故特征

事故表面现象是千变万化的，并且渗透到人们的生活和每一个生产领域，几乎可以说，事故是无所不在的，同时事故结果又各不相同，所以说事故是复杂的。同时事故会导致人员伤亡、财产损失，而且不同类型事故的表现形式千差万别。研究事故不能只从事故的表面出发，必须对事故进行深入调查和分析，由事故特性入手，寻找根本原因和发展规律。大量的事故统计结果表明，事故具有以下特性：

（1）普遍性。各类事故的发生具有普遍性，从更广泛的意义上讲，世界上没有绝对的安全。从事故统计资料可以知道，各类事故的发生从时间上看是基本均匀的，也就是说事故可能在任何一个时间发生；从地点的分布上看，每个地方或企业都会发生事故，不存在什么事故的禁区或者安全生产的福地；从事故的类型上看，《企业职工伤亡事故分类标准》（GB 6441—1986）所列举的事故类型都有血的教训。这说明安全生产工作必须时刻面对事故的挑战，任何时间、任何场合都不能放松对安全生产的要求，而且针对那些事故发生较少的地区和单位更要明确事故的普遍性这一特点，避免麻痹大意的思想，争取从源头上降低事故的发生率。

(2) 偶然性。偶然性是指事物发展过程中呈现出来的某种摇摆或偏离，是可以出现或不出现、可以这样出现或那样出现的不确定的趋势。

由于人类对事故的认识还不是很透彻，特别是针对人的不安全行为的对策措施还比较有限，所以导致有的事故还不能完全解释其发生发展规律，难以控制事故的发展变化，这样的结果就是事故的发生具有随机性，也即呈现在人们面前的各类事故是一种偶然的和随机的事件。其实这只是表面的现象，因为事故发生的偶然性是寓于事故必然性之中的。既不能悲观失望，放弃对事故的研究，同时更不能想当然地处理事故，正确方法是努力寻找隐藏在表面现象下面的真正原因，最终完全掌握事故发生发展的基本规律。

(3) 必然性。必然性是客观事物联系和发展的合乎规律的、确定不移的趋势，是在一定条件下的不可避免性。

虽然事故的发生具有一定的偶然性，但是从统计的角度看，事故的发生和变化是有其自身规律的。从人的角度来看，虽然偶尔的违章行为可能不会造成事故，但是多次反复出现不安全的行为，终究会导致事故的发生。同样的，从物的不安全状态来看，由于设施、设备不可能在任何情况下都保证安全稳定地运转，当设备、设施出现故障就容易发生事故。事故的发生从个别案例上看服从随机性规律，但从总体上看却具有自身的规律，事故的预防工作也正是针对这些规律开展的。

(4) 因果性。所谓因果性就是某一现象作为另一现象发生的根据的两种现象之关联性。

事故的起因乃是它和其他事物相联系的一种形式。事故是相互联系的诸原因的结果。事故这一现象和其他现象有着直接的或间接的联系。

因果关系有继承性，或称非单一性，也就是多层次的，即第一阶段的结果往往是第二阶段的原因，如图 1-2 所示。

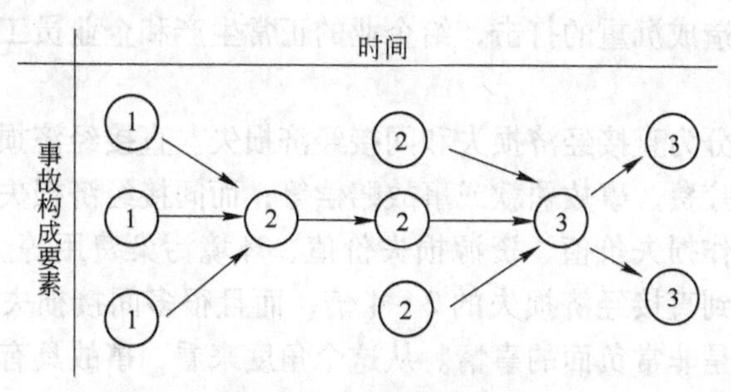

图1-2 因果关系示意

在这一关系上看来是“因”的现象，在另一关系上却会以“果”出现，反之亦然。

给人造成直接伤害的原因（或物体）是比较容易掌握的，这是由于它所产生的某种后果显而易见；然而，要寻找出究竟为何种原因又是经过何种过程造成这样的结果，却非易事。因为随着时间的推移，会有种种因素同时存在；并且它们之间尚有某种相互关系，同时还可能由于某种偶然机会造成了事故后果。因此，在制定预防措施时，应尽最大努力掌握造成事故的直接和间接的原因，深入剖析其根源，防止同类事故重演。

（5）潜伏性。事故的潜伏性是指事故在尚未发生或还未造成后果之时，是不会显现出来的，好像一切还处在“正常”和“平静”状态。但生产中的危险因素是客观存在的，只要这些危险因素未被消除，事故总会发生的，只是时间的早晚而已。事故的这一特征要求人们消除盲目性和麻痹思想，要常备不懈，居安思危，在任何时候任何情况下都要把安全放在第一位来考虑。

要在事故发生之前充分辨识危险因素，预测事故发生可能的模式，事先采取措施进行控制，最大限度地防止危险因素转化为事故；制定事故防治和应急救援方案，使事故发生产生的损失降低到最低。

（6）不可逆性。事故本身具有一定的规律，不会因为人们的努力营救而改变其发展变化特性，这也可以称为事故的“单向性”。各类事故遵循一定的规律，如建筑物在经过长时间的燃烧后就会变成危楼，并最终倒塌，这样的规律是客观存在的，不可能因为人们的愿望而发生改变。因此，在预防各类事故的过程中必须首先认识、了解事故的发生发展变化规律，从根本上消除事故发生的各种基本条件。这个特征强调人们对事故本身规律的认识，坚决反对不顾事故规律的蛮干，这不仅不会对事故的处理有任何帮助，而且会给事故的处理增加不必要的麻烦和困难。

（7）关联性。事故的发生需要很多互相关联的因素共同作用。最常见的因素就是人的不安全行为、物的不安全状态以及安全管理的缺陷。这些因素必须共同作用才能导致事故的发生，这是事故发生和发展的重要特征。

另外，从事故的角度来看，不同事故之间也有内在的联系，俗话说“城门失火，殃及池鱼”就是这个道理。很多事件之间都有很多联系，而这样的联系常常会被人们忽略，等到事故已经发生，人们只有无奈地承受事故带来的恶果。例如，在河流上游的化工厂由于事故而导致有毒物质的泄漏，于是下游的城市就不可避免地受到影响。

（8）危害性。事故的危害一般是比较大的。首先事故对人员造成伤害是显而易见的，另外，事故还会导致重大的经济损失。特别是一些重大伤亡事故会在相当长的时间内对相关企业和有关当事人造成沉重的打击，给企业的正常生产和企业员工的正常生活带来严重影响。

事故的损失一般分为直接经济损失和间接经济损失。直接经济损失是可以直接计算出来的经济损失，如医疗费、事故罚款或事故赔偿等；而间接经济损失则是很难直接计算出来的经济损失，如工作损失价值、资源损失价值、环境污染费用等。根据有关学者研究，间接经济损失可以达到直接经济损失的 2 ~4 倍，而且很多间接损失将会持续相当长的时间，对个人和企业都是非常负面的事情。从这个角度来看，事故具有相当的危害性。

（9）低频性。一般情况下，事故（特别是重、特大事故）发生的频率比较低。

事故的低频性有好的方面，它为企业和个人留出了宝贵的时间进行事故的预防和事故隐患的检查，只要能在事故发生前解决安全生产中存在的问题，事故终究是不会发生的。但长期不发生事故也会让人产生麻痹思想，这是事故低频性不利的一面。

（10）可预防性。事故的发生、发展都是有规律的，只要按照科学的方法和严谨的态度进行分析并积极做好有关预防工作，事故是完全可以预防的。对于事故预防措施的研究一直没有停止过，而且随着人类认识水平的不断提升，各种类型的事故都已经找到比较有效的方法预防了。应该说人类已经基本掌握绝大多数事故发生发展的规律，关键的问题是如何在企业和普通劳动者中推广，这是目前安全生产技术问题的关键所在。

对于企业和普通劳动者来说，人们在生产生活过程中已经积累了相当多的安全知识和安全技能，只要积极学习并运用这些现成的知识和技能就基本上能够确保生产的安全。通过有关职能部门有力的监管，比如行政的、法律的、经济的手段，人类是完全能够有效防止各类事故的发生的。

（11）突发性。事故的发生往往具有突发性，因为事故是一种意外事件，是一种紧急情况，常常使人感到措手不及。由于事故发生很突然，所以一般不会有太多的时间来仔细考虑如何处理事故，于是往往会忙中出乱从而不能有效控制事故。

对于事故的突发性，只能加强事故应急救援预案的制定工作，搞好事故应急救援的训练，提高作业人员的应急反应能力和救援水平，这对于减少人员伤亡和财产损失尤其重要。

1.2.4 事故形成

事故的发展过程往往是由于危险因素的积聚逐渐转变为事故隐患，再由事故隐患发展为事故。因此，事故是危险因素积聚发展的必然结果。安全生产事故隐患（以下简称事故隐患）是指生产经营单位违反安全生产法律、法规、规章、标准、规程和安全生产管理制度的规定，或者因其他因素在生产经营活动中存在可能导致事故发生的物的危险状态、人的不安全行为和管理上的缺陷。

事故隐患分为一般事故隐患和重大事故隐患。一般事故隐患是指危害和整改难度较小，发现后能够立即整改排除的隐患。重大事故隐患是指危害和整改难度较大，应当全部或者局部停产停业，并经过一定时间整改治理方能排除的隐患，或者因外部因素影响致使生产经营单位自身难以排除的隐患。

事故隐患有其产生、发展、消亡的过程。一般说来，事故隐患的产生、发展可分为：孕育→发展→发生（即形成阶段）→伤害（损失，即消亡阶段）几个阶段，趋势图如图1-3所示。

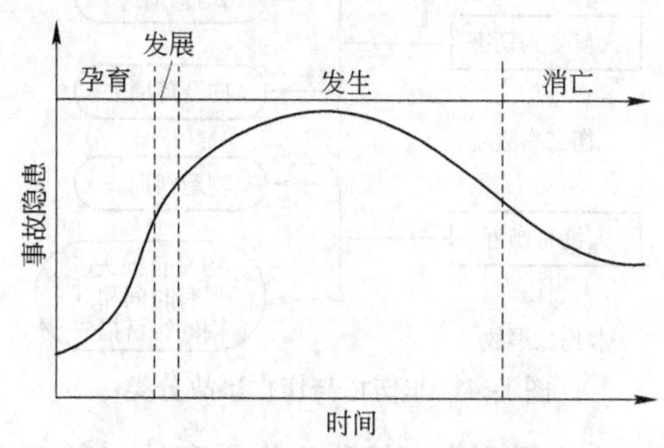

图1-3 事故隐患形成发展过程时间序列

（1）孕育阶段。事故隐患的存在有其基础原因。例如，各项工程项目以及各种生产设备设施的设计、施工、制造过程都隐藏着危险。在生产过程中，因工业水平不高、科技含量较低、人员素质较差等因素，随时可能会产生新的危险。此时，隐患尚处于无形、隐蔽状态，只能估计或预测危险可能会出现，却不能描绘出它的具体形态。

（2）发展阶段。随着生产的不断发展，企业管理常常出现疏漏和失控，物的状态也在不断演变，逐渐构成了可能导致事故发生的各种因素。此时，有的事故隐患已经发展为险情或"事故苗子"。

（3）发生阶段。在这一阶段，事故处于萌芽状态，可以具体指出它的存在。此时是发现事故隐患、预防事故发生的最佳时机，有经验的安全工作者已经可以预测事故的发生。

（4）消亡阶段。当生产中的事故隐患被某些偶然事件触发，就产生了事故，造成财产损失和人员伤亡。事故是作为一种现象的结果而存在的。这个时候作为现象的事故隐患已经演变为事故，该事故隐患随着事故的发生而消亡。

事故发生后要进行调查分析、处理整改，研究事故隐患的发展过程，就是为了及时识别和发现事故隐患，通过整改的手段，控制事故的发生。

1.2.5 事故分类

1.2.5.1 自然事故与人为事故

自然事故是指由自然灾害造成的事故，如地震、洪水、旱灾、山崩、滑坡、龙卷风等引起的事故。这类事故在目前条件下受到科学知识不足的限制还不能做到完全防止，只能通过研究预测、预报技术，尽量减轻灾害造成的破坏和损失。

人为事故则是指由人为因素造成的事故，这类事故既然是人为因素引起的，原则上就能预防。据美国20世纪50年代统计数据，在75000起伤亡事故中，天灾只占2%，其中98%是人为造成的，也就是说98%的事故基本上是可以预防的。事故之所以可以预防是因为它和其他客观事物一样，具有一定的特性和规律，只要人们掌握了这些特性和规律，事先采取有效措施加以控制，就可以预防事故的发生及减少其造成的损失。

1.2.5.2 非伤亡事故与伤亡事故

事故后果是目标行动停止后造成的损失。按事故后果是否有人员伤亡对事故进行分类，如图1-4所示。

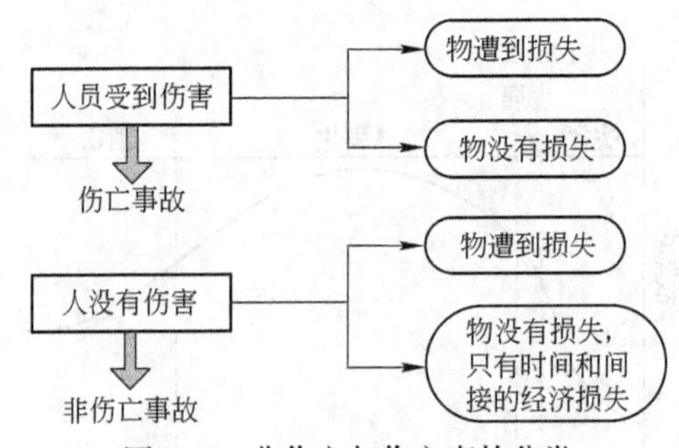

图1-4 非伤亡与伤亡事故分类

上述4种情况中，只要有人受到伤害就称为伤亡事故（前两者）；只要无人员伤害就称为非伤亡事故（后两者）。

A 伤亡事故

伤亡事故，简称伤害，是个人或集体在行动过程中接触了与周围条件有关的外来能量，该能量作用于人体，致使人体生理机能部分或全部丧失。人体本身就是一个能量体系，它把能量吸收在人体的生理机构中，并通过自身的新陈代谢消耗能量以进行各种活动，当人的行动超出了正常状态，且与生产设备的能量流动发生接触、碰撞以致遭受打击而蒙受伤害，这时也就妨碍了行动的正常进行。这种事故的后果，严重时会决定一个人一生的命运，所以习惯称为不幸事故。在生产区域中发生的和生产有关的伤亡事故，称为工伤事故。

B 非伤亡事故

非伤亡事故是指人身没有受到伤害或受伤轻微，停工短暂或与人的生理机能障碍无关的事故。由于传给人体的能量很小，尚不足以构成伤害，习惯上称为微伤；另一种是对人身而言的未遂事故，也称为无伤害事故。

事故发生时，其结果到底是伤亡事故，还是非伤亡事故，取决于多种外界因素的共同作用，偶然性很大。两者的分界线也不明显，把两者完全分开的可能性，从本质上说是一个偶然性的问题，只能用概率来加以论述。

以客观的物质条件为中心来考察事故现象时，其结果大致也有如下两种情况。

a 物质遭受损失的事故

火灾、爆炸、冒顶、倒塌等事故。这是因为生产现场的物质条件都是根据不同的目的，并为了实现这一目的而创造的人工环境，有时供给它的动力由于不符合安全条件的要求，使能量突然逸散而发生了物质的破坏、倒塌、火灾、爆炸等现象，以致迫使生产过程停顿，并造成财产的损失。

b 物质完全没有受到损失的事故

有些事故虽然物质没受损失，但因“人－机”系统中，不论人或机哪一方面停止工作，另一方也得停顿下来，这样也会造成时间上的损失或是间接损失。生产现场的机械设备和装置在使用过程中，随时间的推移，都存在着一个可靠性的问题，伴随着其可靠性降低，则难以永远保持正常状态，因而就有发生这种“物质完全没有受到损失”事故的可能性。

总之，无论人员伤害与否或物质损失与否，都应彻底地从生产领域中排除各种不安全因素和隐患，防止事故发生，做到安全生产。

收集和研究无伤害、无损失的事故资料，具有十分重大的现实意义。重大伤亡事故的发生大多具有偶然性，但是出于同样致因的事故，可能发生的概率虽高但不造成伤害或损失，所以非伤害事故的原因可以作为判断潜在伤害事故致因的根源。研究所有事故的真正重要性，就在于它们能够判断出那些“潜在的”导致伤害的作业环境、设备状态和人的行为；从而总结归纳出可以掌握和控制的客观规律。

1.2.5.3 常见伤亡事故类型

为了研究事故发生原因及规律，便于对伤亡事故统计分析，《企业职工伤亡事故分类》根据致伤原理把伤亡事故划分为20类：

物体打击：失控物体的惯性力造成的人身伤害事故。适用于落下物、飞来物、滚石、崩块所造成的伤害，但不包括因爆炸引起的物体打击。

机械伤害：机械设备与工具引起的绞、辗、碰、割、戳、切等伤害。如工件或刀具飞出伤人、切屑伤人、手或身体被卷入、手或其他部位被刀具碰伤、被转动的机构缠绕、压住等。但属于车辆、起重设备的情况除外。

车辆伤害：机动车辆引起的机械伤害事故。适用于机动车辆在行驶中的挤、压、撞车或倾覆等事故以及在行驶中上下车，搭乘矿车或放飞车，车辆运输挂钩事故，跑车事故。这里的机动车辆是指：汽车，如载重汽车、自动卸料汽车、大客车、小汽车、客货两用汽车、内燃叉车等；电瓶车，如平板电瓶车、电瓶叉车等；拖拉机，如方向盘式拖拉机、手扶拖拉机、操纵杆式拖拉机等；轨道车，如有轨电动车、电瓶机车以及挖掘机、推土机、电铲等。

触电伤害：电流流经人体，造成生理伤害的事故。触电事故分电击和电伤两大类。这类伤害事故主要包括触电、雷击伤害：如人体接触带电的设备金属外壳、裸露的临时电线，接触漏电的手持电动工具；起重设备操作错误接触到高压线或感应带电；触电坠落等事故。

起重伤害：从事起重作业时引起的机械伤害事故，它适用各种起重作业。这类事故主要包括：桥式类型起重机，如龙门起重机、缆索起重机等；臂架式类型起重机，如塔式起重机、悬臂起重机、桅杆起重机、铁路起重机、履带起重机、汽车和轮胎起重机等；升降机，如电梯、升船机、货物升降机等；轻小型起重设备，如千斤顶、滑车、葫芦（手动、气动、电动）等作业。起重伤害的主要伤害类型有起重作业时，脱钩砸人，钢丝绳断裂抽人，移动吊物撞人，绞入钢丝绳或滑车等伤害，同时包括起重设备在使用、安装过程中的倾翻事故及提升设备过卷、蹲罐等事故。但不适用于下列伤害：触电、检修时制动失灵引起的伤害、上下驾驶室时引起的坠落或跌倒。

淹溺：因大量水经口、鼻进入肺内，造成呼吸道阻塞，发生急性缺氧而窒息死亡的事故。这类伤害事故适用于船舶、排筏、设施在航行、停泊、作业时发生的落水事故。其中设施是指在水上、水下各种浮动或固定的建筑、装置、管道、电缆和固定平台。作业是指在水域及其岸线进行装卸、勘探、开采、测量、建筑、疏浚、爆破、打捞、救助、捕捞、养殖、潜水、流放木材、排除故障以及科学实验和其他水上、水下施工。

火灾：造成人身伤亡的企业火灾事故。这类事故不适用于非企业原因造成的火灾，如居民火灾蔓延到企业，此类事故属于消防部门统计的事故。

灼烫：强酸、强碱等物质溅到身体上引起的化学灼伤；因火焰引起烧伤；高温物体引起的烫伤；放射线引起的皮肤损伤等事故。灼烫主要包括烧伤、烫伤、化学灼伤、放射性皮肤损伤等。但不包括电烧伤以及火灾事故引起的烧伤。

高空坠落：由于危险重力势能差引起的伤害事故。习惯上把作业场所高出地面 2m 以上称为高处作业，高空作业一般指 10m 以上的高度。这类事故适用于脚手架、平台、陡壁施工等高于地面的坠落，也适用于由地面踏空失足坠入洞、坑、沟、升降口、漏斗等情况。但必须排除因其他类别为诱发条件的坠落，如高处作业时，因触电失足坠落应定为触电事故，不能按高空坠落划分。

坍塌：建筑物、构筑物、堆置物等倒塌以及土石塌方引起的事故。这类事故适用于因设计或施工不合理而造成的倒塌，以及土方、岩石发生的塌陷事故，如建筑物倒塌、脚手架倒塌；挖掘沟、坑、洞时导致土石的塌方等情况。由于矿山冒顶片帮事故或因爆炸、爆破引起的坍塌事故不适用这类事故。

冒顶片帮：矿井工作面、巷道侧壁由于支护不当、压力过大造成的坍塌，称为片帮；顶板垮落称为冒顶。二者常同时发生，简称为冒顶片帮。这类事故适用于矿山、地下开采、掘进及其他坑道作业发生的坍塌事故。

放炮：施工时由于放炮作业造成的伤亡事故。这类事故适用于各种爆破作业，如采石、采矿、采煤、开山、修路、拆除建筑物等工程进行的放炮作业引起的伤亡事故。

透水：矿山、地下开采或其他坑道作业时，意外水源带来的伤亡事故。这类事故适用于井巷与含水岩层、地下含水带、溶洞或与被淹巷道、地面水域相通时，涌水成灾的事故。不适用于地面水害事故。

瓦斯爆炸：可燃性气体瓦斯、煤尘与空气混合形成了浓度达到燃烧极限的混合物，接触点火源而引起的化学性爆炸事故。这类事故适用于煤矿，同时也适用于空气不流通，瓦斯、煤尘积聚的场合。

火药爆炸：火药与炸药在生产、运输、储藏的过程中发生的爆炸事故。这类事故适用于火药与炸药生产在配料、运输、储藏、加工过程中，由于震动、明火、摩擦、静电作用，或因炸药的热分解作用、储藏时间过长，或因存储量过大发生的化学性爆炸事故；以及熔炼金属时，废料处理不净，残存火药或炸药引起的爆炸事故。

锅炉爆炸：利用各种燃料、电或者其他能源，将所盛装的液体加热到一定的参数，并承载一定压力的密闭设备，其范围规定为容积大于或者等于30L的承压蒸气锅炉；出口水压大于或者等于0.1MPa（表压），且额定功率大于或者等于0.1MW的承压热水锅炉；有机热载体锅炉发生的物理性爆炸事故。但不适用于铁路机车、船舶上的锅炉以及列车电站和船舶电站的锅炉。

受压容器爆炸：根据《特种设备监察条例》，容器是指盛装气体或者液体，承载一定压力的密闭设备，其范围规定为最高工作压力大于或者等于0.1MPa（表压），且压力与容积的乘积大于或者等于2.5MPa·L的气体、液化气体和最高工作温度高于或者等于标准沸点的液体的固定式容器和移动式容器；盛装公称工作压力大于或者等于0.2MPa（表压），且压力与容积的乘积大于或者等于1.0MPa·L的气体、液化气体和标准沸点等于或者低于60℃液体的气瓶、氧舱等。容器爆炸就是容器发生爆炸事故。

其他爆炸：不属于瓦斯爆炸、锅炉爆炸和容器爆炸的爆炸。主要包括可燃气体与空气混合形成的爆炸性气体引起的爆炸，可燃蒸气与空气混合产生的爆炸性气体引起的爆炸，以及可燃性粉尘与空气混合后引发的爆炸。

中毒和窒息：中毒是指人接触有毒物质，如误食有毒食物，呼吸有毒气体引起的人体在8h内出现的各种生理现象的总称，也称为急性中毒；窒息是指在废弃的坑道、竖井、涵洞、地下管道等不能通风的地方工作，因为氧气缺乏，有时会发生突然晕倒，甚至死亡的事故。两种现象合为一体，称为中毒和窒息事故。这类事故不适用于病理变化导致的中毒和窒息的事故，也不适用于慢性中毒的职业病导致的死亡。

其他伤害：凡不属于上述伤害的事故均称为其他伤害，如扭伤、跌伤、冻伤、野兽咬伤、钉子扎伤等。

1.3 未遂事故的基本概念

1.3.1 未遂事故定义

未遂事故，又称险肇事故、侥幸事故。英文表示为 near miss，它是指环境稍有不同便可能造成损失的事件。然而不同的生产行业、不同生产领域，乃至每个人都对未遂事故有不同的定义，至今仍没有一个明确的定义。

未遂事故的定义可分为广义和狭义两种。广义的未遂事故包括人的不安全行为、物的不安全状态与可能导致后果的小事件。狭义的未遂事故是指如果条件稍微不同就可能引起疾病、伤害或财产损失、环境破坏，但实际未引起损失的事件。

曾有一种说法指出“未遂事故”是一个权威的错误用法。从事故的概念上来看“未遂事件”的提法是不严谨、不科学的。任何事故，无论结果如何，都不是人为故意造成的，更不是人们所希望发生的，都称不上是“既遂事故”还是“未遂事故”。当一起事故发生，由于发现及时、抢救到位、措施得当而没有造成人员伤亡和财产损失的，叫做成功救援，即未遂事故（件）。那么，是否当成功救援时就叫做未遂事故；反之救援失败，造成了伤亡损失就叫做既遂事故？显然是不合理的，因此“未遂事故”的说法是不合逻辑的。

斯奇巴（Skiba）指出，未遂事故是由人的不安全行为和物的不安全状态导致的没有造成任何损失的微小事件。

国际石油天然气生产者协会（OGP）将未遂事件定义为：“任何具有潜在引起伤害、破坏或损失，但是由于条件不同而幸免于难的事件。”

《职业安全卫生术语》（GB/T 15236—94）中将未遂事故（near accidents）定义为是由设备和人为差错等诱发产生的有可能造成事故，但由于人或其他保护装置等原因，未造成职工伤亡或财物损失的事件。

职业健康安全体系 OHSAS18001：2007 的发布实施，带来了职业健康安全管理体系中的一些术语的重要修改，将“没有造成伤害、疾病或死亡的事件称之为虚惊事件、差点出事、危险事件。”

中国石油化工集团对未遂事故也给出了具体定义，是指可能导致健康损害、人员伤亡、财产损失、环境破坏或声誉损害，低于本企业（单位）事故等级的事件。

综上所述，将未遂事故定义为：由人的不安全行为或物的不安全状态及环境或管理等因素导致的可能损害企业、员工和公众利益但实际并未造成财产损失、人身伤亡或环境破坏的意外事件。重大未遂事故，是指生产经营单位在从事生产、经营过程中发生的可能造成人员伤亡或重大财产损失，且影响较大、性质恶劣的事故。

1.3.2 未遂事故起源

美国工程师海因里希（Heinrich）在 20 世纪 30 年代，研究了事故发生频率和事故后果严重程度的关系，他通过对 55 万余件机械伤害事故的研究，确定了事故与伤害程度之间存在着一定的比例关系。在他的理论体系中，将事故后果的严重程度分为三个层次，分别是严重伤害事故、轻微伤害事故和无伤害事故。他在调查研究中发现，对事故而言，大量出现的是无伤害事故，而严重后果事故所占的比例很小。几乎可以判定为在每 330 次事故当中，无伤害事故大约有 300 次，轻微伤害事故大约为 29 次，严重伤害事故大约是 1 次，即“1∶29∶300 法则”。在后来对其他类型的事故调查中也发现存在类似的规律，只是在不同类型事故中，三者的比例稍有不同而已。国际上将此比例关系称为“事故法则”，也称“海因里希法则”。而他的理论中的无伤害事故，被我国安全学界的前辈赋予了一个富有中国文化特色的名称——未遂事故。这就告诉我们在实际的工作中，真正的伤亡事故和未遂事故之间存在着一定的比例关系，如果我们能够降低未遂事故的发生概率，就可以降低伤亡事故发生概率。

许多学者的统计表明，事故之中无伤害的非伤亡事故占90%以上，比伤亡事故的概率要大十到几十倍。1966 年，伯德（E. Bird）和达复斯（H. E. Duffus）就 12535 件事故调查表明，其中无伤害的未遂事故 10000 件，微伤 2035 件，伤害 500 件。

1.3.3 未遂事故分类

根据未遂事故的主要致因，未遂事故分为：由于误操作或违反操作规程等人的不安全行为引起的未遂事件；由于腐蚀、老化等物的不安全状态引起的未遂事件；以及环境的不安全状况和生理缺陷等引起的未遂事故。

根据未遂事故可能导致的危险程度及后果，未遂事故分为一般未遂事故和较大未遂事故两级。一般未遂事故是指潜在后果可能导致本企业事故的事件；较大未遂事故是指潜在后果可能导致集团公司级事故的事件。

根据生产领域行业的不同，未遂事故可分为以下 5 种事故类型：

（1）工业未遂事故：在工业过程中，存在因机械伤害、物体打击、车辆伤害、高空坠落、淹溺、触电、中毒和窒息等因素而引起人员伤害和财产损失的条件。

（2）火灾爆炸未遂事故：在生产过程中，存在因各种可能引起火灾、爆炸的因素而造成人员伤害或财产损失的条件。

（3）交通未遂事故：车辆在行驶过程中，存在因违反交通规则或机械故障而可能造成车辆损坏、财产损失或人员伤害的条件。

（4）生产未遂事故：由于违章指挥或违反操作规程和劳动纪律，可能造成管线憋压、跑油、大罐抽空、停炉、冒顶、停泵、停输，但未造成事故而影响生产的行为。

（5）设备未遂事故：由于安装、施工、使用、管理、检维修等原因存在可能造成机械、容器、动力、仪器（表）、设备、管道及建（构）筑物等损坏或影响生产的因素。

1.3.4 重大未遂事故的标准

1.3.4.1 重大未遂伤亡事故标准

凡出现以下情况，则可认定为重大未遂事故：

（1）涉险 10 人以上（含 10 人，下同）的事故；

（2）造成 3 人以上被困或下落不明的事故；

（3）紧急疏散人员 500 人以上（含 500 人，下同）和住院观察治疗 20 人以上（含 20 人，下同）的事故；

（4）对环境（人员密集场所、生活水源、农田、河流、水库、湖泊等）造成严重污染的事故；

（5）危及重要场所和设施安全（电站、重要水利设施、核设施、危险化学品库、油气站和车站、码头、港口、机场及其他人员密集场所等）的事故；

（6）危险化学品大量泄漏，大面积火灾（不含森林火灾），大面积停电，建筑施工大面积坍塌，大型水利设施、电力设施、海上石油钻井平台垮塌事故；

(7) 轮船触礁、碰撞、搁浅，列车、地铁、城铁脱轨、碰撞，民航飞行重大故障和事故征候；

(8) 涉外事故；

(9) 其他重大未遂伤亡事故。

1.3.4.2 煤矿企业重大未遂事故标准

对于煤矿企业而言，凡出现以下情况，则可认定为煤矿重大未遂事故：

(1) 矿井巷道或工作面风流中 CO 等有害气体严重超过《煤矿安全规程》规定的；

(2) 局部通风机无计划停风 50min 以上的；

(3) 主要通风机或分区主要通风机停风 30min 以上的；

(4) 主提升或盘区强力胶带输送机发生断带，提升设备断绳、坠罐、坠箕斗，大型物件坠入井筒；

(5) 运输大巷机车追尾、撞车、翻车；

(6) 斜井或运输斜井跑车；

(7) 水煤溃泄 50t 以上；

(8) 巷道贯通前通风设施构筑不到位，贯通时无区队干部现场跟班，造成通风紊乱，瓦斯超限；

(9) 安全监测监控设施严重失去监控功能，不能准确传输反映监测地点瓦斯浓度的；

(10) 井下皮带、电缆或电气设备着火；

(11) 3kV 以上变配电设备误停、送电，压风机风缸、风包及风管爆炸或风缸捣毁；

(12) 巷道贯通时未按设计要求，出现重大偏差；

(13) 炸药爆炸；

(14) 小煤窑与大矿贯通；

(15) 绞车、溜尾固定不牢，拉翻绞车、溜子机尾；

(16) 非正常原因造成直接经济损失价值 50 万元以上。

1.4 事故管理与规定

1.4.1 法律依据

1.4.1.1 立法背景

生产安全事故的报告和调查处理，是安全生产工作的重要环节。近年来，随着我国社会主义市场经济的迅速发展，社会经济活动日趋活跃和复杂，安全生产领域也出现了一些新情况、新问题。一是生产经营单位的经济成分、组织形式日益多样化，已由过去以国有和集体所有为主发展为多种所有制的生产经营单位并存，特别是私营、个体非公有的生产经营单位在数量上占据多数，并且出现了公司、合伙企业、合作企业、个人独资企业等多样化的组织形式，生产经营单位的内部管理和决策机制也随之多样化、复杂化，给安全生产监督管理提出了新的课题。二是在经济持续快速发展的同时，安全生产面临着严峻形势，特别是矿山、危险化学品、建筑施工、道路交通等行业或者领域事故多发的势头没有得到根本遏制，重大、特大生产安全事故时有发生。三是安全生产监管体制发生了较大的变化，各级政府特别是地方政府在安全生产工作中负有越来越重要的职责。四是社会各界对于生产安全检查事故报告和调查处理的关注度越来越高，强烈呼吁采取更加有效的措施，进一步规范事故报告和调查处理。

1.4.1.2 法规适应性

A 既遂事故的法规适应性

2007 年 3 月 28 日，国务院第 172 次常务会议讨论通过了《生产安全事故报告和调查处理条例》（以下简称《条例》），温家宝总理于2007 年4 月9 日签署第493 号国务院令颁布了该条例，并自2007 年6 月1 日起施行，国务院1989 年3 月29 日公布的《特别重大事故调查程序暂行规定》和 1991 年 2 月 22 日公布的《企业职工伤亡事故报告和处理规定》同时废止。2011 年 8 月 19 日，由国家安全生产监督管理总局局长办公会议审议通过《国家安全监管总局关于修改 < <生产安全事故报告和调查处理条例 > 罚款处罚暂行规定 > 部分条款的决定》，其中对罚款处罚部分条款做出修改。

生产经营活动中发生的造成人身伤亡或者直接经济损失的生产安全事故的报告和调查处理适用本条例；环境污染事故、核设施事故、国防科研生产事故的报告和调查处理不适用本条例。

没有造成人员伤亡，但是社会影响恶劣的事故，国务院或者有关地方人民政府认为需要调查处理的，依照本条例的有关规定执行。国家机关、事业单位、人民团体发生的事故的报告和调查处理，参照本条例的规定执行。

特别重大事故以下等级事故的报告和调查处理，有关法律、行政法规或者国务院另有规定的，依照其规定。

《条例》的出台，其目的：一是规范生产安全事故的报告和调查处理；二是落实生产安全事故责任追究制度；三是防止和减少生产安全事故。

B 未遂事故的法规适应性

2006 年 6 月 6 日，国家安全生产监督管理局为了进一步规范安全生产监督管理、煤矿安全监察、应急救援，指导协调有关部门做好生产安全重特大事故和重大未遂伤亡事故的信息处置和现场督导工作，出台发布了《生产安全重特大事故和重大未遂伤亡事故信息处置办法（试行）》。该办法对重大未遂伤亡事故范围进行了界定，并明确规定了对重大未遂事故的处置管理办法。

由于《生产安全重特大事故和重大未遂伤亡事故信息处置办法（试行）》适用性范围的局限性与试行性，目前对未遂事故的报告和调查处理，主要以各省、市、自治区自身出台发布的未遂事故的处置管理办法为准。

宁夏回族自治区于 2006 年 6 月 6 日，出台颁布了《生产安全重特大事故和未遂伤亡事故信息处置办法》，该办法明确界定了宁夏回族自治区管辖范围的未遂事故范围，并规定了对未遂事故的处置办法。

江西省于 2006 年 9 月 30 日，施行颁布了《江西省生产安全重特大事故和重大未遂伤亡事故信息处置办法（试行）》，该办法对江西省管辖范围的重大未遂事故的范围进行了明确界定，并规定了重大未遂事故的处置办法。

湖北省于2006年10月17日，施行颁布了《湖北省生产安全重特大事故和重大未遂伤亡事故信息处置办法（试行）》，该办法明确了湖北省管辖范围的重大未遂事故范围，并对重大未遂事故的处置办法做出了明确规定。

甘肃省于2007年3月19日，根据国家安全生产监督管理总局《生产安全重特大事故和重大未遂伤亡事故信息处置办法（试行）》、《安全生产调度统计业务规范》，出台发布了《甘肃省生产安全重特大事故和重大未遂伤亡事故处置办法》，明确了甘肃省管辖范围的重大未遂事故范围，并规定了未遂事故的处置办法。

陕西省安全生产监督管理局于2007年8月22日，根据国务院《生产安全事故报告和调查处理条例》和《陕西省安全生产条例》的规定，出台发布了《生产安全重大、较大事故和较大未遂伤亡事故信息处置办法》，该办法界定了陕西省管辖范围的较大未遂事故的范围，并规定了对较大未遂事故的处置办法。

1.4.2 总体要求

1.4.2.1 事故等级的划分

事故等级划分是一项重要的基础性工作，直接关系到事故报告的级别、事故调查组的组成以及事故责任的追究。明确生产安全事故的分级，区分不同的事故级别，规定相应的报告和调查处理要求，是顺利开展事故报告和调查处理工作的前提，也是规范事故报告和调查处理的必然要求。

根据生产安全事故（以下简称事故）造成的人员伤亡或者直接经济损失，事故一般分为以下等级：

（1）特别重大事故，是指造成30人以上死亡，或者100人以上重伤（包括急性工业中毒，下同），或者1亿元以上直接经济损失的事故；

（2）重大事故，是指造成10人以上30人以下死亡，或者50人以上100人以下重伤，或者5000万元以上1亿元以下直接经济损失的事故；

（3）较大事故，是指造成3人以上10人以下死亡，或者10人以上50人以下重伤，或者1000万元以上5000万元以下直接经济损失的事故；

（4）一般事故，是指造成3人以下死亡，或者10人以下重伤，或者1000万元以下直接经济损失的事故。

可以看出，事故造成的伤亡人数越多、直接经济损失越大，事故的等级也就越高。条例实施后，在事故报告和调查处理工作中，有关部门、事故发生单位等各个方面应当对现有作法作相应的调整，严格按照条例规定的事故等级划分标准开展事故报告和调查处理工作。此外，这里所说的“以上”包括本数，“以下”不包括本数。比如，10人以上30人以下，实际上是指10~29人；3人以上10人以下，实际上是指3~9人。这可能与其他法律、行政法规中所称的“以上”、“以下”的含义有所不同。

《条例》中还规定：国务院安全生产监督管理部门可以会同国务院有关部门，制定事故等级划分的补充性规定。由于生产经营活动涉及众多行业和领域，各个行业和领域事故的情况都有各自的特点，发生事故的情形比较复杂，差别也比较大，很难用一个标准来划分各个行业或者领域事故的等级。多年来，消防、民用航空、铁路交通等领域实际上都执行了不完全相同的事故等级划分标准。比如，飞机相撞或者坠落，即使未造成人员伤亡或者人员伤亡数量很少，也可能被确定为特别重大事故。因此，针对一些行业或者领域事故的实际情况，条例还授权国务院安全生产监督管理部门可以会同国务院有关部门，制定事故等级划分的补充性规定。这一规定体现了原则性和灵活性的统一，符合实际情况。这就要求国务院安全生产监督管理部门在条例施行后，会同国务院有关部门抓紧研究制定相关行业或者领域事故等级划分的补充性规定，为事故报告和调查处理提供依据。这里所说的制定"补充性规定"，应当理解为将本条例规定的标准作为最低标准。比如，造成30人以上死亡的，必须确定为特别重大事故，但对某些行业或者领域，可以规定造成30人以下死亡的事故也作为特别重大事故。

1.4.2.2 事故查处的原则

事故调查处理应当坚持实事求是、尊重科学的原则，及时、准确地查清事故经过、事故原因和事故损失，查明事故性质，认定事故责任，总结事故教训，提出整改措施，并对事故责任者依法追究责任。

事故调查处理是一项政策性、专业性、技术性强、涉及面广、认真严肃的、比较复杂的行政工作，涉及方方面面的关系，同时又具有很强的科学性和技术性。要搞好事故调查处理工作，必须有正确的原则作指导。因此，事故调查处理应当坚持实事求是、尊重科学、"四不放过"、分级管辖的原则。

A 实事求是的原则

实事求是是唯物辩证法的基本要求。这一原则有以下几个方面的含义。一是必须全面、彻底查清生产安全事故的原因，不得夸大事故事实或缩小事实，不得弄虚作假；二是一定要从实际出发，在查明事故原因的基础上明确事故责任；三是提出的处理意见要实事求是，不得从主观出发，不能感情用事，要根据事故责任划分，按照法律、法规和国家有关规定对事故责任人提出处理意见；四是总结事故教训、落实事故整改措施要实事求是，总结教训要准确、全面，落实整改措施要坚决、彻底。

B 尊重科学的原则

尊重科学是事故调查处理工作的客观规律。生产安全事故的调查处理具有很强的科学性和技术性，特别是事故原因的调查，往往需要作很多技术上的分析和研究，利用很多技术手段。尊重科学，要做到以下两点：一是要有科学的态度，不主观臆想，不轻易下结论，防止个人意识主导，杜绝心理偏好，努力做到客观、公正；二是要特别注意充分发挥专家和技术人员的作用，把对事故原因的查明，事故责任的分析、认定建立在科学的基础上。

C "四不放过"原则

"四不放过"，即事故原因未查清不放过，事故责任者没有受到处理不放过，职工群众未受到教育不放过，防范措施不落实不放过。

D 分级管辖原则

事故调查的处理是依据事故的严重级别来进行的。根据不同行业中事故的严重级别进行分级管辖。

a 工矿商贸企业事故的分级调查

轻伤、重伤事故由生产经营单位组织成立事故调查组。事故调查组由本单位安全、生产、技术等有关人员以及本单位工会代表参加。

重伤事故发生的县级人民政府安全生产监督管理部门认为有必要时，可以派员参加事故调查组或直接组织成立事故调查组。

一般死亡事故由事故发生地县级人民政府安全生产监督管理部门组织成立事故调查组，安全生产监督管理部门负责人任组长，有关部门负责人任副组长。

重大事故由事故发生地市级人民政府安全生产监督管理部门组织成立事故调查组，安全生产监督管理部门负责人任组长，市级行政监察部门、工会组织负责人和县级人民政府负责人任副组长。

特大事故由事故发生地省级人民政府安全生产监督管理部门组织成立事故调查组，安全生产监督管理部门负责人任组长，省级行政监察部门、工会组织负责人和市级人民政府负责人任副组长。

同级地方人民政府认为有必要时，可以直接组织成立事故调查组，地方政府负责人任调查组组长，安全生产监督管理部门和地方人民政府指定的其他部门负责人任副组长。

b 煤矿事故的分级调查

特别重大事故的调查，由国家煤矿安全监察机构组织成立事故调查组，国家煤矿安全监察机构负责人任组长，监察部、中华全国总工会、省级人民政府负责人任副组长；国务院认为必要时，对特别重大煤矿事故直接组织成立事故调查组。

特大事故的调查，由省级煤矿安全监察机构组织成立事故调查组，省级煤矿安全监察机构负责人任组长，省级行政监察部门、工会组织和市级人民政府负责人任副组长。

重大、死亡事故的调查，由煤矿安全监察办事处组织成立事故调查组，煤矿安全监察办事处负责人任组长，有关地方政府或其有关部门负责人任副组长。

c 其他行业特别重大事故的分级调查

除煤矿特别重大事故外，特别重大事故由国家安全生产监督管理部门组织成立事故调查组，国家安全生产监督管理部门负责人任组长，监察部、中华全国总工会、国务院有关部门负责人和省级人民政府负责人任副组长；必要时，由国务院或其授权的部门组织成立事故调查组。

d 火灾、道路交通、铁路交通、水上交通、民用航空事故的调查

除特别重大事故外，火灾、道路交通、铁路交通、水上交通、民用航空事故按照各行业的法规规定进行组织调查。

1.4.2.3 事故查处的任务

事故调查处理不仅是为了处罚肇事单位，追究事故责任人的责任，处理事故当事人；而且应通过对事故的调查，查清事故发生的经过，科学分析事故原因，找出发生事故的内外关系，总结事故发生的教训和规律，提出有针对性的措施，以防止类似事故的再度发生。这是事故调查处理的真正目的，也是事故调查处理的重要意义所在。

根据条例的规定，事故调查处理的主要任务和内容包括以下几个方面：

(1) 及时、准确地查清事故经过、事故原因和事故损失。查清事故发生的经过和事故原因，是事故调查处理的首要任务和内容，也是进行下一步工作的基础。事故原因有可能是自然原因，即所谓“天灾”，也有可能是人为原因，即所谓“人祸”，更多情况下则是自然原因和人为原因共同造成的，即所谓的“三分天灾，七分人祸”。无论什么原因，都

要予以查明。事故损失主要包括事故造成的人身伤亡和直接经济损失，这是确定事故等级的依据。查清事故经过、事故原因和事故损失，重在及时、准确，不能久查不清或者含含糊糊，似是而非。

（2）查明事故性质，认定事故责任。事故性质是指事故是人为事故还是自然事故，是意外事故还是责任事故。查明事故性质是认定事故责任的基础和前提。如果事故纯属自然事故或者意外事故，则不需要认定事故责任。如果事故是人为事故和责任事故，就应当查明哪些人员对事故负有责任，并确定其责任程度。事故责任有直接责任，也有间接责任；有主要责任，也有次要责任。此外，对政府及其有关部门的负责人来说，还有一个领导责任的问题。

（3）总结事故教训，提出整改措施。安全生产工作的根本方针是“安全第一、预防为主”。通过查明事故经过和事故原因，发现安全生产管理工作的漏洞，从事故中总结血的经验教训，并提出整改措施，防止今后类似事故再次发生，这是事故调查处理的重要任务和内容之一，也是事故调查处理的最根本目的。

（4）对事故责任者依法追究责任。生产安全事故责任追究制度是我国安全生产领域的一项基本制度。《安全生产法》第十三条明确规定：“国家实行生产安全事故责任追究制度。”结合对事故责任的认定，对事故责任人分别提出不同的处理建议，使有关责任者受到合理的处理，包括给予党纪处分、行政处分的行政处罚或者建议追究相应的刑事责任，对于增强有关人员的责任心，预防事故再次发生，具有重要意义。

以上规定较好地体现了事故调查处理的“四不放过”原则，“四不放过”是我国安全生产工作长期实践经验的总结，实践也证明其是行之有效的。

1.4.2.4 事故查处中政府的职责

县级以上人民政府应当依照《条例》的规定，严格履行职责，及时、准确地完成事故调查处理工作。事故发生地有关地方人民政府应当支持、配合上级人民政府或者有关部门的事故调查处理工作，并提供必要的便利条件。参加事故调查处理的部门和单位应当互相配合，提高事故调查处理工作的效率。

A 县级以上人民政府在事故调查处理中的职责

各级人民政府的宗旨是为人民服务，代表和维护人民群众的根本利益。县级以上人民政府应当严格履行职责，及时、准确地完成事故调查处理工作。

一是负责组织事故调查。对事故调查处理，《条例》坚持了“政府统一领导、分级负责”的原则。除法律、行政法规或者国务院另有规定外，事故按照不同的级别，分别由县级以上人民政府或者其授权的部门组织事故调查组进行调查。这与其说是一项权利，不如说是一项义务或者职责。无论是直接组织事故调查组还是授权或者委托有关部门组织事故调查组进行调查，组织事故调查的职责都属于县级以上各级人民政府。有关人民政府在接到事故报告后，应当按照《条例》的规定，及时组织有关部门成立事故调查组，或者授权、委托有关部门及时组织事故调查组，尽快开展事故调查工作。有关人民政府还应当指定事故调查组组长，负责领导事故调查组的工作。在事故调查中，有关人民政府应当加强指导，确保事故调查组能够在规定的期限内，顺利完成事故调查，提交事故调查报告。

二是及时做出事故批复。事故调查组向负责组织事故调查的有关人民政府提交事故调查报告后，事故调查工作即告结束。有关人民政府应当按照《条例》规定的期限，及时做出批复，并督促有关机关、单位落实事故批复，包括对生产经营单位的行政处罚，对事故责任人行政责任的追究以及整改措施的落实等。在批复中，有关人民政府要严格把关，特别是要保证对事故责任人的追究做到严肃、公正、合法。

B 事故发生地有关地方人民政府配合事故调查处理的职责

事故调查处理涉及的面很广、工作量很大，而且非常具体，无论是上级人民政府还是有关部门进行事故调查，都不可能离开事故发生地有关人民政府的支持。有关地方人民政府也应当对事故调查处理工作予以配合，这是保证事故调查处理工作顺利开展的必要条件。因此，事故发生地有关人民政府应当支持、配合上级人民政府或者有关部门的事故调查处理工作，并提供必要的便利条件。

这里所称的“有关地方人民政府”，包括乡镇人民政府、县级人民政府、设区的市级人民政府和省级人民政府。无论是上级人民政府直接组织事故调查组进行事故调查，还是有关部门受政府委托组织事故调查组进行事故调查，事故发生地有关人民政府都应当予以支持、配合。事故发生地有关人民政府配合事故调查处理工作，通常有以下几个方面：

（1）按照上级人民政府或者有关部门的要求，及时指派人员参加事故调查组。

（2）采取有效措施保护事故现场，防止破坏现场、销毁证据等行为的发生，对需要采取强制措施的事故责任人员及时控制，防止其逃匿或者转移资金、财产等。

（3）为事故调查组提供调查所需的有关情况信息，包括事故发生单位及其有关人员的情况和信息、有关部门的监管情况和监管信息等。

（4）协助做好事故伤亡人员的赔偿、家属安抚等善后工作，确保当地社会秩序稳定。

（5）根据上级人民政府依法做出的事故批复，督促有关部门落实对事故发生单位及其有关人员的行政处罚，对事故责任人员予以处分，督促有关部门对事故发生单位落实整改措施的情况进行监督检查。

此外，事故发生地有关人民政府还应当为上级人民政府或者有关部门的事故调查处理提供必要的便利条件，包括交通、办公场所等。为事故调查处理创造有利的环境。

C 参加事故调查处理的部门和单位应当互相配合，提高工作效率

事故调查处理，关键是要做到客观、公正、高效。依照《条例》的规定，事故调查组是由多个部门和单位共同派人组成的，因此，要顺利地开展工作，提高事故调查处理的效率，参加事故调查处理的有关部门就必须要有全局意识、大局意识和高度的工作责任心，互相配合，严格履行各自的职责，不能互相推诿。

1.4.2.5 事故查处中的违法行为

对事故报告和调查处理中的违法行为，任何单位和个人有权向安全生产监督管理部门、监察机关或者其他有关部门举报，接到举报的部门应当依法及时处理。

A 向有关部门举报违法行为，是单位和个人的一项重要权利

为了及时发现、制止并有效制裁事故报告和调查处理中的违法行为，必须建立起一种有效的监督机制，充分调动单位和个人的积极性，把事故报告和调查处理工作置于群众的监督之下。

事故报告和调查处理中的违法行为，包括事故发生单位及其有关人员的违法行为，还包括政府、有关部门及其有关人员的违法行为，其种类主要有以下几种：

（1）迟报、漏报、谎报或者瞒报事故；

（2）伪造或者故意破坏事故现场；

（3）转移、隐匿资金、财产，或者销毁有关证据、资料；

（4）事故调查处理期间擅离职守；

（5）拒绝接受调查或者拒绝提供有关情况和资料；

（6）在事故调查中作伪证或者指使他人作伪证；

（7）事故发生后逃匿；

（8）阻碍、干涉事故调查工作；

（9）对事故调查工作不负责任，致使事故调查工作有重大疏漏；

（10）包庇、袒护负有事故责任的人员或者借机打击报复；

（11）故意拖延或者拒绝落实经批复的对事故责任人的处理意见，等等。

实践中，要特别重视生产经营单位内部有关管理人员和从业人员的举报。他们处在生产经营第一线，对本单位存在的违法行为最为了解，其举报具有十分重要的价值。同时，也要鼓励其他单位和个人的报告和举报。他们通常与被举报单位没有直接利益关系，能摆脱生产经营单位内部人员的局限性，从而提供重要的线索。举报的内容应当真实，不得捏造违法行为，诬告、陷害有关单位和人员。对有诬告、陷害行为的，将依法追究法律责任。当然，实践中要注意错误举报与诬告、陷害的区别。

此外，根据《安全生产法》的规定，对举报安全生产违法行为包括事故报告和调查处理中的违法行为的有功人员，还应当给予奖励。

B 受理举报的部门应依法及时处理

a 安全生产监督管理部门

《安全生产法》第九条第一款规定："国务院负责安全生产监督管理的部门依照本法，对全国安全生产工作实施综合监督管理；县级以上地方各级人民政府负责安全生产监督管理的部门依照本法，对本行政区域内安全生产工作实施综合监督管理。"据此，安全生产监督管理部门是安全生产工作的综合监督管理部门，有关单位和个人当然可以向安全生产监督管理部门举报事故报告和调查处理中的违法行为。

b 监察机关

《行政监察法》第二条规定："监察机关是人民政府行使监察职能的机关，依照本法对国家行政机关及其公务员和国家行政机关任命的其他人员实施监察。"据此，对属于监察机关监察对象的单位和个人，包括地方人民政府、有关部门及其工作人员在事故报告和调查处理中的违法行为，单位和个人可以向监察机关举报。

c 其他有关部门

其他有关部门，是指安全生产监督管理部门以外的其他负有安全生产监督管理职责的部门。由于安全生产涉及各行各业的生产经营单位，领域十分广泛，各行业的情况和特点又有很大的差别，其安全生产监督管理也具有很强的专业性，因此，安全生产监督管理必须充分发挥专门的行业安全生产管理部门的优势和作用。否则，安全生产监督管理的目标很难实现。根据我国现行有关安全生产的法律、行政法规和有关部门的职责分工，负有安全生产监督管理职责的其他有关部门主要有公安部门、煤矿安全监察机构、建筑行政部门、铁路、民航、交通部门、特种设备安全监察部门、电力监管部门，等等。对相关行业和领域事故报告和调查处理中的违法行为，单位和个人可以向负有安全生产监督管理职责的其他有关部门报告。

C　有关部门对于违法行为举报应当及时依法处理

要保证举报制度取得实效，就必须要求受理举报的部门在接到举报后应当依法及时处理。一般来说，对于举报的事实线索比较明确，又属于本部门职责范围的，受理举报的部门应当及时进行调查。违法行为经查证属实的，依法给予行政处罚或者处分；构成犯罪的，移送司法机关依法追究刑事责任。对不属于本部门职责范围的举报，应当及时移交有权处理的部门。受理举报的部门还应当为举报人保密。

1.4.3　事故报告

1.4.3.1　事故报告的原则

事故报告应当及时、准确、完整，任何单位和个人对事故不得迟报、漏报、谎报或者瞒报，这是对事故报告提出的总体要求。事故发生后，及时、准确、完整地报告事故，对于及时、有效地组织事故救援，减少事故损失，顺利开展事故调查具有非常重要的意义。因此，及时、准确、完整是事故报告的客观要求。

实践中，一些单位和个人，包括事故发生单位有关人员、地方政府、部门及其有关人员在事故发生后，不及时报告事故，或者漏报、谎报、瞒报事故的情况时有发生。有的采取破坏现场、销毁证据甚至转移尸体等恶劣手段。究其原因，有的是不负责任，造成迟报、漏报；有的则是为了逃避事故责任追究，故意谎报或者瞒报。无论什么原因，无论什么人，这种行为都是不允许的。

1.4.3.2　事故报告主体与时限

A　既遂事故的报告主体与时限

《国家安全监管总局关于修改 <生产安全事故报告和调查处理条例> 罚款处罚暂行规定〉部分条款的决定》中规定事故发生后，事故现场有关人员应当立即向本单位负责人报告；单位负责人接到报告后，应当于1h内向事故发生地县级以上人民政府安全生产监督管理部门和负有安全生产监督管理职责的有关部门报告。情况紧急时，事故现场有关人员可以直接向事故发生地县级以上人民政府安全生产监督管理部门和负有安全生产监督管理职责的有关部门报告。

“事故现场”是指事故具体发生地点及事故能够影响和波及的区域以及该区域内的物品、痕迹等所处的状态。“有关人员”主要是指事故发生单位在事故现场的有关工作人员，既可以是事故的负伤者，也可以是在事故现场的其他工作人员；对于发生人员死亡或重伤无法报告，且事故现场又没有其他工作人员时，任何首先发现事故的人都负有立即报告事故的义务。“立即报告”是指在事故发生后的第一时间用快捷的报告方式进行报告。“单位负责人”可以是事故发生单位的主要负责人，也可以是事故发生单位主要负责人以外的其他分管安全生产工作的副职领导或其他负责人。根据企业的组织形式，主要负责人可以是公司制企业的董事长、总经理、首席执行官或者其他实际履行经理职责的企业负责人，也可以是非公司制企业的厂长、经理、矿长等企业行政的“一把手”。当然，由于事故报告的紧迫性，现场有关人员报告事故不可能也没有必要完全按照正常情况下企业的层级管理模式来进行。只要报告到事故单位的指挥中心（如调度室、监控室）即可。

正确理解单位负责人报告事故的“1h”限制性规定。一般来说，单位负责人接到事故报告后，需要立即赶赴事故现场，核实事故情况，组织应急救援工作，这些都需要耗费一定的时间。在现代通信技术比较发达的条件下，做出“1h”限制性规定是较为切合实际的，既能保证事故单位相关应急措施的采取，又能保证安全生产监管部门和其他负有安全生产监管职责的有关部门较快地获取事故的相关情况。

事故单位负责人既有向县级以上人民政府安全生产监督管理部门报告的义务，又有向负有安全生产监督管理职责的有关部门报告的义务，即事故报告是两条线，实行双报告制。这是由我国现行的综合监管与专项监管相结合的安全生产管理体制决定的。

在一般情况下，事故现场有关人员应当向本单位负责人报告事故，这符合企业内部管理的规章制度，也有利于企业应急救援工作的快速启动。但是，事故是人命关天的大事，应当在情况紧急时，允许事故现场有关人员直接向安全生产监督管理部门和负有安全生产监督管理职责的有关部门报告。至于何种情况属于“情况紧急”，应当作较为灵活的理解，比如单位负责人联系不上、事故重大需要政府部门迅速调集救援力量等情形。对于负有安全生产监督管理职责的部门和具体工作人员来说，只要接到事故现场有关人员的报告后，不论情况是否属于“情况紧急”，都应当立即赶赴现场，并积极组织事故救援。

B　未遂事故的报告主体与时限

国家安监局颁布的《生产安全重特大事故和重大未遂伤亡事故信息处置办法（试行）》中，规定省级安全生产监督管理部门、煤矿安全监察机构接到或查到事故信息后，要及时报送至国家安全生产监督管理总局调度统计司，可先报送事故概况，有新情况及时续报。总局接到重大未遂伤亡事故，要按规定报送中央办公厅、国务院办公厅，但未对未遂事故的报送时限给出明确的时间规定。

陕西省《生产安全重大、较大事故和较大未遂伤亡事故信息处置办法》中，规定较大未遂伤亡事故发生后，事故现场有关人员应当及时向本单位负责人报告；单位负责人接到报告后，应当于不超过6h的时限报上级安全生产监管部门。对个别特殊情况确实难以在规定时间内上报的事故信息，必须书面说明具体原因。

《江西省生产安全重特大事故和重大未遂伤亡事故信息处置办法（试行）》中，规定设区市安全生产监督管理部门接到或查到事故信息后，要及时（4h以内）报送至省安全生产监督管理局信息装备处；可先报送事故概况，有新情况及时续报。

《湖北省生产安全重特大事故和重大未遂伤亡事故信息处置办法（试行）》中，规定各市（州）、直管市、林区安监局对本区域内发生的以上各类事故，电话报告必须在1h内、书面报告必须在4h内报省安监局。省安监局必须在6h内报国家安监总局、省委办公厅、省政府办公厅。《甘肃省生产安全重特大事故和重大未遂伤亡事故处置办法》中，规定市、州安全生产监督管理局接到或查到事故信息后，要及时报送至省安全生产监督管理局协调处，可先报送事故概况，有新情况及时续报。对于社会影响重大的各类未遂事故，在事故发生后4h内报至省安监局。

宁夏回族自治区出台的《生产安全重特大事故和未遂伤亡事故信息处置办法》，规定省级安全生产监督管理部门、煤矿安全监察机构接到或查到事故信息后，要及时报送至国家安全生产监督管理总局调度统计司，可先报送事故概况，有新情况及时续报。总局接到重大未遂伤亡事故报告，要按规定报送中央办公厅、国务院办公厅。未对具体的重大未遂事故上报时间给出明确界定。

1.4.3.3 事故报告的程序

安全生产监督管理部门和负有安全生产监督管理职责的有关部门接到事故报告后，应当依照下列规定上报事故情况，并通知公安机关、劳动保障行政部门、工会和人民检察院：

（1）特别重大事故、重大事故逐级上报至国务院安全生产监督管理部门和负有安全生产监督管理职责的有关部门；

（2）较大事故逐级上报至省、自治区、直辖市人民政府安全生产监督管理部门和负有安全生产监督管理职责的有关部门；

（3）一般事故上报至设区的市级人民政府安全生产监督管理部门和负有安全生产监督管理职责的有关部门。安全生产监督管理部门和负有安全生产监督管理职责的有关部门依照前款规定上报事故情况，应当同时报告本级人民政府。国务院安全生产监督管理部门和负有安全生产监督管理职责的有关部门以及省级人民政府接到发生特别重大事故、重大事故的报告后，应当立即报告国务院。必要时，安全生产监督管理部门和负有安全生产监督管理职责的有关部门可以越级上报事故情况。

安全生产监督管理部门和负有安全生产监督管理职责的有关部门逐级上报事故情况，每级上报的时间不得超过2h。

快速上报事故有利于上级部门及时掌握情况，迅速开展应急救援工作。经验表明，在煤矿和非煤矿山事故、建筑施工中的坍塌事故以及危险化学品、烟花爆竹爆炸事故中，除当场造成一定伤亡外，往往还导致部分作业人员被困井下或者被埋在瓦砾之中。抢救险情，挽救生命，刻不容缓。上级安全管理部门可以及时调集应急救援力量，发挥更多的人力、物力等资源优势，协调各方面的关系，尽快组织实施有效救援。

快速上报事故有利于快速、妥善安排事故的善后工作。事故的发生，不仅给受害者本人造成了伤痛，甚至使其失去生命，同时也给受害者的家属带来了巨大的感情伤害。特别是在群死群伤的事故中，受害者家属的悲伤情绪互相感染、扩大，容易导致群情激愤，如果处理不当，易造成社会的不稳定。还有一些事故，例如油气田井喷事故、危险化学品泄漏事故等不仅造成当事者的伤亡，而且直接影响事故发生地点周边群众的生命安全，需要在极短时间内安排群众安全转移。这些情况的处理，都需要上级管理部门迅速掌握事故有关情况，做好思想上、经济上以及物资调度上的各项准备。

快速上报事故有利于及时向社会公布事故的有关情况，正确引导社会舆论。随着安全生产工作的深入开展，人民群众对生命、对安全的关注程度越来越深，对安全的呼声也越来越高。各类生产安全事故的有关情况也频频见诸媒体。特别是随着网络这一新兴传媒的不断发展壮大，信息的传播速度、波及范围以及造成的影响已经发生了前所未有的变化。由于事故往往涉及行政违法行为、侵犯工人合法权益的行为、安全生产犯罪行为，有时甚至涉及监管部门的渎职失职等行为，再加上有些媒体为了吸引眼球，不负责任地追求轰动效应，有些报道不可避免地失之于真、失之于准，从而误导广大群众。快速上报事故，才能让上级管理部门全面准确地了解事故情况，适时地向社会进行公布，从而掌握新闻宣传的主动权，正确引导社会舆论。

1.4.3.4 事故报告的内容

事故报告应当具有完整性，主要包括如下各项内容：

（1）事故发生单位概况。事故发生单位概况应当包括单位的全称、所处地理位置、所有制形式和隶属关系、生产经营范围和规模、持有各类证照的情况、单位负责人的基本情况以及近期的生产经营状况等。当然，这些只是一般性要求，对于不同行业的企业，报告的内容应该根据实际情况来确定，但是应当以全面、简洁为原则。

（2）事故发生的时间、地点以及事故现场情况。报告事故发生的时间应当具体，并尽量精确到分钟。报告事故发生的地点要准确，除事故发生的中心地点外，还应当报告事故波及的区域。报告事故现场的情况应当全面，不仅应当报告现场的总体情况，还应当报告现场的人员伤亡情况、设备设施的毁损情况；不仅应当报告事故发生后的现场情况，还应当尽量报告事故发生前的现场情况，便于前后比较，分析事故原因。

（3）事故的简要经过。事故的简要经过是对事故全过程的简要叙述。核心要求在于"全"和"简"。"全"就是要全过程描述，"简"就是要简单明了。但是，描述要前后衔接、脉络清晰、因果相连。需要强调的是，由于事故的发生往往是在一瞬间，对事故经过的描述应当特别注意事故发生前作业场所有关人员和设备设施的一些细节，因为这些细节可能就是引发事故的重要原因。

（4）人员伤亡和经济损失情况。对于人员伤亡情况的报告，应当遵守实事求是的原则，不作无根据的猜测，更不能隐瞒实际伤亡人数。在矿山事故中，往往出现多人被困井下的情况，对可能造成的伤亡人数，要根据事故单位当班记录，尽可能准确地报告。对直接经济损失的初步估算，主要指事故所导致的建筑物的毁损、生产设备设施和仪器仪表的损坏等。由于人员伤亡情况和经济损失情况直接影响事故等级的划分，并因此决定事故的调查处理等后续重大问题，在报告这方面情况时应当谨慎细致，力求准确。

（5）已经采取的措施。已经采取的措施主要是指事故现场有关人员、事故单位负责人、已经接到事故报告的安全生产管理部门为减少损失、防止事故扩大和便于事故调查所采取的应急救援和现场保护等具体措施。

（6）其他应当报告的情况。这是报告事故应当包括内容的兜底条款。对于其他应当报告的情况，应当根据实际情况具体确定。如较大以上事故还应当报告事故所造成的社会影响、政府有关领导和部门现场指挥等有关情况。另外，特别需要指出的是，事故发生原因的初步判断在原《特别重大事故调查程序暂行规定》中属于应当报告的内容，在新修订的《生产安全事故报告和调查处理条例》（2011）中，考虑到实际工作中很多时候事故原因需要进一步调查之后才能确定，为谨慎起见，不需要进行报告。但是，对于能够初步判定事故原因的，还是应当进行报告。

从上述情况来看，应当报告的内容涵盖的范围比较广泛。因此，要求事故现场有关人员、事故单位负责人、县级以上人民政府安全生产监督管理部门和负有安全生产监督管理职责的有关部门三个不同层次的事故报告主体依照同样的标准来报告事故，是不切实际的，也是没有必要的。对于事故现场有关人员，只需要准确报告事故的时间、地点、人员伤亡的大体情况就可以了；对于事故单位负责人则需要进一步报告事故的简要经过、人员伤亡和损失情况以及已经采取的措施等；对于安全生产监督管理部门和负有安全生产监督管理职责的有关部门向上级部门报告事故情况，则需要其严格按照规定内容进行报告。

另外，事故报告后出现新情况的，应当及时补报。自事故（道路交通事故、火灾事故除外）发生之日起30日内，事故造成的伤亡人数发生变化的，应当及时补报。道路交通事故、火灾事故自发生之日起7日内，事故造成的伤亡人数发生变化的，应当及时补报。

1.4.3.5 事故应急救援

A 事故单位的救援职责

事故发生单位负责人接到事故报告后，应当立即启动事故相应应急预案，或者采取有效措施，组织抢救，防止事故扩大，减少人员伤亡和财产损失。

事故发生后，生产经营单位应当立即启动相关应急预案，采取有效处置措施，组织开展前期应急工作，控制事态发展，并按照相关规定向有关部门报告。对危险化学品泄漏等可能对周边群众和环境产生危害的事故，生产经营单位应当在向地方政府及有关部门进行报告的同时，及时向可能受到影响的单位、职工、群众发出预警信息，标明危险区域，组织、协助应急救援队伍和工作人员救助受害人员，疏散、撤离、安置受到威胁的人员，并采取必要措施防止发生次生、衍生事故。应急处置工作结束后，各企业应尽快组织恢复生产、生活秩序，配合事故调查组进行调查。

B 有关政府救援职责

事故发生地有关地方人民政府、安全生产监督管理部门和负有安全生产监督管理职责的有关部门在接到事故报告后，其负责人应当立即赶赴事故现场，组织事故救援。这里的“有关地方人民政府”一般是指按照事故报告要求的人民政府及其下级人民政府，“安全生产监督管理部门和负有安全生产监督管理职责的有关部门”是指有关人民政府的部门。做出这样的规定是基于：

（1）这是由人民政府的性质决定的。我国是人民民主专政的社会主义国家，人民是国家的主人，政府的一切权力属于人民，权力的运行一切为了人民。当人民的利益遭受侵害时，政府及其有关部门必须义不容辞、挺身而出，采取尽可能的手段，调动尽可能的资源，挽救人民群众的生命财产安全，用实际行动表明党和国家“以人为本”、“安全发展”的理念和对安全生产工作的重视；进一步融洽与人民群众血肉相连的亲情关系。

（2）这是由安全生产工作的特点决定的。安全生产关系人民群众的生命财产安全，关系改革发展和社会稳定大局。安全生产工作总体来看，主要包括市场准入、事前监管、应急救援和调查处理四个环节。我国安全生产状况总体上趋于稳定好转，但目前安全生产形势依然严峻，煤矿、道路交通运输、建筑等领域伤亡事故多发的状况尚未根本扭转。事故的发生具有突然性和紧迫性，要求政府及其负有安全监管职责的部门必须做出快速反应，迅速赶赴事故现场，组织事故救援。

（3）政府及其有关部门组织救援能够取得更加积极的效果。我国目前安全生产工作总体上来说是属于政府主导型，这一点在应急救援方面尤其明显，当然，这也是世界上大多数国家的通行做法。前面第十四条提到，一般来说，首先组织事故应急救援的是事故发生单位本身，但是，一方面事故发生单位的应急救援力量比较有限，可能没有足够的能力开展有效的救援；另一方面，事故导致的混乱状态对事故发生单位负责人会造成一定的心理压力，从而影响救援工作的开展。政府及其安全生产监管部门，运用法律赋予的职权，能够在短时间内调动各种资源，并协调好各方面的关系，保证救援工作的顺利开展。从近几年的实际情况来看，事故发生后当地政府及有关部门负责人都能够迅速赶赴事故现场，组织事故救援，促进了现场救援工作的开展，减少了人民群众生命财产的损失。

（4）这也是有关法律法规的规定。例如，《安全生产法》第八条规定："国务院和地方各级人民政府应当加强对安全生产工作的领导，支持、督促各有关部门依法履行安全生产监督管理职责。县级以上人民政府对安全生产监督管理中存在的重大问题应当及时予以协调、解决 。"第七十二条规定："有关地方人民政府和负有安全生产监督管理职责的部门的负责人接到重大生产安全事故报告后，应当立即赶到事故现场，组织事故抢救。任何单位和个人都应当支持、配合事故抢救，并提供一切便利条件 。"再如，《国务院关于特大安全事故行政责任追究的规定》（国务院令第302号）第四条规定："地方各级人民政府及政府有关部门应当依照有关法律、法规和规章的规定，采取行政措施，对本地区实施安全监督管理，保障本地区人民群众生命、财产安全，对本地区或者职责范围内防范特大安全事故的发生、特大安全事故发生后的迅速和妥善处理负责。"第十七条规定："特大安全事故发生后，有关地方人民政府应当迅速组织救助，有关部门应当服从指挥、调度，参加或者配合救助，将事故损失降到最低限度。"

1.4.3.6 事故现场的保护

事故发生后，有关单位和人员应当妥善保护事故现场以及相关证据，任何单位和个人不得破坏事故现场、毁灭相关证据。因抢救人员、防止事故扩大以及疏通交通等原因，需要移动事故现场物件的，应当做出标志，绘制现场简图并做出书面记录，妥善保存现场重要痕迹、物证。

事故现场是追溯判断发生事故原因和事故责任人责任的客观物质基础。从事故发生到事故调查组赶赴现场，往往需要一段时间。而在这段时间里，许多外界因素，如对伤员的救护，对险情的控制，周围群众的围观等都会给事故现场造成不同程度的破坏，有时甚至还有故意破坏事故现场的情况。间隔时间越长，影响事故现场失真的外界因素就越多，现场遭到破坏的可能性就越大。事故现场保护的好坏，将直接决定和影响事故现场勘察。事故现场保护不好，一些与事故有关的证据就难于找到，不便于查明事故的原因，从而影响事故调查处理进度和质量。总之，保护现场是取得客观准确证据的前提，有利于准确查找事故原因和认定事故责任，保证事故调查工作的顺利进行。

事故现场保护的主要任务就是要在现场勘察之前，维持现场的原始状态，既不使它减少任何痕迹、物品，也不使它增加任何痕迹、物品。事故现场保护主体是有关单位和人员，主要是指事故发生单位和接到事故报告并赶赴事故现场的安全生产监督管理部门和负有安全生产监督管理职责的有关部门及其工作人员。此外，任何不特定的主体，即任何单位和个人，都不得破坏事故现场、毁灭相关证据。

保护事故现场，必须根据事故现场的具体情况和周围环境，划定保护区的范围，布置警戒，必要时，将事故现场封锁起来，禁止一切人进入保护区，即使是保护现场的人员，也不要无故进入，更不能擅自进行勘察，禁止随意触摸或者移动事故现场上的任何物品。特殊情况需要移动事故现场物件的，必须同时满足以下条件：

（1）移动物件的目的是出于抢救人员、防止事故扩大以及疏通交通的需要；

（2）移动物件必须经过事故单位负责人或者组织事故调查的安全生产监督管理部门和负有安全生产监督管理职责的有关部门的同意；

（3）移动物件应当做出标志，绘制现场简图，拍摄现场照片，对被移动物件应当贴上标签，并做出书面记录；

(4) 移动物件应当尽量使现场少受破坏。在对事故现场实施妥善的保护措施之后，安全管理部门即应抓紧一切时机，采取各种不同形式，向事故单位负责人、职工以及其他有关知情人了解事故情况。

1.4.4 事故调查

1.4.4.1 事故调查权的划分

特别重大事故由国务院或者国务院授权有关部门组织事故调查组进行调查。重大事故、较大事故、一般事故分别由事故发生地省级人民政府、设区的市级人民政府、县级人民政府负责调查。省级人民政府、设区的市级人民政府、县级人民政府可以直接组织事故调查组进行调查，也可以授权或者委托有关部门组织事故调查组进行调查。

未造成人员伤亡的一般事故，县级人民政府也可以委托事故发生单位组织事故调查组进行调查。

事故调查工作实行“政府领导，分级负责”的原则，这样有利于进一步落实各级政府安全生产行政首长负责制；有利于加强安全生产监督管理工作；有利于事故调查的公正，减少或者避免地方或者部门保护；有利于准确认定事故原因，吸取事故教训；有利于追究事故责任，避免事故再次发生。

事故调查权的划分体现了“以人为本”、“安全发展”的理念。明确要求凡造成人身伤亡的，都要由各级政府或授权委托部门组织调查。该规定按照事故等级划分事故调查权，能够最大限度地保护从业人员的安全生产权利，落实“安全发展”；能够提高事故调查的效率，减少事故调查成本；能够及时吸取事故教训、惩戒事故单位和追究事故责任者。

上级人民政府认为必要时，可以调查由下级人民政府负责调查的事故。

自事故发生之日起30日内（道路交通事故、火灾事故自发生之日起7日内），因事故伤亡人数变化导致事故等级发生变化，依照《条例》规定应当由上级人民政府负责调查的，上级人民政府可以另行组织事故调查组进行调查。

1.4.4.2 事故调查组的组成

A 事故调查组的组成原则

事故调查组的组成应当遵循精简、效能的原则。事故调查是由事故调查组进行的，要提高事故调查工作的效率，首先事故调查组的组成要精简、效能。这是缩短事故处理时限，降低事故调查处理成本，尽最大可能提高工作效率的前提。但现实情况是事故调查成本一直较高，如不采取相应措施，事故调查处理成本有继续上升的趋势。因此，为防止事故调查组人员和组成部门过多，提高事故调查的效率，尽量避免和减少事故调查的相互推诿扯皮，事故调查组的组成原则是“精简和效能”，这对于提高事故调查处理工作效率做出了法律保证。

B 事故调查组组成单位

根据事故的具体情况，事故调查组由有关人民政府、安全生产监督管理部门、负有安全生产监督管理职责的有关部门、监察机关、公安机关以及工会派人组成，并应当邀请人民检察院派人参加。主要注意以下几点：

一是根据事故的具体情况，确定事故调查组的组成，即根据事故的行业和领域，决定哪些部门参加事故调查组。比如，建筑工程事故，应由建筑行政部门派人参加事故调查组。

二是事故调查组由以下部门、单位派人组成或参加：有关人民政府（包括组织事故调查的有关人民政府以及事故发生地有关人民政府）、安全生产监督管理部门、负有安全生产监督管理职责的有关部门、监察机关、公安机关、工会、人民检察院，属于邀请参加的单位。

三是事故调查组可以聘请有关专家参与调查。事故调查组聘请的专家参与事故调查，也是事故调查组的成员。

C 事故调查组成员资格条件

事故调查是一项技术性、专业性很强的工作，一般需要事故调查组成员深入事故现场进行现场勘察、对比分析、检验检测，从而认定出事故的直接原因与间接原因。这就要求事故调查组成员要全面了解事故经过，通过查找有关的文件和资料、询问与事故有关的人员等调查取证手段，准确进行事故原因分析，提出事故防范和整改措施，以及对事故责任者提出处理建议等。因此，事故调查组成员责任重大，任务艰巨。作为事故调查组成员应当具备一定的条件，否则就很难客观、公正、高效地完成事故调查工作。

事故调查组成员应当具有事故调查所需要的知识和专长，并与所调查的事故没有直接利害关系。所谓没有直接利害关系，是指事故调查组成员与事故发生单位没有直接利害关系，与事故单位的主要负责人、主管人员、有关责任人没有直接利害关系。事故调查组组成时，发现被推荐为事故调查组成员的人选与所调查的事故有直接利害关系的，组织事故调查的人民政府或者有关部门应当将该成员予以调整；事故调查组组成时，有关部门、单位中与所调查的事故有直接利害关系的人员应当主动回避，不应参加事故调查工作；事故调查组组成后，有关部门、单位发现其成员与所调查的事故有直接利害关系的，事故调查组应当将该成员予以更换或者停止其事故调查工作。

D 事故调查组组长及其职权

事故调查组组长由负责事故调查的人民政府指定。事故调查组组长主持事故调查组的工作，具体职责是：全过程领导事故调查工作；主持事故调查会议，确定事故调查组各小组的职责和事故调查组成员的分工；协调事故调查工作中的重大问题，对事故调查中的分歧意见做出决策，等等。

设立事故调查组组长的目的是及时协调事故调查工作中的重大问题，对分歧意见做出决策，体现事故调查的时效性和权威性，提高事故调查的效率。

设立事故调查组组长是今后事故调查的必经程序，不设置事故调查组组长，事故调查工作没有法律效力，其调查结果无效。

对重大、特别重大事故，在事故调查组下还可设置具体工作小组，负责某一方面的具体调查工作。目前一般分为综合组、技术组、管理组等。其他等级的事故调查组内部分工由事故调查组组长确定。

1.4.4.3 事故调查组的职责

事故调查组履行的各项职责是事故调查工作的核心。事故调查工作能否做到“实事求是”，事故调查能否做到“尊重科学”，事故调查处理能否做到“四不放过”，事故调查能否做到“分级管辖”，通过事故调查处理能否真正防止和减少事故、避免事故重复发生，关键就是事故调查组的职责能否正确履行。事故调查组履行下列职责。

A 查明事故发生的经过

(1) 事故发生前，事故发生单位的生产作业状况；
(2) 事故发生的具体时间、地点；
(3) 事故现场状况及事故现场保护情况；
(4) 事故发生后采取的应急处置措施情况；
(5) 事故报告经过；
(6) 事故抢救及事故救援情况；
(7) 事故的善后处理情况；
(8) 其他与事故发生经过有关的情况。

B 查明事故发生的原因

(1) 事故发生的直接原因；
(2) 事故发生的间接原因；
(3) 事故发生的其他原因。

C 人员伤亡情况

(1) 事故发生前，事故发生单位生产作业人员分布情况；
(2) 事故发生时人员涉险情况；
(3) 事故现场人员伤亡情况及人员失踪情况；
(4) 事故抢救过程中人员伤亡情况；
(5) 最终伤亡情况；
(6) 其他与事故发生有关的人员伤亡情况。

D 事故的直接经济损失

(1) 人员伤亡后支出的费用，如医疗费用、丧葬及抚恤费用、补助及救济费用、歇工工资等；

(2) 事故善后处理费用，如处理事故的事务性费用、现场抢救费用、现场清理费用、事故罚款和赔偿费用等；

(3) 事故造成的财产损失费用，如固定资产损失价值、流动资产损失价值等。

E 认定事故性质和事故责任分析

通过事故调查分析，对事故的性质要有明确结论。其中对认定为自然事故（非责任事故或者不可抗拒的事故）的可不再认定或者追究事故责任人；对认定为责任事故的，要按照责任大小和承担责任的不同分别认定以下事故责任者：

(1) 直接责任者：是指其行为与事故发生有直接因果关系的人员，如违章作业人员。

(2) 主要责任者：是指对事故发生负有主要责任的人员，如违章指挥者。

(3) 领导责任者：是指对事故发生负有领导责任的人员，主要是政府及其有关部门的领域人员。

F 对事故责任者的处理建议

通过事故调查分析，在认定事故的性质和事故责任的基础上，对事故责任者的处理建议主要包括下列内容：

（1）对责任者的行政处分、纪律处分建议；

（2）对责任者的行政处罚建议；

（3）对责任者追究刑事责任的建议；

（4）对责任者追究民事责任的建议。

G 总结事故教训

通过事故调查分析，在认定事故的性质和事故责任者的基础上，要认真总结事故教训，主要是在安全生产管理、安全生产投入、安全生产条件等方面存在哪些薄弱环节、漏洞和隐患，要认真对照问题查找根源：

（1）事故发生单位应该吸取的教训；

（2）事故单位主要负责人应该吸取的教训；

（3）事故单位有关主管人员和有关职能部门应该吸取的教训；

（4）从业人员应该吸取的教训；

（5）政府及其有关部门应该吸取的教训；

（6）相关生产经营单位应该吸取的教训；

（7）社会公众应该吸取的教训，等等。

H 提出防范和整改措施

防范和整改措施是在事故调查分析的基础上针对事故发生单位在安全生产方面的薄弱环节、漏洞、隐患等提出的，要具备针对性、可操作性、普遍适用性和时效性。

I 提交事故调查报告

事故调查报告在事故调查组全面履行职责的前提下由事故调查组做出。这是事故调查最核心的任务，是其工作成果的集中体现。

事故调查报告在事故调查组组长的主持下完成；事故调查报告的内容应当符合法律法规的要求，并在规定的提交事故调查报告的时限内提交。

1.4.4.4 事故调查组的职权

事故调查组有权向有关单位和个人了解与事故有关的情况，并要求其提供相关文件、资料，有关单位和个人不得拒绝。事故发生单位的负责人和有关人员在事故调查期间不得擅离职守，并应当随时接受事故调查组的询问，如实提供有关情况。事故调查中发现涉嫌犯罪的，事故调查组应当及时将有关材料或者其复印件移交司法机关处理。

A 了解调查权

事故调查组有权向有关单位和个人了解与事故有关的情况。这里的“有关单位和个人”是一个广义的概念，不仅包括事故发生单位和个人，而且包括与事故发生有关联的单位和个人，如设备制造单位、设计单位、施工单位等，还包括与事故发生有关的政府及其有关部门和人员，等等。

事故发生单位的负责人和有关人员在事故调查期间不得擅离职守，并应当随时接受事故调查组的询问，如实提供有关情况。这是事故发生单位有关人员的法定义务，必须遵守，否则就要承担相应的法律责任。这对保障事故调查组顺利开展事故调查工作具有重要意义。

B　文件资料获得权

事故调查组有权要求有关单位和个人提供相关文件、资料，有关单位和个人不得拒绝。这里的“有关单位和个人”与前边介绍的概念一样；这里的“相关文件、资料”也是一个广义的概念，包括与事故发生有关的所有文件、资料。

C　司法移交权

事故调查中发现涉嫌犯罪的，事故调查组应当及时向司法机关移交涉嫌犯罪者有关材料或者复印件。这里的“及时”就是在第一时间内，目的是能对涉嫌犯罪者及时追究刑事责任。既可以在事故调查工作中进行移交，也可以在提交事故调查报告时向司法机关移交。

D　委托技术鉴定权

事故调查中需要进行技术鉴定的，事故调查组应当委托具有国家规定资质的单位进行技术鉴定。必要时，事故调查组可以直接组织专家进行技术鉴定。技术鉴定所需时间不计入事故调查期限。

事故发生不仅涉及人的操作行为、管理行为等不安全行为，而且会涉及生产作业环境的安全状态和设备、设施的安全状况，所以在事故调查中进行技术鉴定往往是确定事故发生的直接原因的有效途径和技术支持。

要不要进行技术鉴定以及技术鉴定的范围，应当由事故调查组根据事故调查的实际需要决定；由谁进行技术鉴定由事故调查组委托，不能由事故发生单位决定；承担技术鉴定的单位要具备国家规定的资质；必要时，事故调查组可以直接组织专家进行技术鉴定，专家要有代表性、权威性，能得到业内的认可，这里的专家一般不是事故调查组成员。

当事故调查组认为需要进行技术鉴定时，技术鉴定的时间不计入事故调查期限，也就是说“自事故发生之日起60日内提交事故调查报告”不包括技术鉴定所用的时间。

1.4.4.5　调查组成员的行为规范

事故调查组成员在事故调查工作中应当诚信公正、恪尽职守，遵守事故调查组的纪律，保守事故调查的秘密。未经事故调查组组长允许，事故调查组成员不得擅自发布有关事故的信息。

无论来自哪个部门和单位，均是事故调查组的一员，事故调查组成员要讲诚信，要公正地参与事故调查工作，要全面了解事故调查中的有关情况，不得偏听偏信，影响事故调查。事故调查不是一项普通的工作，为保证事故调查的客观、公正、高效，事故调查组成员必须遵循一定的行为规范。

（1）事故调查组成员要有品德操守。事故调查组的成员不管来自哪个部门和单位，均是事故调查组的一员，除具备《条例》第二十三条规定的条件外，事故调查组成员要讲诚信，要公正地参与事故调查工作，要全面了解事故调查中的有关情况，不得偏听偏信，影响事故调查。

（2）事故调查组成员要有工作操守。事故调查组成员要恪尽职守，兢兢业业，严格履行职责，发挥专业特长和技术特长，按期完成事故调查组交办的事故调查任务。

（3）事故调查组成员要守纪、保密。事故调查组成员要遵守事故调查组的纪律，服从事故调查组的领导，廉洁自律，认真负责，协调行动，听从指挥，同时，要严格保守事故调查中的秘密。

（4）事故信息发布工作应当由事故调查组统一安排，未经事故调查组组长允许，事故调查组成员不得擅自发布有关事故的信息。

1.4.4.6 调查报告的内容与时限

A 事故调查报告的内容

事故调查组按照规定履行事故调查职责，目的就是要提交事故调查报告。事故调查报告是事故调查组工作成果的集中体现，是事故处理的直接依据，在《条例》中对事故报告的内容做出规定，有利于事故报告内容的规范、完整。事故调查报告应当包括下列内容：事故发生单位概况；事故发生经过和事故救援情况；事故造成的人员伤亡和直接经济损失；事故发生的原因和事故性质；事故责任的认定以及对事故责任者的处理建议；事故防范和整改措施。

事故调查报告还应当附具有关证据材料。事故调查报告附具的有关证据材料是事故调查报告的重要部分，可作为事故调查报告的附件一并提交。这项要求是为了增加事故调查报告的科学性、证明力、公信力。事故调查报告附具的有关证据材料应当具有真实性，并作为事故调查报告的附件予以详细登记，必要时有关当事人及获得该证据材料的事故调查组成员应当在证据材料上签名。

事故调查组成员应当在事故调查报告上签名。事故调查组成员在事故调查报告上的签名页是事故调查报告的必备内容，没有事故调查组成员签名的事故调查报告，可以不予批复。签名应当由事故调查组成员本人签署，特殊情况下由他人代签的，要注明本人同意。事故调查中的不同意见在签名时可一并说明。

B 事故调查时限

提出事故调查报告，意味着事故调查工作的结束。对事故调查工作设定时限，是提高事故调查效率的保障，是针对当前事故调查久拖不决、不能按时提交事故调查报告的情况较为普遍而做出的硬性规定，对落实“四不放过”原则、及时吸取事故教训意义重大。原则上，事故调查组应当自事故发生之日起60日内提交事故调查报告。这是法定期限，并且应当按自然日历计算，不是特指工作日。事故调查报告一般应在上述期限内提出。当然，需要技术鉴定的，技术鉴定所需时间不计入该时限，其提交事故调查报告的时限可以顺延。特殊情况下，经负责事故调查的人民政府批准，提交事故调查报告的期限可以适当延长，但延长的期限最长不超过60日。事故调查报告期限的规定给事故调查组的工作效率提出了较高要求，事故调查组要进一步改进工作方法，提高工作效率，确保按期提交事故调查报告。

1.4.5 事故处理

1.4.5.1 事故调查报告的批复

重大事故、较大事故、一般事故，负责事故调查的人民政府应当自收到事故调查报告之日起15日内做出批复；特别重大事故，30日内做出批复，特殊情况下，批复时间可以适当延长，但延长的时间最长不超过30日。

A 批复的主体

事故调查报告是事故调查组履行事故调查职责，对事故进行调查后形成的报告，其内容既包括事故发生单位概况、事故发生经过和事故救援情况、事故伤亡和直接经济损失情况、事故发生原因和事故性质等客观情况，也包括事故调查组对事故责任的认定、对责任者的处理建议以及事故防范和整改措施等内容。因为事故调查组是为了调查某一特定事故而临时组成的，不管是有关人民政府直接组织的事故调查组，还是授权或者委托有关部门组织的事故调查组，其形成的事故调查报告只有经过有关人民政府批复后，才具有效力，才能被执行和落实。因此，事故调查报告批复的主体是负责事故调查的人民政府。

特别重大事故由国务院或者国务院授权有关部门组织事故调查组进行调查；重大事故、较大事故、一般事故分别由事故发生地省级人民政府、设区的市级人民政府、县级人民政府负责调查。相应地，不同等级事故的调查报告由不同级别的人民政府批复，即：特别重大事故的调查报告由国务院批复；重大事故、较大事故、一般事故的事故调查报告分别由负责事故调查的有关省级人民政府、设区的市级人民政府、县级人民政府批复。

B 批复的时限

为了保证事故得到及时处理，提高事故处理工作的效率，要求有关人民政府应当在规定的时限内对事故调查报告做出批复。重大事故、较大事故、一般事故的调查报告的批复时限为 15 日，起算时间是接到事故调查报告之日，这是一个硬性规定，在任何情况下，15 日的期限不得延长。考虑到特别重大事故一般情况比较复杂，涉及面较广，事故调查报告批复的主体是国务院。特别重大事故的批复时限为 30 日，起算时间也是接到事故调查报告之日。在有些特殊情况下，比如需要对事故调查报告的部分内容进行核实、对事故责任人的处理问题进行研究等，对特别重大事故的调查报告确实难以在 30 日内做出批复的，批复时限可以适当延长，但对延长的期限作了严格限制，最长不超过 30 日。这就要求有关人民政府一定要提高工作效率，按照条例规定的期限如期做出批复。

1.4.5.2 有关机关对批复的落实

有关机关应当按照人民政府的批复，依照法律、行政法规规定的权限和程序，对事故发生单位和有关人员进行行政处罚，对负有事故责任的国家工作人员进行处分。

A 落实的主体

有关人民政府对事故调查报告做出批复后，有关机关应当按照批复进行落实。这里的“有关机关”不是特定主体，可能是一个机关，也有可能是多个机关，应当根据批复的内容不同而不同。一般来说，“有关机关”包括做出批复的人民政府的有关部门、下级人民政府及其有关部门。

B 依照法定权限和程序落实

有关机关落实批复，必须依照法律、行政法规规定的权限和程序，这是依法行政的必然要求。首先，有关机关只能在法定职责权限范围内行使职权，不得越权。《行政处罚法》（主席令第63号）第三条明确规定：“公民、法人或者其他组织违反行政管理秩序的行为，应当给予行政处罚的，依照本法由法律、法规或者规章规定，并由行政机关依照本法规定的程序实施。”《行政监察法》对处分的实施权限也有明确要求。其他有关法律、行政法规对有关机关的权限也都有明确规定。其次，程序必须合法。在现代法治国家，程序合法、正当成为一种普遍要求，程序正当是结果正当的必要条件。落实有关人民政府对事故调查报告的批复，对事故发生单位和有关人员进行行政处罚，对负有事故责任的国家工作人员进行处分，必须严格依照法律、行政法规规定的程序。在具体操作中，有关机关实施不同行政处罚或者处分，要按照有关法律、行政规定的相应程序进行。

C 落实的内容

有关机关落实批复的主要内容有两项：一是对事故发生单位和有关人员进行行政处罚；二是对负有事故责任的国家工作人员进行处分。行政处罚，是对有行政违法行为的单位或者个人给予的行政制裁。按照《行政处罚法》第八条规定：行政处罚的种类包括警告；罚款；没收违法所得、没收非法财物；责令停产停业；暂扣或者吊销许可证、暂扣或者吊销执照；行政拘留；法律、行政法规规定的其他行政处罚。《条例》规定的行政处罚，主要包括罚款及吊销有关证照、执业资格证书等。

处分是对国家工作人员及国家机关委派到企业、事业单位任职的人员的违法行为，由所在单位或者其上级主管机关或者有关机关给予的一种制裁性处理。根据《行政监察法》第二十四条和《公务员法》第五十六条的有关规定，处分的种类包括警告、记过、记大过、降级、撤职、开除等。

1.4.5.3 事故单位对批复的落实

事故发生单位应当按照负责事故调查的人民政府的批复，对本单位负有事故责任的人员进行处理。

生产经营单位作为安全生产的责任主体，发生事故后，除了接受法律、行政法规规定的行政处罚外，还有义务按照负责事故调查的人民政府的批复，对本单位负有事故责任的人员进行处理。事故发生单位负责处理的对象是本单位对事故发生负有责任的人员，这种处理是根据有关规章制度，对有关责任人员所做的内部处理，包括两种情况：一是本单位中有关人员对事故发生负有责任，但该人员的行为既不构成犯罪，也不属于法律、行政法规规定的应当给予行政处罚或者处分的行为，事故发生单位可以根据本单位的有关规章制度对该负有事故责任的人员进行相应的处理；二是对事故发生负有责任的有关人员的行为已经涉嫌犯罪，或者依照法律、行政法规应当由有关机关给予行政处罚或处分的，事故发生单位也可以根据本单位的规章制度做出处理。

需要强调的是，事故发生单位虽然是按照负责事故调查的人民政府的批复，对有关人员进行处理，但这种处理属于事故发生单位的内部管理行为，其依据主要是本单位的规章制度，不属于行政处罚或行政处分的范畴。

负有事故责任的人员涉嫌构成犯罪的，依法追究刑事责任。这是对事故责任人最严厉的处罚。实践中需要注意的问题，一是有关部门要及时移送司法机关追究刑事责任，不能拖延，更不能以罚代刑；二是司法机关要严格依法判处，不能畸轻畸重。

1.4.5.4 防范措施的落实与监督

事故发生单位应当认真吸取事故教训，落实防范和整改措施，防止事故再次发生。防范和整改措施的落实情况应当接受工会和职工的监督。安全生产监督管理部门和负有安全生产监督管理职责的有关部门应当对事故发生单位落实防范和整改措施的情况进行监督检查。

A 事故发生单位负责落实防范和整改措施

事故调查处理的最终目的是预防和减少事故。《条例》明确规定，事故调查组在调查事故中要查清事故经过、查明事故原因和事故性质，总结事故教训，并在事故调查报告中提出防范和整改措施。这样规定的目的，就是要明确事故调查不只是为调查事故而进行调查，不只是为了追究事故责任而追究责任，而是要在通过事故调查查明事故原因的基础上，提出防范和整改措施，进而防止事故再次发生。事故发生单位作为安全生产工作的责任主体也应当是落实防范和整改措施的主体。

事故发生单位要认真吸取事故教训，落实防范和整改措施。我国每年发生的安全生产事故中，绝大多数是责任事故，主要是生产经营单位及其有关人员违反安全生产法律、法规、标准和有关技术规程、规范等人为原因造成的。如，生产经营活动的作业场所不符合安全生产的规定，安全生产规章制度和操作规程不健全，未对职工进行安全教育和培训，管理人员违章指挥，职工违章冒险作业，事故隐患未及时排除，等等。事故发生单位应当认真反思，吸取教训，查找安全生产管理方面的不足和漏洞，吸取事故血的教训。对于事故调查组在查明事故原因的基础上提出的有针对性的防范和整改措施，事故发生单位必须不折不扣地予以落实。

B 工会和职工的监督

安全生产直接关系到职工的生命安全，特别是事故发生后，事故发生单位是否落实了防范和整改措施，排除了事故隐患，直接关系到广大职工的根本权益能否得到保障。实践中，确实存在一些事故发生单位由于经济利益驱动，在未落实防范和整改措施的情况下，便急于重新开始生产经营活动，置职工的生命安全于不顾。由于职工直接参与单位的生产经营活动，对事故发生单位是否落实防范和整改措施，了解和掌握得比较清楚。因此，明确职工有权对事故发生单位落实防范和整改措施的情况进行监督，具有重要意义。

工会和职工对防范和整改措施的落实情况进行监督的手段主要有两种：一是直接与单位进行交涉，督促事故发生单位落实防范和整改措施；二是向有监督管理职权的部门反映情况，由有关部门督促事故发生单位落实。事故发生单位应当本着对职工生命安全高度负责的精神，积极、主动将落实情况告知单位职工和工会，自觉接受监督。

C 有关部门的监督检查

《安全生产法》第九条规定："国务院负责安全生产监督管理的部门依照本法，对全国安全生产工作实施综合监督管理；县级以上地方各级人民政府负责安全生产监督管理的部门依照本法，对本行政区域内安全生产工作实施综合监督管理。国务院有关部门依照本法和其他有关法律、行政法规的规定，在各自的职责范围内对有关的安全生产工作实施监督管理；县级以上地方各级人民政府有关部门依照本法和其他有关法律、法规的规定，在各自的职责范围内对有关的安全生产工作实施监督管理。"上述规定明确了我国目前安全生产监督管理的基本体制：安全生产监督管理部门对安全生产实施综合监督管理，各有关部门对各自领域的安全生产实施监督管理。安全生产监督管理部门是指安全生产监督管理总局和各级安全生产监督管理局；负有安全生产监督管理职责的有关部门是指除本级政府安全生产监督管理部门外，依照法律、行政法规和职责分工，对安全生产负有监督管理职责的部门。如按照《建筑法》（主席令第91号）第四十三条和国务院关于建设部"三定"方案的规定，建设部门是建筑工程安全生产领域负有安全监督管理职责的部门。事故发生单位落实防范和整改措施的情况属于安全生产工作的重要内容，安全生产监督管理部门和负有安全生产监督管理职责的有关部门应当对落实情况进行监督检查，这是履行安全生产监督管理职责的要求。所谓监督检查，主要是指通过信息反馈、情况反映、实地检查等方式及时掌握事故发生单位落实防范和整改措施的情况，对未按照要求落实的，督促其落实；经督促仍不落实的，依法采取有关措施。

1.4.5.5 事故处理情况的公布

事故处理的情况由负责事故调查的人民政府或者其授权的有关部门、机构向社会公布，依法应当保密的除外。

事故处理情况是指事故发生后，经过事故调查对事故发生单位及事故责任人的处理意见以及落实的情况和信息。具体内容包括对事故发生单位及其有关人员的行政处罚及其落实情况，对事故责任人的处理意见及其落实情况，防范和整改措施及其落实情况等。

建立事故处理情况向社会公布制度，主要有三个方面的作用：

（1）公布事故处理情况，具有宣传、教育和警示的作用。首先是对那些在安全生产管理方面存在薄弱环节甚至重大隐患的生产经营单位及其主要负责人具有警示和提醒作用，促使其吸取教训，对照本单位存在的问题，加强安全生产管理，增加安全生产投入，改善安全生产条件，认真排除事故隐患，更加重视安全生产工作，进而达到预防和减少事故的效果。同时，也有助于使广大社会公众受到教育，提高全社会的安全生产意识，形成人人关心安全生产工作的良好社会氛围。

（2）有利于充分发挥社会的监督作用。将事故处理情况向社会公布，让社会公众了解、掌握事故处理的有关情况，有利于社会公众对事故处理情况以及政府及其有关部门、生产经营单位安全生产管理工作情况的监督，有利于促进事故处理的客观、公正，进一步改进安全生产工作。

（3）有利于建设公开透明的政府。事故处理情况属于政府公共信息的范畴，依照《政府信息公开条例》（国务院令第 492 号）第十条的规定，应当向社会公布。这对于建设透明政府，改进政府工作，具有重要的意义。

需要强调的是，向社会公布事故的处理情况，对于依法应当保密的内容，不向社会公布。这里所说的依法应当保密的内容既包括依据《保守国家秘密法》（主席令第 28 号）、《国家安全法》（主席令第 68 号）等规定的属于国家秘密的信息，也包括依据其他有关法律、行政法规规定，应当保密的企业商业秘密等。

事故处理情况可以由负责事故调查的人民政府直接向社会公布，也可以由其授权的有关部门、机构负责向社会公布。实践中，根据不同的事故等级，公布的主体也会有所不同。特别重大事故的处理情况由国务院或者其授权的有关部门、机构向社会公布；重大事故、较大事故、一般事故的处理情况分别由负责事故调查的有关省级人民政府、设区的市级人民政府、县级人民政府或者其授权的有关部门、机构向社会公布。向社会公布事故处理情况应当采用社会公众容易获知的形式，可以是一种形式，也可以同时采用多种形式。

本章小结

通过对比国内外的事故现状，发现相比国外而言，国内重特大事故发生的概率高、伤亡惨重、经济损失大。面对频频发生且伤亡惨重的事故现状，本章引入了事故调查与分析的重要性。本章着重介绍了事故的定义、内涵、特征、形成及事故分类等相关概念，并在此基础上，提出了未遂事故的基本概念，对未遂事故定义、起源、分类及重大未遂事故的标准进行了具体的阐述。依据事故管理的相关法律法规，明确了事故报告、事故调查与事故处理程序中的相关法律规定，从而规范了事故调查与处理的整体流程。

习题和思考题

1-1 简述事故内涵的具体释义。
1-2 事故有哪些特征？
1-3 简述事故隐患的形成过程。
1-4 事故是如何分类的，依据是什么？
1-5 常见的伤亡事故类型有哪些？
1-6 未遂事故分为哪几种类型？
1-7 事故调查的阶段划分及调查的实质是什么？
1-8 事故等级的划分及依据是什么？
1-9 简述事故查处的原则。
1-10 事故查处的主要任务和内容有哪些？
1-11 事故查处中的违法行为有哪几类？
1-12 事故报告的程序是什么？
1-13 简述事故报告的具体内容。
1-14 简述事故调查组的职责和职权。
1-15 建立事故处理情况向社会公布制度主要有哪些作用？

2 事故致因理论

本章学习要点：

（1）了解事故致因理论的发展历史。

（2）理解本章阐述的所有事故致因理论机理或事故模型。

（3）能够结合实际情况，选用适宜的事故致因理论进行事故分析。

2.1 事故致因理论沿革

在科学技术落后的古代，由于人们对自然界认识不透彻，认为事故和灾害的发生是人类无法违抗的“天意”或“命中注定”，因而祈求神灵保佑。那时人们还认为，事故的原因是不可知的，是无法调查的。这其实就是所谓的超自然归因理论，认为事故原因是不可知的。随着科学技术的进步，继工业革命后，工业事故频繁发生，人们开始意识到，如果天意真不可违抗，那就只有人类灭亡了。至此人类开始不断地与各类事故做着坚决斗争，不断从中吸取经验教训，总结经验，探索事故发生的规律，相继提出了阐明事故为什么会发生，事故是怎样发生的，以及如何防止事故发生的相关理论，也就是后期逐渐发展起来的事故致因理论。

从20世纪初叶开始，各国学者不断提出伤亡事故致因理论，从简单的单因素理论到不断增多的复杂因素的系统理论。各种理论几乎都提出了一种模式，可以称之为伤亡事故（致因）模型。所谓伤亡事故模型，即阐明事故的成因、始末过程和后果，以便对事故现象的发生、发展进行明确的逻辑分析，用以探讨预防灾害事故的发生。

模型是工程逻辑的一种抽象，是一种过程或行为的定性或定量的代表，它能探讨形式和内容、原因和结果、归纳和演绎、综合和分析，是在抽象基础上产生的系统工程工具之一。伤亡事故模型是探讨事故过程，分析事故原因和后果，以定性为主的研究事故致因的理论抽象。

事故的致因理论研究是逐步发展起来的。早在1919年，格林伍德（Greenwood）就曾认为，事故在产业人群中并非随机地分布，某些工人比其他工人更易于发生事故，提出“有事故倾向的工人”的概念。纽伯尔德（Newboid）在1926年、法默（Farmer）在1936年都曾支持这种夸大工人性格特点在事故中的作用的观点，认为一个有事故倾向的工人具有较高的事故发生概率，而与他的工作任务、生活环境无关。这种“具有事故倾向的素质论”因受到广泛的批判，早已被排出事故致因理论的行列。

1936年，海因里希提出了应用多米诺骨牌原理研究工人受伤害导致事故的五个顺序过程，即伤亡事故顺序五因素。

1953 年，巴内尔（Barer）又将上述理论发展为“事件链”，提出导致事故发生的诸因素是一系列事件的链锁，一环连一环。它是事故因果理论的基础。

20 世纪 60 年代初期，由于火箭技术发展的需要，西方各国着手开发系统安全工程。美国在 1962 年 4 月公开发表了“空军弹道导弹系统安全工程”的说明书。同年 9 月拟定了“武器系统安全标准”。

1965 年，科罗敦（Koldner）在安全性定量化的论文中介绍了故障树分析（fault tree analysis，FTA）。这一系统安全分析方法实质上也是基本源于事件链理论。

1970 年，帝内逊（Driessen）明确地将事件链理论发展为分支事件过程逻辑理论。FTA 等树枝图形实际上是分支事件过程的解析。

早在 1961 年，由吉布森（Gibson）提出的，并在 1966 年由哈顿（Haddon）引申的“能量转移理论”，阐述了伤亡事故与能量及其转移于人体的模型。

1972 年，贝纳（Benner）提出了起因于“扰动”而促成事故的理论，即 P 理论（perturbation occurs），进而提出“多重线性事件过程图解法”。

1972 年，威格尔斯沃思（Wigglesworth）提出了以人的失误为主因的事故模型。

1974 年，劳伦斯（Lawrence）根据上述原理，发展为能适用于复杂的自然条件、连续作业情况下的矿山以人失误为主因的事故模型，并在南非金矿做了试点。

1975 年，约翰逊（Johnson）研究了管理失误和危险树（management oversight and risk tree，MORT），这是一种系统安全逻辑树图的新方法，也是一种全面理解事故现象的图表模型。

1980 年，泰勒斯（Talanch）在《安全测定》一书中介绍了变化论模型；1981 年佐藤吉信根据 MORT 理论又引申出从变化的观点说明“事故是一个连续过程”的理论。

近十几年来，许多学者都一致认为，事故的直接原因不外乎是人的不安全行为或人为失误和物的不安全状态或故障两大因素作用的结果。人与物两系列轨迹交叉理论被用来说明造成事故的直接原因。间接原因，即社会原因、管理原因等是导致事故发生的本质原因。

研究事故致因理论可以用于查明事故原因，做出危险评价和预防事故决策，增长安全理论知识，积累安全信息，防止灾害事故的发生。

2.2 事故频发倾向论

2.2.1 倾向论的起因

事故频发倾向论是阐述企业工人中存在着个别人容易发生事故的、稳定的、个人的内在倾向的一种理论。1919 年，格林伍德和伍慈对许多工厂里伤害事故发生次数资料按如下三种统计分布进行统计检验。

2.2.1.1 偏倚分布

一些工人由于存在精神或心理方面的毛病，如果在生产操作过程中发生过一次事故，则会造成胆怯或神经过敏，当再继续操作时，就有重复发生第二次、第三次事故的倾向，与原本正常状态发生偏差，形成类似于偏倚分布的统计图（见图 2-1）。

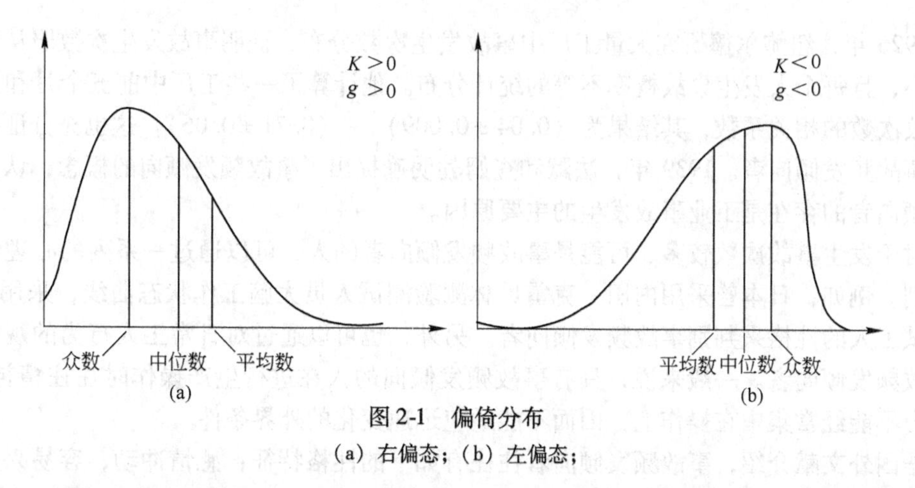

图 2-1 偏倚分布

(a) 右偏态；(b) 左偏态；

2.2.1.2 泊松分布

当员工发生事故的概率不存在个体差异时，即不存在事故频发倾向者时，一定时间内事故发生次数服从泊松分布（见图 2-2）。在这种情况下，事故的发生是由于工厂里的生产条件、机械设备方面的问题，以及一些其他偶然因素引起的。

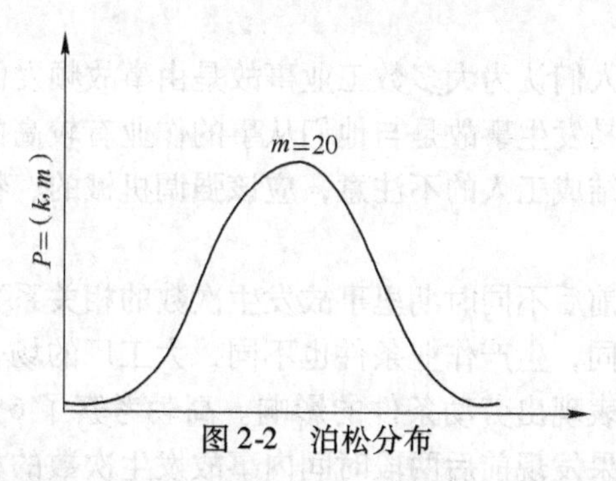

图 2-2 泊松分布

2.2.1.3 非均等分布

当工厂中存在许多特别容易发生事故的人时，发生不同次数事故的人数服从非均等分布（见图 2-3），即每个人发生事故的概率不相同。在这种情况下，事故的发生主要是由于人的因素引起的。为了检验事故频发倾向的稳定性，他们还计算了被调查工厂中同一个人在前三个月和后三个月里发生事故次数的相关系数，结果发现，工厂中存在着事故频发倾向者，并且前后三个月事故次数的相关系数变化在（0.37±0.12）~（0.72±0.07），皆为正相关。

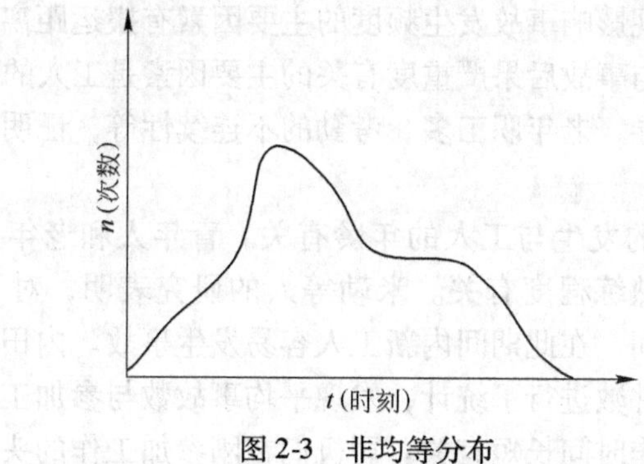

图 2-3 非均等分布

1926 年，纽鲍尔德研究大量工厂中事故发生次数分布，证明事故发生次数服从发生概率极小，且每个人发生事故概率不等的统计分布。他计算了一些工厂中前五个月和后五个月事故次数的相关系数，其结果为（0.04 ±0.009） ~ （0.71 ±0.06）。这也充分证明了存在着事故频发倾向者。1939 年，法默和查姆勃明确提出了事故频发倾向的概念，认为事故频发倾向者的存在是工业事故发生的主要原因。

对于发生事故次数较多、可能是事故频发倾向者的人，可以通过一系列的心理学测试来判别。例如，日本曾采用内田－克雷贝林测验测试人员大脑工作状态曲线，采用 YG 测验测试工人的性格来判别事故频发倾向者。另外，也可以通过对日常工人行为的观察来发现事故频发倾向者。一般来说，具有事故频发倾向的人在进行生产操作时往往精神动摇，注意力不能经常集中在操作上，因而不能适应迅速变化的外界条件。

据国外文献介绍，事故频发倾向者往往有如下的性格特征：感情冲动，容易兴奋；脾气暴躁；厌倦工作，没有耐心；慌慌张张，不沉着；动作生硬而工作效率低；喜怒无常，感情多变；理解能力低，判断和思考能力差；极度喜悦和悲伤；缺乏自制力；处理问题轻率、冒失；运动神经迟钝，动作不灵活。

2.2.2 倾向论的争议

第二次世界大战后，人们认为大多数工业事故是由事故频发倾向者引起的观念是错误的，有些人较另一些人容易发生事故是与他们从事的作业有较高的危险性有关。因此，不能把事故的责任简单地归结成工人的不注意，应该强调机械的、物质的危险性质在事故归因中的重要地位。

许多研究结果表明，前后不同时期里事故发生次数的相关系数与作业条件有关。罗奇曾调查发现，工厂规模不同，生产作业条件也不同，大工厂的场合相关系数大约在 0.6 左右，小工厂则或高或低，表现出劳动条件的影响。高勃考察了 6 年和 12 年间两个时期事故频发倾向的稳定性，结果发现前后两段时间内事故发生次数的相关系数与职业有关，变化在 0.08 ~0.72 的范围之内。当工人从事有规则的、重复性作业时，事故频发倾向较为明显。

所以有人提出事故遭遇倾向论，即企业工人中某些人员在某些生产作业条件下存在着容易发生事故的倾向的一种理论。明兹和布卢姆建议用事故遭遇倾向理论取代事故频发倾向理论的概念，认为事故的发生不仅与个人因素有关，而且与生产条件有关。根据这一见解，克尔调查了 53 个电子工厂中 40 项个人因素及生产作业条件因素与事故发生频度和伤害严重度之间的关系，发现影响事故发生频度的主要因素有搬运距离短、临时工多、噪声严重、工人自觉性差等；与事故后果严重度有关的主要因素是工人的“男子汉”作风，其次是缺乏自觉性、缺乏指导、老年职工多、考勤的不连续性等，证明事故发生情况与生产作业条件有着密切关系。

一些研究表明，事故的发生与工人的年龄有关。青年人和老年人容易发生事故。此外，与工人的工作经验、熟练程度有关。米勒等人的研究表明，对于一些危险性高的职业，工人要有一个适应期间，在此期间内新工人容易发生事故。内田和大内田对东京都出租汽车司机的年平均事故件数进行了统计，发现平均事故数与参加工作后一年内的事故数无关，而与进入公司后工作时间长短有关。司机们在刚参加工作的头三个月里事故数相当于每年五次，之后的三年里事故数急剧减少，在第五年里则稳定在每年一次左右，这符合经过练习而减少失误的心理学规律，表明熟练可以大大减少事故。

自格林伍德的研究起，迄今有无数的研究者对事故频发倾向理论的科学性问题进行了专门的研究探讨，关于事故频发倾向者存在与否的问题一直有争议。实际上，事故遭遇倾向就是事故频发倾向理论的修正。

许多研究结果证明，事故频发倾向者并不存在：

（1）当每个人发生事故的概率相等且概率极小时，一定时期内发生事故次数服从泊松分布。根据泊松分布，大部分工人不发生事故，少数工人只发生一次，只有极少数工人发生两次以上事故。大量的事故统计资料是服从泊松分布的。例如，莫尔等人研究了海上石油钻井工人连续2年时间内伤害事故情况，得到了受伤次数多的工人数没有超出泊松分布范围的结论。

（2）许多研究结果表明，某一段时间里发生事故次数多的人，在以后的时间里往往发生事故次数不再多了，并非永远是事故频发倾向者。通过数十年的实验及临床研究，很难找出事故频发者的稳定的个人特性。换言之，许多人发生事故是由于他们行为的某种瞬时特征引起的。

（3）根据事故频发倾向理论，防止事故的重要措施是人员选择。但是许多研究表明，把事故发生次数多的工人调离后，企业的事故发生率并没有降低。例如，韦勒（Waller）对司机的调查，伯纳基（Bernacki）对铁路调车员的调查，都证实了调离或解雇发生事故多的工人，并没有减少伤亡事故发生率。

对于我国的广大安全专业人员来说，事故频发倾向的概念可能十分陌生。然而，企业职工队伍中存在少数容易发生事故的人这一现象并不罕见。例如，某钢铁公司把容易出事故的人称作“危险人物”，把这些“危险人物”调离原工作岗位后，企业的伤亡事故明显减少；某运输公司把出事故多的司机定为“危险人物”，规定这些司机不能担任长途运输任务，也取得了较好的预防事故效果。

其实，工业生产中的许多操作对操作者的素质都有一定的要求，或者说，从业人员有一定的职业适合性。当人员的素质不符合生产操作要求时，人在生产操作中就会发生失误或不安全行为，从而导致事故发生。危险性较高的、重要的操作，特别要求人的素质较高。例如，特种作业的场合，操作者要经过专门的培训、严格的考核，获得特种作业资格后才能从事。因此，尽管事故频发倾向论把工业事故的原因归因于少数事故频发倾向者的观点是错误的，然而从职业适合性的角度来看，关于事故频发倾向的认识也有一定可取之处。

2.3　事故因果论

工业伤亡事故的发生是许多事故致因因素共同相互作用的结果。为了方便研究，人们往往把工业伤亡事故概括地描述成一系列互为因果的事件发生、发展的过程。因此有人提出了事故因果连锁理论。随着对事故发生机理认识的深入，此后又涌现了许多以新的理论为背景的事故因果连锁理论，这些因果连锁理论形象地揭示了工业伤亡事故的实质，也指明了预防事故的根本原则。

2.3.1　事故因果类型

灾害事故或伤亡事故的发生，系一连串事件在一定时序下相继产生的结果。发生事故的原因与结果之间，关系错综复杂，因与果的关系类型分为集中型、连锁型、复合型。几个原因各自独立，共同导致某一事故发生，即多种原因在同一时序共同造成一个事故后果的，称集中型，如图2-4所示。

某一原因要素促成下一要素发生，下一原因要素再促成更下一要素发生，因果相继连锁发生的事故，称连锁型，如图2-5所示。

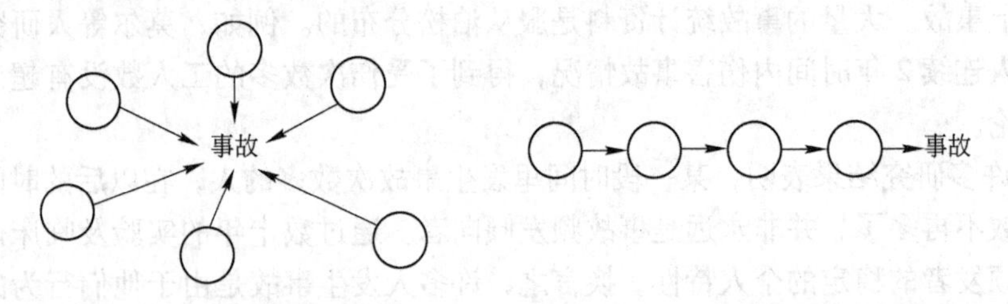

图2-4　多因致果集中型　　　　图2-5　因果连锁型

某些因果连锁，又由一系列原因集中、复合组成伤亡事故后果，称复合型，如图2-6所示。

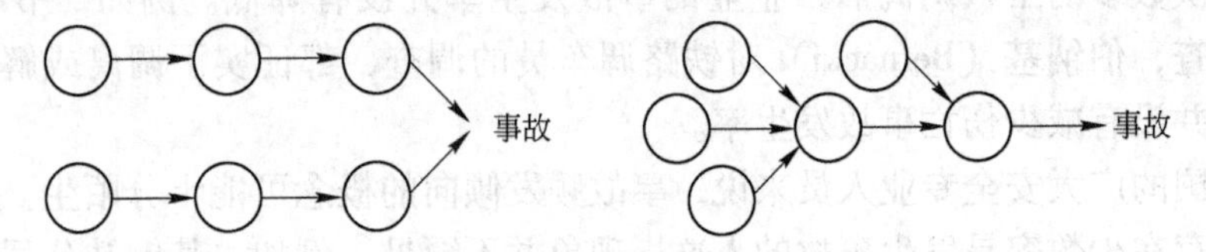

图2-6　集中、连锁复合型

单纯的集中型或连锁型均较少，事故的因果关系多为复合型。

接近事故后果时间最近的直接原因，叫做一次原因；造成一次原因的原因叫做二次原因，依此向前类推为三次、四次、五次等间接原因。从初始原因（离事故后果最远的原因）开始向上五、四、三、二、一次，直至事故后果，是事故发生的因果顺序；追查事故原因时，则逆向从一次原因查起。因果是继承性的，是多层次的。一次原因是二次原因的结果；二次原因又是三次原因的结果，依此类推，如图2-7所示。

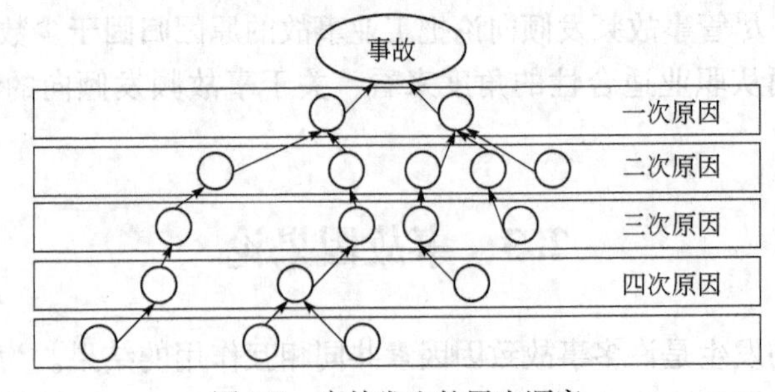

图2-7　事故发生的层次顺序

2.3.2　多米诺骨牌原理

海因里希于1936年提出应用多米诺骨牌原理来阐述伤亡事故的因果顺序，即人员伤亡的发生是由事故造成，事故的发生是由人的不安全行为和物的不安全状态引起，而不安全行为或不安全状态是由人的缺点造成的，人的缺点是由不良环境诱发的，或者是由于先天的遗传因素造成的。就是说这些因素彼此之间相互促使，最终导致事故的发生。

海因里希最初提出的连锁过程包括如下5个因素：

（1）遗传及社会环境。遗传及社会环境是造成人的缺点的原因。遗传因素可能使人具有固执、鲁莽、贪婪等不良性格；社会环境可能妨碍教育，助长不良性格的发展。

（2）人的缺点。鲁莽、神经质、暴躁、轻率、过激、缺乏安全操作知识等先天或后天的缺点，是产生不安全行为或造成物的危险状态的直接原因。

（3）人的不安全行为或物的不安全状态。诸如在工作时间打闹、工作场所不佩戴安全帽、不发信号就启动机器或拆除安全防护装置等不安全行为，没有扶手、防护齿轮、照明不良等机械设备的不安全状态是导致事故发生的直接原因。

（4）事故。这里把事故定义为，由于物体、物质、人或放射线的作用或反作用，使人员受到伤害、物体遭受损失或出乎意料的、失去控制的事件。

（5）伤害。此处的伤害指直接由事故造成的对人的伤害。

人们用多米诺骨牌来形象地描述海因里希的这种因果连锁关系。在多米诺骨牌系列中，一颗骨牌被碰倒了，将引发连锁反应，其余的几颗骨牌将相继被碰倒。如果移去中间一颗骨牌，则该系列被中断，连锁被破坏。企业安全工作的中心，就是防止人的不安全行为，消除机械的或物质的不安全状态，中断事故连锁的进程；进而避免事故的发生。

如图2-8所示，伤亡事故五因素：社会环境和管理缺欠（设为 A_1）促成了人为失误（设为 A_2）；人为失误又造成了不安全行为或机械、物质危害（设为 A_3）；后者导致意外事件 A_4（包括无伤亡的险肇事故或称未遂事故）和由此产生人员伤亡的事件 A_5。五因素连锁反应构成了事故。

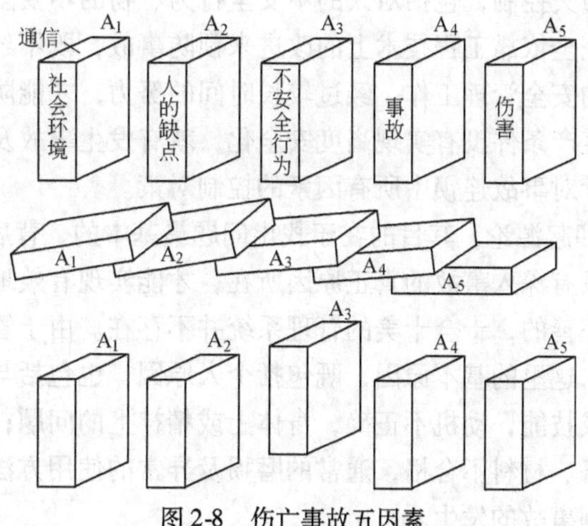

图2-8 伤亡事故五因素

将 A_1、A_2、A_3、A_4、A_5 看成等距（牌间距离小于骨牌高度）竖立的骨牌。伤害之所以发生是由于前面因素的作用，A_1 推倒 A_2，A_2 推倒 A_3，A_3 推倒 A_4，A_4 推倒 A_5，在事件运算上，称为“特款”，记作：$A_1 \in A_2 \in A_3 \in A_4 \in A_5$。

在意外事件和伤害发生之前，一切工作应以减少或消除环境内机械、物质的危害及人的不安全行为为原则。防止伤亡事故的现场着眼点，应集中于顺序的中心，设法消除事件

A_3，即移去骨牌 A_3，使系列中断，则伤害就不会发生了（见图 2-8）。

设每一事件的概率表述为 $P(A_i)$，即 A_1 的概率为 $P(A_1)$，A_2 的概率为 $P(A_2)$，余类推为 $P(A_3)$、$P(A_4)$、$P(A_5)$，若移去骨牌 3，使这一因素出现的概率为零，即 $P(A_3)=0$，则伤亡事故的概率 $P(A_0)=P(A_1)\times P(A_2)\times 0\times P(A_4)\times P(A_5)=0$；这时随机事件 A_0 变为概率为零的不可能事件，即可避免伤亡事故的发生。

一起伤亡事故可以称为一次意外事件；事故发生的诸因果事件链中每一环可看成总事件中的各个具体事件；伤亡事故的前级因素，如社会环境、管理欠缺；家庭和个人生理、心理影响，人为失误或机械、物质危害；不安全行为或不安全状态等均为各个具体事件，它们形成了意外事件，从而导致伤亡，即各个单独事件（诸因果）合成了工伤事故这一总事件（事故为最终后果）。

2.3.3 博德因果连锁理论

博德（Frank Bird）提出的事故因果连锁理论如图 2-9 所示。

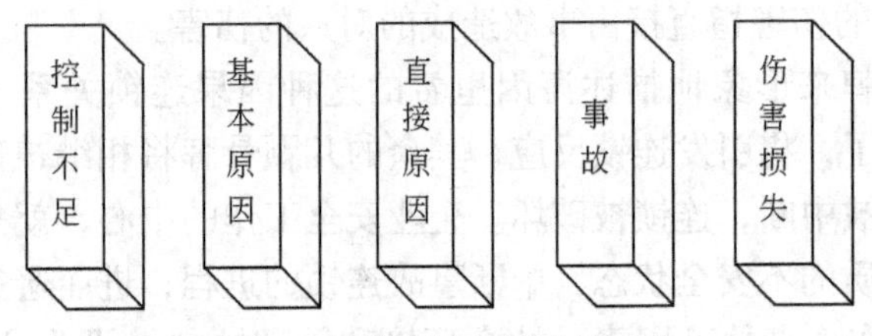

图 2-9 博德事故因果连锁理论

（1）控制不足。管理事故连锁中一个最重要的因素就是安全管理，而安全管理工作的核心是安全控制。控制是管理机能（计划、组织、指导、协调及控制）中的一种机能。安全管理中的控制是指损失控制，包括对人的不安全行为、物的不安全状态的控制。一些工业企业由于种种原因完全依靠工程技术上的改进来预防事故，既不经济，也不现实。实践证明，只有通过专门的安全管理工作，经过较长时间的努力，才能防止事故的发生。管理者必须认识到，只要生产条件没有实现高度安全化，就有发生事故及伤害的可能性，因而安全活动中必须包含针对事故连锁中所有因素的控制对策。

（2）基本原因。即起源论，其目的在于找出问题最基本的、背后的原因所在，而不是只停留在表面现象。只有深入事故的真正原因所在，才能实现有效地控制。管理系统是随着生产的发展而不断完善的，十全十美的管理系统并不存在。由于管理的欠缺，使得导致事故的基本原因出现。这里的基本原因，既包括个人原因，也包括与工作有关的原因。个人原因包括缺乏知识或技能，动机不正确，身体上或精神上的问题；工作方面的原因包括操作规程不合适，设备、材料不合格，通常的磨损及异常的使用方法等。只有找出这些基本原因才能有效地控制事故的发生。

（3）直接原因。不安全行为或不安全状态是事故的直接原因，这也是最重要的、必须加以追究的原因。但是，直接原因只不过是类似基本原因那样的深层原因的征兆，一种表面的现象。在实际工作中，如果只抓住了作为表面现象的直接原因而不追究其背后隐藏的深层原因，就永远不能从根本上杜绝事故的发生。另一方面，安全管理人员应该能够预测及发现这些作为管理欠缺的征兆的直接原因，采取恰当的改善措施；同时，为了在经济上可能及实际可行的情况下采取长期的控制对策，必须努力找出其基本原因。

（4）事故。这里把事故定义为最终导致人员肉体损伤、死亡和财物损失的不希望的事件，是人的身体或构筑物、设备与超过其阈值的能量的接触，或人体与妨碍正常生理活动的物质的接触。于是，防止事故就是防止接触。为了防止接触，可以采取隔离、屏蔽、防护、吸收及稀释等技术措施。

（5）伤害损失。博德管理模型中的伤害，包括工伤、职业病，以及对人员精神方面、神经方面或全身性的不利影响。人员伤害及财物损坏统称为损失。在许多情况下，可以采取恰当的措施使事故造成的损失减少到最低程度。如对火灾现场的迅速扑救，对设备进行及时的抢修等。

2.4 失误致因模型

2.4.1 人为失误事故模型

2.4.1.1 人为失误一般模型

人为失误一般模型，是把初始原因开始到最后结果为止的事故动态过程中所有因素联系在一起的理论体系，具体模型如图 2-10 所示。

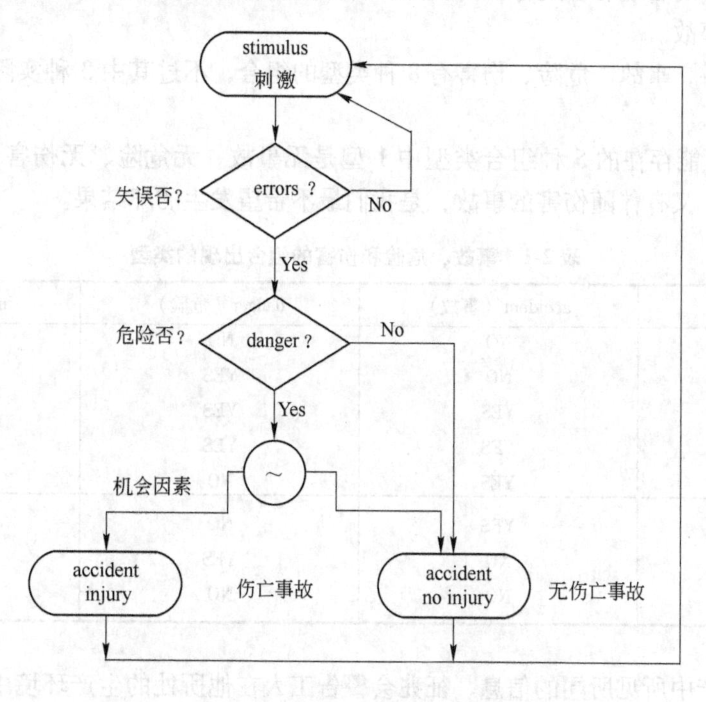

图 2-10 人为失误一般模型

事故原因有多种类型，威格尔斯沃思（Wigglesworth）曾经提出：由一个事故原因构成了所有类型伤害的基础，这个原因就是"人失误"。他把"失误"定义为："错误地或不适当地响应一个刺激。"

在工人操作期间，各种"刺激"不断出现，若工人的响应正确或恰当，事故就不会发生。即如果没有危险，则不会发生伴随着伤害出现的事故；反之，若出现了人失误事件，就有发生事故的可能。

然而，若客观上存在着各种不安全因素或危险，事故是否会造成伤害，取决于各种机会因素，既可能造成伤亡，也可能没有伤亡。尽管这个人为失误一般模型突出了人的不安全行为来描述事故现象，但却不能解释人为什么会发生失误，它也不适用于不以人失误为主的事故。

2.4.1.2　采矿业人为失误模型

采矿工业是开采资源的连续生产活动，是人们在自然界地层内的人造环境（井筒、巷道、采矿场）中根据获得的信息进行的劳动。从人的因素而言，可能因对信息判断正确或失误，相应引起两种结果：发生伤害和不发生伤害。

在矿山，事故这个词常常为伤害的同义语。实际上这两者是有区别的。因为事故是否伴有伤害取决于危险的程度，即人体受伤害的概率和机会因素。

矿工操作期间顶板地压活动，瓦斯浓度变化，突水征兆，有毒气体涌出，视觉与听觉感受到的声、光信号，或者来自与安全生产、环境条件相适应的有关指令、规程、标准、采掘工艺流程等书面信息的各种“刺激”不断出现，若工人响应正确或恰当，就没有危险，不会发生伴随着伤害出现的事故；反之，工人响应刺激不当，则会出现人失误的事件，人失误的同时若还有客观存在的危险，再加上各种机会因素，则可能发生伤亡事故或无伤亡的险肇事故。

从理论上讲，事故、危险、伤害有8种类型的组合，不过其中3种实际上是不可能发生的，见表2-1。

表2-1中可能存在的5种组合类型中1型是无事故、无危险、无伤害，最为理想；4型是既有危险，又有伴随伤害的事故，是我们最不希望发生的坏结果。

表2-1　事故、危险和伤害的组合出现的类型

出现的类型	accident（事故）	danger（危险）	injury（伤害）
1	NO	NO	NO
2	NO	YES	NO
3	YES	YES	NO
4	YES	YES	YES
5	YES	NO	NO
不可能	YES	NO	YES
不可能	NO	YES	YES
不可能	NO	NO	YES

在采矿生产中所见所闻的信息、征兆会警告工人在他所处的生产环境中有可能发生事故。在图2-11的模型中称此为“初期警报”。

（1）在正常生产条件下，没有任何危险征兆和不安全信息，即没有初期警报，没有意外事件，也就没有生产的中断，结果是“无事故、无危险、无伤害”，属于1型。

（2）沿图2-11中“初期警报”横线向右，在没有初期警报情况下却产生了意外事件，这将根据危险是否出现与有关伤害的机会因素分别产生3、4、5型的结果。如有危险，则产生3、4型结果；如无危险，则产生5型结果。

(3) 当没有事前征兆，甚至连一般的安全标准或指示等原则性警告都没有时，一旦因危险的存在和机会因素的巧合发生了4型伤亡事故，这也不能单纯归咎于矿工的失误，而应当定为管理上领导失误，属于管理层“不恰当地回答先前的警告”，“错误地响应刺激信息”。分析这种责任事故时，应当追究深远的、间接的但却是主要的原因，是管理失误。

(4) 如果发现了事故征兆，即有了初期警报，矿工对这一警报接受与否，识别是否正确，是否充分而正确地估计了危险，是否对警报做出了正确反馈，是否直接采取应急措施（行为、行动），总之，如何处置和对待这一警报，将决定是否可能发生伤害事故。在回答警报和采取控制措施的同时，还要给其他工人发出第二次警报（如会同班组成员，共同撤出危险地带）。

在这条竖直的回答链中（图2-11中左侧“行为人”栏下竖行各项）任何阶段的故障（或称NO），都会构成“人失误”（图2-11中央的虚线框），其结果或因失误直接引起事故和自身伤害，或把伤害转嫁给其他工人。

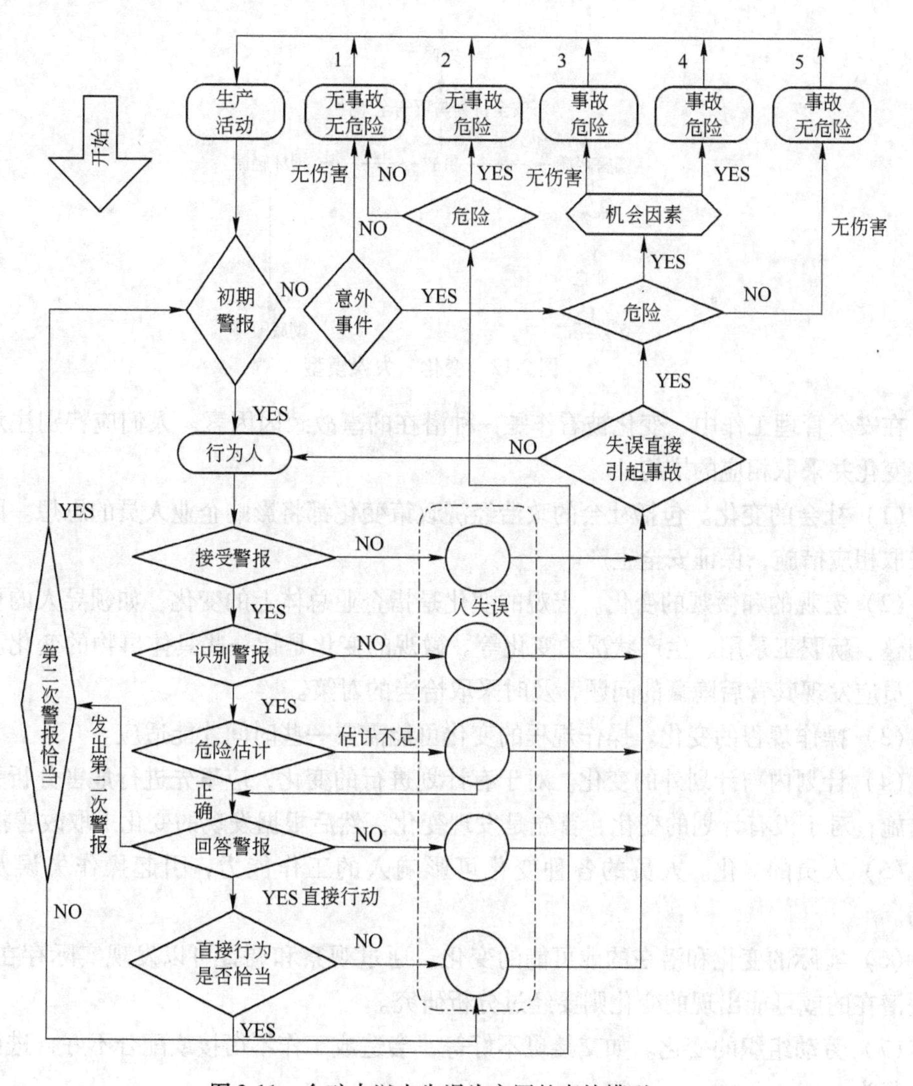

图2-11 金矿中以人失误为主因的事故模型

（5）关于对危害的估计，模型中“行为人”下方第三个菱形符号表明，如果工人对危害估计正确，则会发出二次警报和采取直接行动；反之如果对危害估计不足（习惯称为麻痹大意），构成了“人失误”，能直接引起事故。管理人员低估危险，即所谓违章指挥，会有更严重的危险后果。

这个矿山以人失误为主因的事故模型，把辨识事故征兆、估计危害、采取直接控制措施和交流信息、矿工自救、矿山安全管理等有机地结合起来，分别阐述了不同的事故后果。

2.4.2 变化失误事故模型

工业生产过程中的诸因素在不停地变化，人们的工作也要随时与之相适应。否则将发生管理失误或操作失误，最终导致事故及伤害或损坏，如图2-12所示。

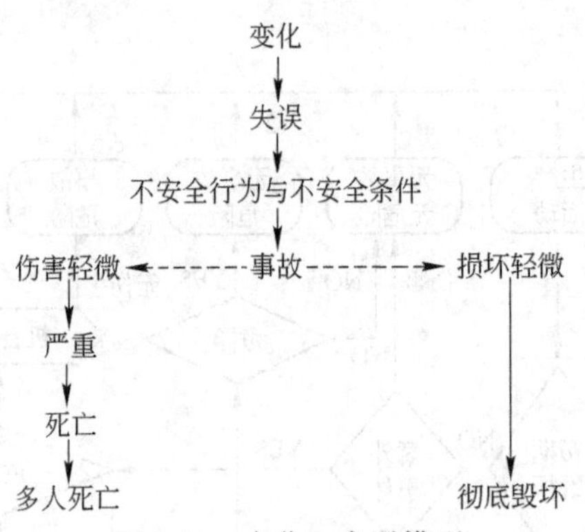

图2-12 变化－失误模型

在安全管理工作中，变化被看作是一种潜在的事故致因因素。人们应特别注意如下的一些变化并采取相应的措施。

（1）社会的变化。包括社会的政治经济政策变化都将影响企业人员的思想。因而企业要采取相应措施，保证安全生产。

（2）宏观的和微观的变化。宏观的变化是指企业总体上的变化，如领导人的更换、人员调整、新职工录用、生产状况的变化等。微观的变化是指一些具体事物的变化。安全管理人员应发现其背后隐藏的问题，及时采取恰当的对策。

（3）操作规程的变化。操作规程的变化可能需要一些时间才能适应。

（4）计划内与计划外的变化。对于有计划进行的变化，应事先进行危害分析并采取安全措施；对于没有计划的变化，首先是发现变化，然后根据发现的变化采取改善措施。

（5）人员的变化。人员的各种变化可影响人的工作能力，引起操作失误及不安全行为。

（6）实际的变化和潜在的或可能的变化。通过观察和调查可以发现实际存在的变化，发现潜在的或可能出现的变化则要经过分析研究。

（7）劳动组织的变化。如交接班不好等，会造成工作不衔接或配合不好，进而导致不安全行为。

（8）时间的变化。随时间的流逝，性能低下或劣化，并与其他方面的变化相互作用。

（9）技术上的变化。采用新工艺、新技术或开始新的工程项目。

许多情况下，变化是不可避免的，关键在于及时发现或预测，采取适当而正确的对策。

2.4.3　管理失误事故模型

这一事故致因模型，侧重研究管理上的责任，强调管理失误是构成事故的主要原因。事故之所以发生，是因为客观上存在着生产过程中的不安全因素，矿山尤甚。此外还有众多的社会因素和环境条件，这一点我国乡镇矿山更为突出。

事故的直接原因是人的不安全行为和物的不安全状态。但是，造成“人失误”和“物故障”这一直接原因的原因却常常是管理上的缺陷。后者虽是间接原因，但它却是背景因素，并且常常是发生事故的本质原因。

人的不安全行为可以促成物的不安全状态；而物的不安全状态又会在客观上造成人的不安全行为的环境条件，如图 2-13 中下方的虚线所示。

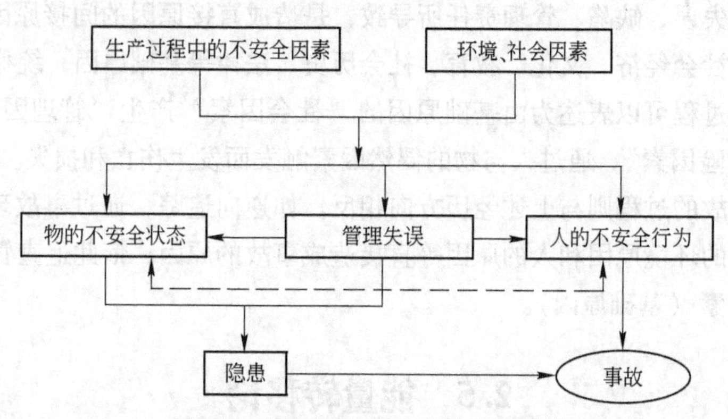

图 2-13　管理失误为主因的事故模型

“隐患”来自物的不安全状态即危险源，而且和管理上的缺陷或管理人失误共同偶合才能形成；如果管理得当，及时控制，变不安全状态为安全状态，则不会形成隐患。客观上一旦出现隐患，主观上人又有不安全行为，就会立即显现为伤亡事故。

2.4.4　综合论事故模型

近年美国、日本和我国安全科学界都一致认为，事故的发生不是单一因素造成的，也不是由个人偶然失误或单纯设备故障形成的，而是各种因素综合作用的结果。事故之所以发生，有其深刻原因，包括直接原因、间接原因和基础原因。

综合论认为，事故是社会因素、管理因素和生产中危险因素被偶然事件触发造成的结果。综合论的结构模型如图 2-14 所示。

事故是由起因物和肇事人触发加害物于受伤害人形成的灾害现象和事故经过。

意外（偶然）事件之所以触发，是由于生产中环境条件存在着危险因素，即不安全状态，后者和人的不安全行为共同构成事故的直接原因。这些物质的、环境的以及人的原因

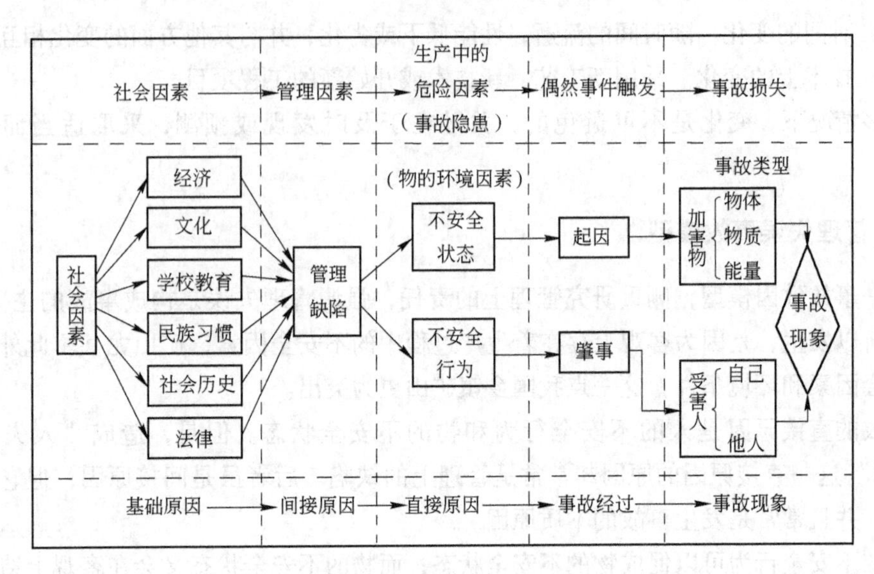

图 2-14　综合论事故模型

是由于管理上的失误、缺陷、管理责任所导致，是造成直接原因的间接原因。形成间接原因的因素，包括社会经济、文化、教育、社会历史、法律等基础原因，统称为社会因素。

事故的产生过程可以表述为由基础原因的“社会因素”产生“管理因素”，进一步产生“生产中的危险因素”，通过人与物的偶然因素触发而发生伤亡和损失。

调查分析事故的过程则与上述经历方向相反。如逆向追踪，通过事故现象查询事故经过，进而了解物的环境原因和人的原因等直接造成事故的原因；依此追查管理责任（间接原因）和社会因素（基础原因）。

2.5　能量转移论

2.5.1　能量和事故

能量在人类的生产、生活中是不可缺少的，人类利用各种形式的能量做功以实现预定的目的。生产、生活中利用能量的例子随处可见，如机械设备在能量的驱动下运转，把原料加工成产品；风能可以转化为电能等。人类在利用能量的时候必须采取措施控制能量，使能量按照人们的意图产生、转换和做功。从能量在系统中流动的角度，必须控制能量按照人们规定的能量流通渠道流动。如果由于某种原因失去了对能量的控制，就会发生能量违背人的意愿的意外释放或逸出，使进行中的活动中止进而发生事故。如果事故中意外释放的能量作用于人体，并且能量的作用超过人体的承受能力，则将造成人员伤害；如果意外释放的能量作用于设备、建筑物、物体等，并且能量的作用超过它们的抵抗能力，则将造成设备、建筑物、物体的损坏。生产、生活活动中经常遇到各种形式的能量，如机械能、电能、化学能、热能、电离及非电离辐射、声能、生物能等，它们的意外释放都可能造成伤害或损坏。

近代工业的发展起源于将燃料的化学能转变为热能，并以水为介质转变为蒸汽；将蒸汽的热能再变为机械能输送到生产现场。这就是蒸汽机动力系统的能流转换情况。电气时代是将水的势能或蒸汽的动能转换为电能；在生产现场再将电能转变为机械能进行产品的制造加工或开采资源。核电站是将核能即原子能转变为电能。总之，能量是具有做功本领的物理量，是由物质和场构成系统的最基本的物理量。输送到生产现场的能量，依生产的目的和手段不同，可以相互转变为各种能量形式：势能、动能、热能、化学能、电能、原子能、辐射能、声能、生物能。

事故能量转移理论是美国运输部安全局局长、安全专家哈登（Haddon）于1966年提出的一种事故控制论，其理论的立论依据是对事故的本质定义。哈登把事故的本质定义为：事故是能量的不正常转移。这样，研究事故的控制理论就从事故的能量作用类型出发，即研究机械能（动能、势能）、热能、辐射能、声能、电能、化学能的转移规律；研究能量转移作用的规律，即从能级的控制技术，研究能转移的时间和空间规律；预防事故的本质是能量控制，可以通过对系统能量的消除、限制、疏导、屏蔽、隔离、转移、距离控制、时间控制、局部弱化、局部强化、系统闭锁等技术措施来控制能量的不正常转移。

麦克法兰特（McFartand）在解释事故造成的人身伤害或财物损坏的机理时说："所有的伤害事故（或损坏事故）都是因为：（1）接触了超过机体组织（或结构）抵抗力的某种形式的过量的能量；（2）有机体与周围环境的正常能量交换受到了干扰（如中毒、淹溺等）。" 因而，各种形式的能量均可构成伤害的直接原因。

人体自身也是个能量系统。人的新陈代谢过程是个吸收、转换、消耗能量，与外界进行能量交换的过程；人进行生产、生活活动时消耗能量，当人体与外界的能量交换受到干扰时，即人体不能进行正常的新陈代谢时，人员将受到伤害，甚至死亡。

事故发生时，在意外释放的能量作用下人体（或结构）是否受到伤害（或损坏），以及伤害（或损坏）的严重程度如何，取决于作用于人体（或结构）的能量的大小、人体（或结构）接触能量的部位、能量的集中程度、能量作用的时间和频率等。显然，作用于人体的能量越大、越集中，造成的伤害越严重；人的头部或心脏受到过量的能量作用时会有生命危险；能量作用的时间越长，造成的伤害越严重。

哈登引申了吉布森（Gibson）提出的下述观点："人受伤害的原因只能是某种能量的转移。" 并提出了能量逆流于人体造成伤害的分类方法。他将伤害分为两类：

第1类伤害是由于施加了局部或全身性损伤阈值的能量引起的，见表2-2。

表2-2 第1类伤害

影响能量交换的类型	产生的损伤或障碍的种类	举例与注释
氧的利用	生理损害，组织或全身死亡	全身——由机械因素或化学因素引起的窒息（例如溺水、一氧化碳中毒和氰化氢中毒） 局部——"血管性意外"
热能	生理损害，组织或全身死亡	由于体温调节障碍产生的损害、冻伤、冻死

第2类伤害是由于影响了局部或全身性能量交换引起的，主要指中毒窒息和冻伤。见表2-3。

表2-3 第2类伤害

施加的能量类型	产生的原发性损伤	举例与注释
机械能	移位、撕裂、破裂和压榨，主要损及组织	由于运动的物体如子弹、皮下针、刀具和下落物体冲撞造成的损伤，以及由于运动的身体冲撞相对静止的设备造成的损伤，如在跌倒时、飞行时和汽车事故中。具体的伤害结果取决于合力施加的部位和方式。大部分的伤害属于本类型
热能	炎症、凝固、烧焦和焚化，伤及身体任何层次	第一度、第二度和第三度烧伤。具体的伤害结果取决于热能作用的部位和方式
电能	干扰神经－肌肉功能以及凝固、烧焦和焚化，伤及身体任何层次	触电死亡、烧伤、干扰神经功能。具体伤害结果取决于电能作用的部位和方式
电离辐射	细胞和亚细胞成分与功能的破坏	反应堆事故、治疗性与诊断性照射、滥用同位素、放射性粉尘的作用。具体伤害结果取决于辐射能作用的部位和方式
化学能	伤害一般要根据每一种或每一组的具体物质而定	包括由于动物性和植物性毒素引起的损伤、化学烧伤（如氢氧化钾、溴、氟和硫酸），以及大多数元素和化合物在足够剂量时产生的不太严重而类型很多的损伤

哈登提出了关于防止表2-2、表2-3中的能量破坏性作用的处理原则。哈登认为在一定条件下某种形式的能量是否产生伤害，造成人员伤亡事故，取决于能量大小、接触能量时间和频率以及力的集中程度。

2.5.2 防护能量逆流于人体的措施

哈登认为预防能量转移于人体的安全措施可用屏障防护系统的理论加以阐述，并指出，屏障设置得越早，效果越好。从能量转移论出发，预防伤害事故就是防止能量或危险物质的意外转移，防止人体与过量的能量或危险物质接触。我们把约束、限制能量，防止人体与能量接触的措施叫做屏蔽。

按能量大小可建立单一屏障或多重的冗余屏障。防护能量逆流于人体的“屏障”系统分为以下几种类型：

（1）限制能量的系统。在生产工艺中尽量采用低能量的工艺或设备，这样即使发生了意外的能量释放，也不致发生严重伤害。例如，限制能量的大小和速度，规定安全极限量，利用低电压设备防止电击；限制露天爆破装药量以防止个别飞石伤人；限制车速防止发生车祸造成人员伤害等。还有安全电压、使用低压测量仪表、控制冲击地区等。

（2）用较安全的能源代替危险性大的能源。有时被利用的能源具有的危险性较高，这时可考虑用较安全的能源取代。例如，在容易发生触电的作业场所，用压缩空气动力代替电力，可以防止发生触电事故。但是应该注意，绝对安全的事物是没有的，以压缩空气做动力虽然避免了触电事故，但压缩空气管路破裂、脱落的软管抽打等又带来了新的危害。还有在采矿中用水力采煤代替火药爆破。改变工艺流程变不安全流程为安全流程，用无毒少毒物质代替剧毒有害物质。

（3）防止能量蓄积的系统。能量的大量蓄积会导致能量突然释放，因此要及时泄放多余的能量防止能量蓄积。如应用低高度位能，控制爆炸性气体的浓度，防止其在空气中的含量达到爆炸界限。再如利用避雷针放电保护重要设施；通过接地消除静电蓄积等。

（4）控制能量释放。包括：

1）防止能量释放，如建立水闸墙防止高势能地下水突然涌出。

2）缓慢地转移能量，缓慢地释放能量可以降低单位时间内转移的能量，减轻能量对人体的作用。例如，各种减振装置可以吸收冲击能量，防止人员受到伤害。

3）延缓能量释放，如采用安全阀、逸出阀控制高压气体；用全面崩落法管理顶板，控制地压。

4）开辟释放能量的渠道，如安全接地防止触电；探放水防止突水；抽放煤体内瓦斯，防止瓦斯蓄积爆炸。

（5）设置屏蔽设施。屏蔽设施是一些防止人员与能量接触的物理实体，即狭义的屏蔽。可在能源上设置屏障，如原子辐射防护屏、机械防护罩、氡子体滤清器等。屏蔽设施可以被设置在具有能量的物体上，例如安装在机械转动部分外面的防护罩。

（6）在时间或空间上把能量与人隔离。在生产过程中还有两种或两种以上的能量相互作用引起事故的情况。例如，一台吊车移动的机械能作用于化工装置，使化工装置破裂有毒物质泄漏，引起人员中毒。针对两种能量相互作用的情况，应该考虑设置两组屏蔽设施：一组设置于两种能量之间，防止能量间的相互作用；一组设置于能量与人之间，防止能量达及人体。还可以在人、物与能源之间设置屏障，如防火门、防火密闭，高空作业安全网防止势能逆流于人体等。也可以设置在人员与能源之间，如安全警戒线等。在人与物之间设置屏蔽，人员佩戴的个体防护用品，可被看作是设置在人员身上的屏蔽设施。如安全帽、电工安全鞋、防尘毒口罩等。

（7）信息形式的屏蔽。各种警告措施等信息形式的屏蔽，可以阻止人员的不安全行为或避免发生行为失误，防止人员接触能量。

根据可能发生的意外释放的能量的大小，可以设置单一屏蔽或多重屏蔽，如采用双重绝缘工具防止高压电能触电事故，对瓦斯连续监测和遥控遥测以及增强对伤害的抵抗能力（如用耐高温、高寒、高强度材料制作的个体防护用具）；并且应该尽早设置屏蔽，做到防患于未然。同时也要做好修复或急救，治疗、矫正以减轻伤害程度或恢复原有功能；搞好紧急救护，进行自救教育；局限灾害范围，防止事态扩大，如设置岩粉棚局限煤尘爆炸。

2.6 轨迹交叉论

2.6.1 事故的时空关系

生产中的灾害事故，源于生产现场的人和物两方面的多种隐患；为防灾保产就必须查清和消除隐患。人的不安全动作（行为）和机械或物质危害是人－机系统中构成能量逆流的两个系列，人流与物流（能量流）的轨迹交叉点，就是发生人为灾害的“时空”。

如图 2-15 所示，图 2－15（a）是逻辑“或（OR）门”连接“人为失误”和“机械故障”两事件，其中人或物的事件有一个发生，事故就会发生；图2－15（b）是用逻辑“与（AND）门”连接“人为失误”和“安全装置故障”两事件，只有两事件同时发生，才能发生事故。

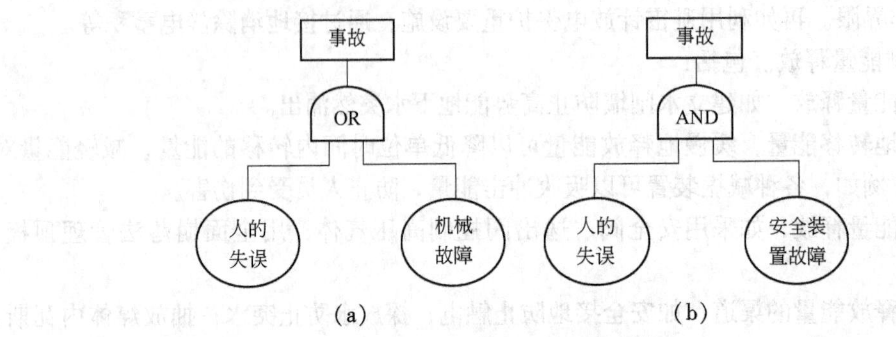

图2-15　伤亡事故逻辑系统

两图的区别在于，图2－15（b）在机械设备上加了安全装置，只要安全装置不发生故障，即使人操作失误（违章作业或有其他不安全行为），也不会发生事故。

从概率分析看，加上安全装置比不加安全装置，当人与物流轨迹交叉时构成事故的概率小得多。例如，设“人为失误”、“机械故障”及“安全装置故障”三事件的发生概率均为万分之一，即0.0001，当无安全装置时（图2－15（a）逻辑或门连接），事故的概率等于两事件概率之和，即为万分之二（0.0002）；当投入安全装置后（图2－15（b）逻辑与门连接），事故的概率等于两事件概率之积，即为亿分之一（10^{-8}）。

这一理论说明，在人流与物流（能量流）之间设置安全装置作为屏障，既可提高机械设备的可靠性，又可大大降低事故发生的概率。简而言之，如安全装置可靠性百分之百，别说人为失误、不安全动作或违章作业发生不了事故，即使人想自残自杀，也无法实现。因为安全装置（假定）可靠性为1，则其故障率为0，当逻辑与门相交时，事故概率为两事件之积，乘以零的积，当然事故概率为零。

轨迹交叉理论的侧重点是说明人为失误难以控制，但可控制设备、物流不发生故障。某些管理人员，甚至各级领导人中的某些人，总是错误地把一切产业灾害归咎于操作人员“违章作业”；实质上，人的不安全动作也是由于教育培训不足等管理欠缺造成的。管理的重点应放在控制物的不安全状态上，即消除“起因物”，当然就不会出现“施害物”，“砍断”物流连锁事件链，使人流与物流的轨迹不相交叉，事故即可避免。这可用图2-16加以说明。

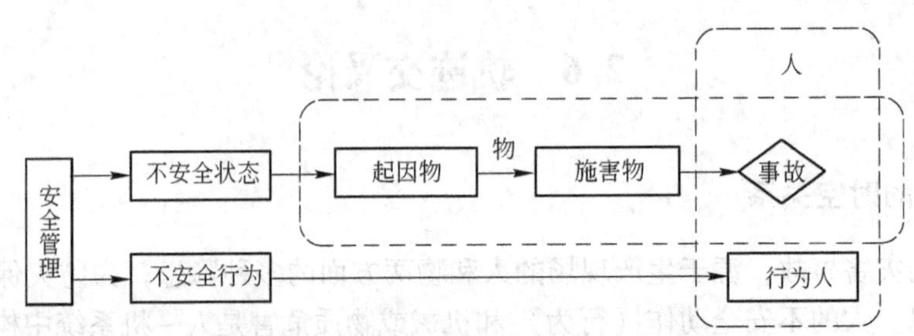

图2-16　人与物两系列形成事故的系统

在多数情况下，由于企业管理不善，使工人缺乏教育和训练或者机械设备缺乏维护、检修以及安全装置不完备，导致了人的不安全行为或物的不安全状态。值得注意的是，人与物两因素又互为因果，如有时是设备的不安全状态导致人的不安全行动，而人的不安全行为又会促进设备出现不安全状态。

2.6.2 人与物的事件链

人的不安全行为发生发展构成人的事件链；物的不安全状态构成物的事件链。

2.6.2.1 人的事件链

人的不安全行为基于生理、心理、环境、行为几个方面产生。

①生理、先天身心缺陷；②社会环境、企业管理上的缺陷；③后天的心理缺陷；④视、听、嗅、味、触五感能量分配上的差异；⑤行为失误。

人的行动自由度很大，生产劳动中受环境条件影响，加之自身生理、心理缺陷都易于发生失误动作或行为失误。

2.6.2.2 物的事件链

在机械、物质系列中，从设计开始，经过现场种种程序，在整个生产过程中各个阶段都可能产生不安全状态：

Ⅰ. 设计上的缺陷，如用材不当、强度计算错误、结构完整性差、采矿方法不适应矿床围岩性质等；Ⅱ. 制造、工艺流程上的缺陷；Ⅲ. 维修保养上的缺陷，降低了可靠性；Ⅳ. 使用上的缺陷；Ⅴ. 作业场所环境上的缺陷。

总之，人的事件链随时间进程的运动轨迹按①→②→③→④→⑤的方向线顺序进行；物质或机械的事件链随时间进程的运动轨迹按Ⅰ→Ⅱ→Ⅲ→Ⅳ→Ⅴ的方向线进行。

人、物两事件链相交的时间与地点（时空），就是发生伤亡事故的“时空”。

若能设法排除机械设备或处理危险物质过程中的隐患，或者消除人为失误、不安全行为，使两事件链连锁中断，则两系列运动轨迹不能相交，危险就不会出现，就可以达到安全生产的目的。

例如，对人的系列而言，强化工种考选、加强安全教育和技术培训，进行科学的安全管理，从生理、心理和操作管理上控制人的不安全行为的产生，就等于砍断了人的事件链。但是，如前所述，对自由度很大且身心性格气质差异均大的人难于控制，偶然失误很难避免。

轨迹交叉理论强调的是砍断物的事件链，提倡采用可靠性高、结构完整性强的系统和设备，大力推广保险系统、防护系统和信号系统及高度自动化和遥控装置。这样，即使人为失误，构成①→⑤系列，也会因安全闭锁等可靠性高的安全系统的作用，控制住Ⅰ→Ⅴ系列的发展，完全避免伤亡事故的发生。

2.7 两类危险源

随着科学技术的不断进步，设备、工艺及产品越来越复杂。各种大规模复杂系统相继问世，这些复杂的系统往往由非常复杂的关系相连接，人们在研制、开发、使用及维护这些大规模复杂系统的过程中，逐渐萌发了系统安全的基本思想。人们在系统安全研究中，认为危险源的存在是事故发生的根本原因，防止事故就是消除、控制系统中的危险源。

危险源一词译自英文单词 hazard，即危险根源的意思。哈默（Willie Hammer）把危险源定义为可能导致人员伤害或财物损失事故的、潜在的不安全因素。按此定义，生产、生活中的许多不安全因素都是危险源。

实际上，事故因素即不安全因素种类繁多，并且非常复杂，它们在导致事故发生、造成人员伤害和财物损失方面所起的作用不尽相同，其识别和控制方法亦不相同。根据危险源在事故发生、发展中的作用，可把危险源划分为第一类危险源、第二类危险源两大类。

2.7.1 第一类危险源

根据能量意外释放论，事故是能量或危险物质的意外释放，作用于人体的过量能量或干扰人体与外界能量交换的危险物质是造成人员伤害的直接原因。于是，系统中存在的、可能发生意外释放的能量或危险物质被称为第一类危险源。

一般地，能量被解释为物体做功的本领。做功的本领是无形的，只有在做功过程中才显现出来。因此，实际工作中往往把产生能量的能量源或拥有能量的能量载体称为第一类危险源。例如，燃烧中的厂房、行驶中的车辆等。

常见的第一类危险源如下：

（1）产生、供给能量的装置、设备。

（2）使人体或物体具有较高势能的装置、设备、场所。

（3）能量载体。

（4）一旦失控可能产生巨大能量的装置、设备、场所，如强烈放热反应的化学装置等。

（5）一旦失控可能发生能量蓄积或突然释放的装置、设备、场所，如各种压力容器等。

（6）危险物质，如各种有毒、有害、可燃易爆物质等。

（7）生产、加工、贮存危险物质的装置、设备、场所。

（8）人体一旦与之接触将导致能量意外释放的物体。

第一类危险源具有的能量越多，一旦发生事故其后果越严重。相反，第一类危险源处于低能量状态时比较安全。同样，第一类危险源包含的危险物质的量越多，干扰人的新陈代谢越严重，其危险性越大。

2.7.2 第二类危险源

在生产、生活中，为了利用能量，让能量按照人们的意愿在系统中流动、转换和做功，必须采取措施约束、限制能量，即必须控制危险源。约束、限制能量的屏蔽应该能够可靠地控制能量，防止能量意外释放。实际上，绝对可靠的控制措施并不存在，在许多因素的复杂作用下，约束、限制能量的控制措施可能失效，能量屏蔽可能被破坏进而发生事故。导致约束、限制能量措施失效或破坏的各种不安全因素称作第二类危险源。

如前所述，札别塔基斯（Micllael Zabetakis）认为人的不安全行为和物的不安全状态是造成能量或危险物质意外释放的直接原因。从系统安全的观点来考察，使能量或危险物质的约束、限制措施失效、破坏的原因因素，即第二类危险源，包括人、物、环境三方面。

（1）在系统安全中涉及人的因素问题时，采用术语“人失误”。人失误可能直接破坏对第一类危险源的控制，造成能量或危险物质的意外释放。例如，误开阀门使有害气体泄漏；合错了开关使检修中的线路带电等。人失误也可能造成物的故障，物的故障进而导致事故。例如，超载起吊重物造成钢丝绳断裂，发生重物坠落事故。

（2）物的因素问题可以概括为物的故障。故障是指由于性能低下不能实现预定功能的现象，物的不安全状态也可以看作是一种故障状态。物的故障可能直接使约束、限制能量或危险物质的措施失效而发生事故。例如，电线绝缘损坏发生漏电；管路破裂使其中的有毒有害介质泄漏等。有时一种物的故障可能导致另一种物的故障，最终造成能量或危险物质的意外释放。例如，压力容器的泄压装置故障，使容器内部介质压力上升，最终导致容器爆炸。物的故障有时会诱发人失误；而人失误又造成物的故障，实际情况往往比较复杂。

（3）环境因素主要指系统运行的环境，包括温度、湿度、通风换气、照明、粉尘、噪声和振动等物理环境，以及企业和社会的软环境。不良的物理环境会引起物的故障或人失误。例如，潮湿的环境会加速金属腐蚀，降低结构或容器的强度；工作场所强烈的噪声影响人的情绪，分散人的注意力，发生人失误。企业的管理制度、人际关系或社会环境影响人的心理，可能引起人失误。

第二类危险源往往是一些围绕着第一类危险源随机发生的现象，它们出现的情况决定了事故发生的可能性。第二类危险源出现得越频繁，发生事故的可能性越大。

一起事故的发生一定是两类危险源共同起作用的结果。第一类危险源的存在是事故发生的前提，没有第一类危险源就谈不上能量或危险物质的意外释放，也就无所谓事故；另外，如果没有第二类危险源的破坏，失去对第一类危险源的控制，也不会发生能量或危险物质的意外释放。第二类危险源的出现是第一类危险源导致事故发生的必要条件。

在事故的发生、发展过程中，两类危险源相互依存、相辅相成。第一类危险源在事故时释放出的能量是导致人员伤害或财物损坏的能量主体，决定事故后果的严重程度；第二类危险源出现的难易决定事故发生的可能性的大小。两类危险源共同决定危险源的危险性。

在企业的实际事故预防工作中，第一类危险源客观上已经存在并且在设计、建造时已经采取了必要的控制措施，因此事故预防工作的重点乃是第二类危险源的控制问题。

2.8 控制失效论

2.8.1 危险因素的分类

世界上没有绝对安全的事物，不安全的因素几乎到处存在，人们更注意那些导致严重后果的危险源，特别是导致重大伤亡事故、财产损失事故的重大危险源。

在系统安全研究中，认为危险因素的存在是灾害事故发生的根本原因，防治灾害事故就是消除、控制系统中的危险因素。在某种意义上可将危险因素定义为：在系统中可能导致人员伤害或财物损失的、潜在的不安全因素。按此定义，在生产过程中存在的许多不安全因素都是危险因素。根据危险因素在灾害事故发生、发展中的作用，以及从导致事故和伤害的角度，把危险因素划分为“固有”和“失效”两类。

2.8.1.1 固有危险因素

固有危险因素是指由系统自身性质与结构所决定的，与系统共生的，对系统的安全始终构成潜在威胁的，在某种条件下将会对系统的运作可靠性造成重大影响的一种客观存在。系统中存在固有危险因素是必然的，其属性和特点表现在以下几方面：

（1）固有危险因素的客观性。由于能量、能量载体和有毒、有害物质广泛存在，特别是能量几乎无处不在，因此，系统的固有危险源是客观普遍存在的。由于在生产过程中要使用能量、机械设备，以及生产中伴随着有毒有害气体，存在固有危险源是客观的，不随人们的主观意志而改变的，或者这种危险因素通过人为因素是难以改变的。

（2）固有危险因素的可控性。系统中存在危险是客观的，人们是无法改变的，但它是可知的。在所有的生产过程中，由于科技的进步和发展，对其可能出现的危险、有害因素已有了充分的认识。对于生产过程中所发生的各类灾害事故，从发生的机理、危害程度、产生的后果是可以辨识出来的，这种可知性为制定灾害的控制措施提供了依据。因此，系统中固有危险因素的控制在技术上一定是可行的，就目前的技术水平来讲是可以控制到人们可接受的安全水平，只要按照相关安全生产的要求装备设备、完善系统、上齐保护，同时，保证控制措施的有效性，对危险因素的控制可以认为是可靠的。

（3）固有危险源的动态性。生产活动往往是动态的，可能会采取新技术、新工艺和新材料，这样就会出现新的固有因素，或者由于工作环境条件发生改变，使固有危险因素的风险等级发生改变。另外，危险物质和能量在很多情况下是逐渐积聚或叠加的，这也是动态的表现。

2.8.1.2 失效危险因素

在实际生产和生活中，必须让能量按照人们的意图在系统中流动、转换和做功，必须采取措施约束、限制能量，即必须控制危险源。约束、限制能量的屏蔽应该能够可靠地控制能量，防止能量意外地释放，防止事故的意外发生。实际上，绝对可靠的控制措施并不存在。在许多因素的复杂作用下，约束、限制能量的控制措施可能失效，能量屏蔽可能被破坏导致事故的发生。将导致约束、限制能量措施失效或破坏的各种不安全因素称为“失效危险因素”，它们导致系统固有危险因素失去控制，包括硬件故障、人员失误或环境因素等都属于对能量控制的措施或“屏蔽”，一旦失效，就成为危险因素。

失效危险因素是控制固有危险因素的措施失效，其具有如下属性及特点：

（1）失效危险因素的人为性。在系统中出现的失效危险因素最大的特点是它的人为性，即控制措施的失效都与人为因素有关。一方面，可能是因为对系统中存在的危险认识不足，该采用的技术措施或装备没有采用，或者所采取的措施不符合实际情况，即措施选择失误，导致危险的发生；另一方面，是控制措施在实施中由于人为失误导致的失效，没有起到安全保护作用。失效危险因素的出现具有很强的主观性，如控制措施不完善往往是决策者忽视国家的安全生产法律法规，追求低投入、高产出；操作者不按操作规程作业是为了省时省力等。

(2) 失效危险因素的随机性。失效危险因素包含了人的因素、设备因素和环境因素等，这就使失效危险因素的随机性加大，对于同样的工作（或设备）由不同的人员操作，会有安全程度的差别；对于同样的设备其维护状态、保护设施完好程度也是千差万别的，再加之不同的作业环境中，使得发生故障和失效的可能就会带有很大的随机性。

(3) 失效危险因素的预防性。失效危险因素具有预防性是因为在控制措施失效前都有一定的前兆，如人们及时发现并加以处理，也会将危险消灭在萌芽中，避免事故的发生。另外，预防性还表现在借鉴前人的研究结果和事故案例分析，从中吸取教训，接受教育，防止同类事故的发生。

2.8.2 危险性分析

2.8.2.1 固有危险性分析

在识别和分析固有危险因素时，主要考察以下几方面情况：

(1) 危险物质的能量。固有危险因素是由高能量物质构成，拥有的能量越高，具有的危险性就越高，一旦发生事故其后果越严重；反之，拥有的能量越低，对人或物的危害就越小，固有危险因素处于低能量状态时比较安全。同样，固有危险因素具有的危险物质的能量越大，干扰人的新陈代谢功能越严重，其危险性越大。固有危险因素导致事故的后果严重程度，主要取决于事故时意外释放的能量或危险物质的多少。一般地，固有危险因素拥有的能量或危险物质越多，则发生事故时可能意外释放的量也越多。因此固有危险因素拥有的能量或危险物质的量是决定危险性最主要的指标。当然，有时也会有例外的情况，有些固有危险因素拥有的能量或危险物质只能部分地意外释放。

(2) 危险物质意外释放的强度。释放强度是指事故发生时单位时间内释放的能量。在意外释放的能量或危险物质的总量相同的情况下，释放强度越大，能量或危险物质对人员或物体的作用越强烈，造成的后果越严重。另外，释放强度的大小也影响着能量或危险物质的扩散范围，事故发生时意外释放的能量或物质的影响范围越大，可能遭受其作用的人或物越多，事故造成的损失越大。例如，有毒有害气体泄漏时可能影响到下风侧的很大范围。

(3) 能量或危险物质的种类。能量或危险性质种类也是危险性重要指标。不同种类的能量造成人员伤害、财物破坏的机理不同，其后果也很不相同。危险物质的危险性主要取决于自身的物理、化学性质。燃烧爆炸性物质的物体，其化学性质决定其导致火灾、爆炸事故的难易程度及事故后果的严重程度。毒物的危险性主要取决于其自身的毒性大小，在引起急性中毒的场合，常用半数至死剂量评价其自身的毒性。

2.8.2.2 失效危险性分析

在识别和分析失效危险因素时，可以从以下几个方面来考虑：

(1) 人为失误或设备故障的防御能力。人为失误完全可以构成失效危险因素，在装配、安装、检修或操作过程中可能发生导致严重后果的人为失误，系统能有效防止人为失误的能力反映了危险性的大小。只要发生一次失误或故障就会导致事故，这样的设计、设备或工艺过程是极为不安全的。至少有两次相互独立的失误（或故障）、或一次失误与一次故障同时发生才有可能引起事故的发生，这样的设计、设备或工艺过程才是比较安全的。因此，对于那些一旦发生事故必定带来严重后果的设备、工艺，必须保证同时发生两次以上的失误或故障才能引发事故；同时还要具备阻断故障传递的能力，应能防止一个部件或元件的故障引起其他部件或元件发生故障，从而避免事故。例如，电动机电路短路时保险丝熔断，防止烧毁电主机。

（2）能量积聚和释放的承受能力。系统具备的防止能量积聚和承受释放的能力是反应失效危险因素的危险性指标之一。系统运行过程中偶尔可能产生高于正常水平的能量积聚或释放，装置、设备等应能承受这种高能量积聚或释放。通常在压力罐上装有减压阀以把罐内压力降低到安全压力，如果减压阀故障，则超过正常值的压力将强加于管路，为使管路能承受高压，必须增加管路的强度或在管路上增设减压阀。能量蓄积的结果将导致意外的能量释放，因此，应有防止能量蓄积的措施。如防爆膜、安全阀、可熔（断、滑动）连接等。

（3）失效出现后果的控制能力。一旦人为失误、故障、能量积聚或释放引起事故时，系统应能控制或限制部件或元件的运行，以及与其他部件或元件的相互作用，对这种状态实施控制。具备了这样的控制能力，也就大大地减小了失效危险因素的危险性，例如，若按 A 钮之前按 B 钮可能会引起事故，则应实行联锁，即只有在先按下 A 时，设备才能正常工作，由于联锁作用，使之先按 B 钮也没有危险。

2.8.3 危险因素的作用

2.8.3.1 固有危险因素的作用

系统中的固有危险因素在灾害事故的发生、发展和后果方面所起的作用有以下几方面：

（1）固有危险因素是事故发生的根源。在灾害事故中，固有危险因素是导致人员和财产重大损失的根源。生产系统内通常会存在危险物质和能量，还有失控的能量和物质等。例如：煤矿大面积冒顶事故中具有很大势能的岩石、透水事故中有很大压力的地下水或地表水、瓦斯突出事故中在地应力与瓦斯压力作用下突出的煤、瓦斯及岩石等。

（2）固有危险因素是事故发展的动力。灾害事故的发展动力来源于系统的固有危险因素。从煤矿发生的事故案例中可以知道，灾害事故在发生后还会发展，其灾害会扩大，最典型的事例是发生瓦斯爆炸后，还可能发生第二次瓦斯爆炸或煤尘爆炸。再比如顶板的冒落发生后，在处理过程中也会出现再次的顶板冒落。所以，研究灾害事故致因，不仅要研究灾害事故发生的原因，还要研究灾害事故扩大或再次发生的可能性。

（3）固有危险因素是事故后果的度量。固有危险因素具有的能量越大或者包含的危险物质的量越多，一旦释放发生事故的后果越严重。所以说固有危险因素是事故后果的度量指标，即可能参与事故的危险物质的多少基本上决定了事故后果的大小。化工企业已发生的事故表明：参与事故的爆炸物质、中毒物质的多少，决定了释放后产生危害的大小。

2.8.3.2 失效危险因素的作用

在灾害事故发生、发展过程中，失效危险因素起着极大的作用，主要表现在以下几方面：

（1）失效危险因素是事故是否发生的关键。从大量事故案例的分析可以得知，系统中固有危险是普遍客观存在的，只要固有危险因素控制措施失效，事故必然发生，所以失效危险因素是灾害事故是否发生的关键。

（2）失效危险因素是事故是否灾变的核心。事故发生是以失效危险因素为核心的，失效危险因素的核心作用突出地表现在诱发事故灾变的发生，即诱发事故不断扩大。防止事故扩大或应急措施的失效，必然导致本应是一起小事故或非伤亡事故，结果造成了事故灾变的发生，使事故扩大化。煤矿瓦斯爆炸是瓦斯积聚超限和火源的同时出现造成的；若此时对煤尘控制失效还会引起煤尘的爆炸，使事故扩大；若矿井的隔爆设施失效，还会使事故进一步扩大；若矿井未实施采区独立通风，可能会导致全矿井的毁灭。

（3）失效危险因素是事故发生频次的度量。失效危险因素存在于系统中的方方面面，并随着人的不安全行为、物的不安全状态和环境的不安全条件的变化而变化。系统中存在的失效危险因素越多，发生事故的概率就越高，所以说失效危险因素是灾害事故发生频率的度量指标。因此，要减少事故就必须减少和控制失效危险因素的出现。

2.8.4 危险因素与事故

一起灾害事故的发生是系统中“固有危险因素”和“失效危险因素”共同作用的结果，如图 2-17 所示。

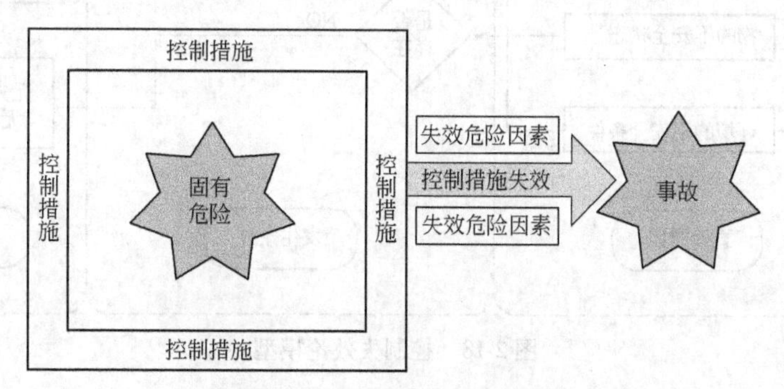

图 2-17 危险因素与事故的关系

在事故的发生、发展过程中，固有危险因素和失效危险因素是相辅相成、相互依存。固有危险因素是灾害事故发生的前提，决定事故后果的严重程度；另一方面，失效危险因素的多少决定事故发生的可能性大小，失效危险因素的出现是导致固有危险因素产生事故的必要条件。综上所述，得出控制失效致因理论模型，如图 2-18 所示。

企业生产系统中固有危险往往都是已知的，都由相应的技术工程、安全设施、法规标准、技术规范、管理制度进行控制。事故就是控制措施失效所致，所以称为“控制失效论”。

灾害事故作为随机事件，它的发生是诸多因素相互作用的结果，是潜在隐患的再现。为了掌握致灾因素潜在性的某些规律，应对已发生过的灾害事故进行追踪，并从大量观察中了解其倾向，发现未来时间上同类事件的危险潜在性，防止同类事故的再次发生。

根据国家安全生产法律法规的要求，为控制固有危险因素必须安装安全专项设备或防护设施，这是控制固有危险因素的硬件措施；人员素质和安全管理水平将构成保障系统安全的软件措施。系统软、硬件的运行状态及其相互关系反映了系统的安全状态，构成了系统存在状态的转化条件。实际安全工作的重点仍是失效危险因素的防治问题，预防事故就是消除“失效危险因素”，必须从失效危险因素的特性入手，彻底消除导致控制措施失效的不安全因素，避免事故的发生。

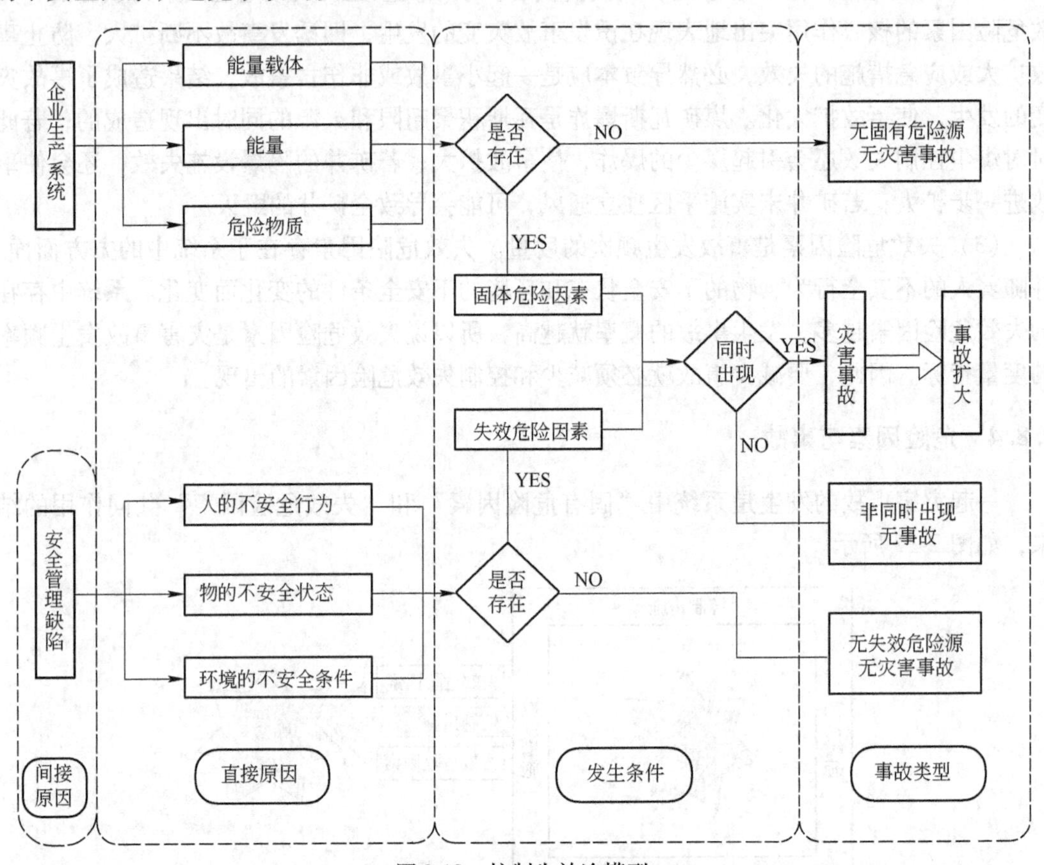

图 2-18　控制失效论模型

本 章 小 结

本章从事故致因理论的发展历程着笔，引入了事故频发倾向论、事故因果论、失误致因模型、能量转移论、轨迹交叉论、两类危险源及控制失效论的事故致因理论或模型。通过对这些事故致因理论或模型的理解，可以看出导致事故发生的四大要素可以概括为：人的不安全行为、物的不安全状态、环境的不安全因素及管理的缺陷等。因此，对事故原因进行分析时，可从人、物、环境、管理四方面入手寻找事故的根源。

习题和思考题

2-1　什么是事故致因理论，事故致因理论的发展经历了哪几个阶段？

2-2 事故频发倾向论的主要观点是什么？

2-3 事故因果类型包括哪几种？各自的特点是什么？

2-4 简述博德事故因果连锁论。

2-5 简述变化失误事故模型。

2-6 为限制能量的意外释放，可采取哪些类型的防护措施？

2-7 简要阐述轨迹交叉论的基本思想。

2-8 简述两类危险源的定义及它们对事故的作用。

2-9 分别阐述固有危险因素与失效危险因素的定义及它们的危害作用。

3　事故调查分析

本章学习要点：

（1）掌握事故调查的定义、对象、类型及目的。

（2）通过了解事故调查的基本流程，掌握事故调查的基本程序和未遂事故的调查程序。

（3）掌握事故调查各阶段的主要任务和内容。

（4）熟悉并掌握事故证据的分类、事故证据的收集及收集手段、收集时间确定的具体内容。

（5）了解基于原因结果模型、过程模型及能量模型的各类事故调查方法，并能够掌握各种方法的分类和步骤。

3.1　事故调查概述

3.1.1　事故调查的定义

事故调查（accident investigation）是试图找出导致或存在潜在导致人员伤害、死亡或财产损失的所发生的系列事件顺序的系统过程，以便确定事故的系统原因，并且采取整改措施。事故发生后认真检查、确定起因、明确责任，并采取措施避免事故再次发生的过程即为“事故调查”。

事故调查是在掌握一定安全科学知识的基础上，依据国家的有关法律法规、方针政策，综合运用安全科学、统计学、物理、化学、工程技术及其他自然科学的理论和技术，通过逻辑推理、分析判断、模拟实验等手段科学地调查和分析事故；其目的是澄清事故的真相，查明人身伤亡和经济损失情况，调查事故的直接原因和间接原因，明确事故的责任，确定预防事故再次发生时的整改方案，同时找出管理系统的缺陷，落实相应的安全措施。

3.1.2　事故调查的对象

企业、单位在生产、劳动过程中发生的人身伤害、财产损失、急性中毒等都是事故调查的对象，其中人身伤害和财产损失是事故的主要表现形式。对于人身伤害、财产损失与急性中毒事故本身而言，每一起事故的调查对象包括：伤亡事故现场、事故当事人、与事故有关的资料。

（1）伤亡事故现场，包括现场物证、劳动条件、工作环境、防护措施等。

（2）事故当事人，包括肇事者、受害人、现场目击者、有关领导和技术人员、参加抢救人员和医务人员等。

（3）与事故有关的资料，包括与事故有关的设备、设施、原材料和有关的设计，安装工艺、工作指令和规章制度以及有关的档案资料，包括过去已经发生过的事故资料，检修记录以及有关设备、设施、原材料、产品的财务账目等。

3.1.3 事故调查的类型

确定事故调查的类型及要求，有助于调查人员明确调查目标。比如调查应该达到何种详细程度，应该花费多少时间去调查。一般来说，事故越严重，调查将越详细，花费的时间会越长。事故等级和事故调查的类别见表 3-1。

表 3-1 事故等级与事故调查要求

事故等级	事故调查的要求
未遂事故（险情）	未遂事故范围从潜在的轻微事故到潜在的灾难性事故。至少应该将险情类事件的报告以简明表格的形式存档，确定它的起因，提出整改方案
轻伤或急救类小事故	调查、询问当事人和证人，确定起因，提出整改方案建议，将事故以简明表格的形式存档
重伤及一般事故	调查、询问当事人和证人，进行根源分析，确定事故起因，提出整改方案，并提交简明的事故调查报告，文件存档
重、特大伤亡类事故（死亡、群伤或重大财产损失）	进行彻底调查，询问当事人、目击证人和其他相关人员，应用分析技术，进行根源分析，确定事故起因，提出整改方案建议；提交全面的书面调查报告和根源分析报告，文件存档

3.1.4 事故调查的目的

事故调查的目的如下：

（1）重建事故链。事故调查的目的是重建时间事件链，从而找出事故引发原因和管理系统中存在的缺陷，这种系统的缺陷是导致事故再次发生的根本原因。事故调查的目的是要明确安全管理体系和安全规程中存在的问题，而不是针对某个人找错或追究责任。

（2）提出整改措施。在事故调查的基础上，通过对引发事故的直接原因及间接原因进行分析，有针对性地提出相应的整改方案，以便预防类似事故再次发生；同时，在管理上对所有的安全规程和管理程序进行修订。

（3）预防事故发生。事故调查与分析对于已经受伤的人员、已经破坏的产品、已损坏的机器或已污染的环境不能有任何改变，但是其价值在于预防再次发生事故。虽然调查过程是被动的，但是能帮助企业单位积极主动地改进他们的安全管理。

3.2 事故调查的基本流程

3.2.1 事故调查的程序

3.2.1.1 事故的调查程序

事故调查的基本程序是：事故的报告；事故调查组的成立；事故现场的保护与勘察；物证的收集；事故原因的分析；事故责任的确定；事故整改措施的落实；工伤确认及补偿。基本程序如图 3-1 所示。

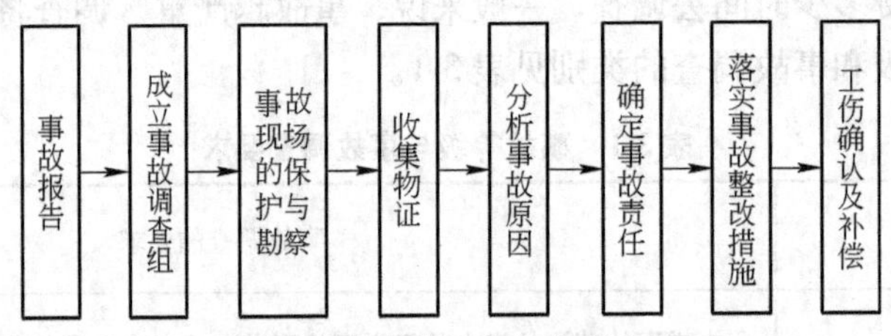

图 3-1 事故调查基本程序

事故调查应查明事故原因、经济损失和人员的伤亡情况，从而确定事故责任者，提出对事故的处理意见和相关的防范措施和建议。其工作程序如图 3-2 所示。

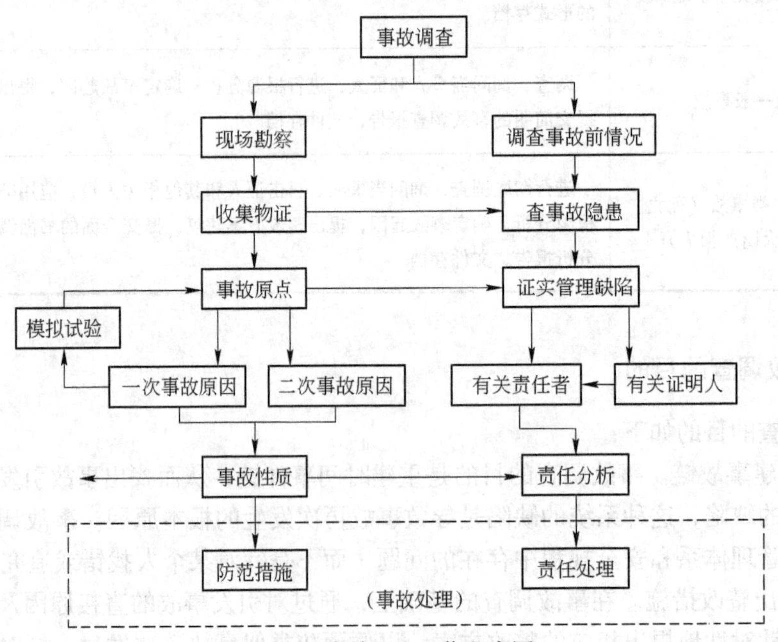

图 3-2 事故调查工作程序图

(1) 现场勘察：

1) 查看事故现场的设备、装置及作业环境状况；

2) 对现场的有关痕迹、物件进行拍摄、摄录，并将有关处理的示意图绘制出来；

3) 收集与事故有关的物证并将其进行妥善的处理。

(2) 收集物证:

1) 向事故的有关人员调查事故经过和原因，并做好询问记录;

2) 收集对设备、设施、原材料等所作的试验报告或技术鉴定资料;

3) 对事故受害人或肇事者过去事故记录和事故前健康状况进行收集;

4) 收集伤亡人员所受伤害程度的医疗诊断证明或公安部门的验尸报告;

5) 收集有关规章制度及其执行情况、设计和工艺技术等资料;

6) 对安全生产责任制落实及有关监督管理情况进行记录;

7) 其他资料。

(3) 进行事故分析:

1) 确定事故类别(伤亡事故或非伤亡事故、自然事故或人为事故);

2) 分析确定导致事故的直接原因和间接原因;

3) 确定事故责任。

根据事故调查组所确认的事实，通过对直接原因和间接原因的分析，确定事故的直接责任者、主要责任者和领导责任者(责任者指其行为与事故发生有直接关系的人；主要责任者指其行为对事故发生起主要作用的人；领导责任者指其行为对事故发生负有领导责任的人)。

(4) 对事故后果和事故责任者应负的责任提出处理意见。

(5) 拟定提出改进措施：针对导致事故发生的原因，提出相应地加强安全生产管理的具体要求。

(6) 写出事故调查报告。

3.2.1.2 未遂事故的调查程序

沃顿学院规定的未遂事故调查的基本程序为：未遂事故的辨识；未遂事故的报告；优先处理并传达信息；未遂事故的原因分析；确定解决方案；信息传播；解决问题。沃顿学院未遂事故的具体流程，如图3-3所示。

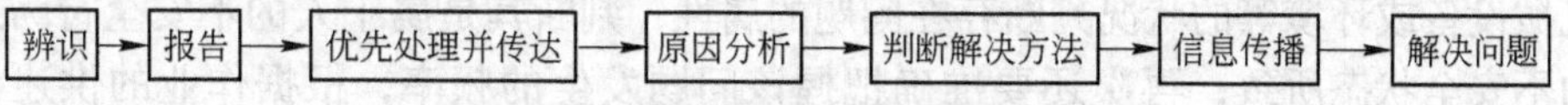

辨识 → 报告 → 优先处理并传达 → 原因分析 → 判断解决方法 → 信息传播 → 解决问题

图3-3 沃顿学院未遂事故调查程序

A 未遂事故的辨识

未遂事故和伤害事故造成的后果不同，但其具有相同的致因和机理，按照事故致因理论，对未遂事故的辨识亦可按其直接原因进行识别，归纳为人的不安全行为和物的不安全状态两类。

a 人的不安全行为引起的未遂事故

据多方面统计数据表明，人的不安全行为在各类事故中占有比例更大。如电子设备的未遂事故，大约60%~70%是由人引起的；在飞机和导弹系统中，由人引起的未遂事故分别占60%~70%、20%~53%。

引起人的不安全行为而产生未遂事故的因素很多，与工作负荷、职工变动、职业上受到挫折及职业环境等职业因素有关；与操作人员的应变能力，如因反馈给操作人员的信息不充分而不能确定其工作正确与否，要求操作人员迅速对两个或两个以上的显示值做出比较并要在短时间内做出决策，有一个以上的显示值难以辨认等因素有关；与个人的情绪因素，如从事不喜欢的工作、家庭矛盾、工作压力、健康欠佳以及做自己不屑去做的工作等造成心理压力引起的个人情绪因素有关。

人的不安全行为引起的人为差错，按信息处理过程可分为未能正确提供和传递信息、识别与确认错误、记忆与判断失误、操作与动作失误；按人在执行生产任务阶段可分为设计失误、操作失误、装配失误、检验失误、安装失误、维修失误等。

b “物”的不安全状态引起的未遂事故

在生产现场来源于物的不安全状态引起的未遂事故也不容忽视。这里“物”是指生产设备、材料、产品、现场环境条件等硬件因素。为了确保安全生产，必须分析、查找物的不安全状态，并予以消除和控制。“物”造成未遂事故和伤害事故必须具备两个因素：一是引起事故的能量，二是有遭受伤害的对象。在能量失控作用于伤害对象时即产生伤害事故，当能量的逸散未作用于被伤害的对象，则表现为未遂事故。引起事故的能量可分为物理模式和化学模式。物理模式的能量可能引起的事故如物体坠落、建筑物坍塌、机械失控、电气失控等；化学模式的能量可能引起的事故如直接火灾、间接火灾等。另外物的不安全因素还包括生产场所存在的一些有害因素，如有害、有毒的气体，生物性有害因素等。

B 未遂事故的报告

企业员工、管理者、监督者等发现未遂事故时，需要及时地将未遂事故上报至相关的管理部门。

C 优先处理并传达

调查人员评价上报的事故，并将其相关信息传递给需要的部门和后续处理人员。

D 未遂事故原因分析

这个阶段就是根据未遂事故信息分析安全及生产上存在的问题。对通过未遂事故信息显示出的存在问题，首先弄清问题发生的经过，区分这次发生是初次还是以前就有过，如果是“老”问题，那就意味着管理监督者存在管理责任的缺陷；接着根据作业者的作业行为及机械设备或环境等的状况判断存在问题的属性，判断其是属于人的不安全行为还是属于物的不安全状态所致；再次还要准确把握该问题发生的频率，根据作业的供述记录每天、每星期、每月的和这次的情况。

E 确定解决方案

根据安全卫生管理的规范和要求，针对把握的信息从计划、物、作业及人的方面入手，制定未遂事故有效管理的对策。

F 信息宣传

信息宣传，也称信息共享，是将整个未遂事故传达给企业员工或者同行业相关人员，让更多的人了解信息，以提高安全意识，避免同类事故的再次发生。

G 改善计划、对策的实施与评价

(1) 制订改善计划，根据对策方针，应用事故预防原则（事故因素的预防、发现、消除、纠正），从预防导致未遂事故原因的事故因素和预防问题的发生出发，重点放在预防对策上，如果问题涉及的范围较广，则还需要横向扩展。

(2) 对策实施过程中，详细记录其大致经过，以便查实和进一步评价对策方案。

(3) 在证实实施对策的结果时，要评价状况改进的好坏。改进不充分时，要同有关人员协商，采取更有效积极的应对措施，进一步改善。

3.2.2 事故调查的阶段

事故调查通常分三个阶段开展：调查阶段、勘察阶段和建议整改阶段，三个阶段具体见表3-2说明。对事故调查来说三个阶段是同等重要的且缺一不可，其中任一阶段出现问题，事故调查过程都将受到影响。如果调查不彻底，很难进行事故证据分析及原因分析；同样，如果不明确事故发生的顺序和起因，很难确定整改方案。

表3-2 事故调查三阶段

调查阶段	发现与事故有关的证据，与证人面谈，收集文件等
勘察阶段	发生了什么？引发事故的根本原因是什么
建议整改阶段	如何防止类似事故的发生

3.2.2.1 调查阶段

调查阶段是指从发生事故到进行事故勘察这段时间。证据收集应该持续到确定事故中时间事件发生顺序为止。调查阶段的主要任务是现场保护，查阅图纸和有关资料，初访知情人，组织事故现场勘察组，准备现场勘察仪器仪表、设备器材和工具。

3.2.2.2 勘察阶段

勘察阶段将验证事故调查过程所发现证据的一致性和真实性。勘察阶段是指勘察的具体实施阶段。现场勘察应由浅入深、循序渐进。具体工作内容有环境勘察、初步勘察、详细勘察或专项勘察。在勘察中，应当随时做好勘察记录，提取物证，量测有关数据，并根据情况决定是否将痕迹物证提交有关部门做技术鉴定。

勘察阶段根据勘察取证的关注重点不同，分为环境勘察、初步勘察、细项勘察、专项勘察四个步骤。

A 环境勘察

环境勘察是调查人员在现场外围或周围对现场进行巡视和视察，以便对整个现场获得一个总的概念。通过对现场环境进行勘察，可以发现、采取和判断痕迹及其他物证，核对与现场环境有关的陈述，在观察的基础上可以据此确定事故范围和勘察顺序，划定勘察范围。环境勘察又称外围勘察，具体步骤为首先找合适地点，全面观察现场和周围环境。

环境勘察的主要内容并不是只对事故现场周围环境的观察，它还包括从现场外部向内部的观察。另外还要特别注意：环境勘察必须由现场勘察负责人率领所有参加实地勘察的人员，在现场周围进行巡视。观察的程序是先向外后向内，先看上后看下，先地面后地下，发现可疑痕迹与物证，及时拍照并可以将实物取下。

B 初步勘察

初步勘察又称静态勘察，是指在不触动现场物体和不变动物体原来位置的情况下进行的一种勘察，是在整体巡视的基础上进行的。初步勘察要求弄清各种物体之间的相互关系及事故波及范围、物体和设备设施破坏的轻重程度、缩小事故源所在的范围等。此阶段的勘察是在保证整个事故现场不变动（抢险救灾变动后的现状）的情况下进行的，事故源部位不确定的情况下，一般不得挖掘或挪动现场。

初步勘察，首先要按照勘察计划进行局部的划分，然后按照划分的范围集中注意力，认真观察每一物体和痕迹的位置、状态以及相互关系，查明哪些物体、痕迹是原有的，哪些是新出现的，以及这些物体、痕迹的变动、变化与事故的关系，以便判明正在勘察的现场与整个事故现场的关系，判别现场状态与事故现场人员的陈述是否一致。同时勘察现场状态是否与事故的发展规律相符合，是否与勘察人员的判断及与有关人员所做的解释相互矛盾。只有经过反复思考，反复寻找，事故的痕迹、物证才能发现得比较多、比较全、比较符合实际。

在初步勘察中如果发现某个局部、某个物体、某个痕迹对于查明事故原因可能有重要意义，或者发现了具有证据意义的破损部件、碎片、残留物及其致害物等，要进行细目照相、录像，并把它们的位置、状态和相关关系，用笔录、绘图等方法详细记录下来。

C 细项勘察

细项勘察，又称动态勘察，是指对初步勘察过程中发现的痕迹与物证，在不破坏的原则下，可以逐个仔细翻转移动进行勘验和收集，是勘察工作的关键环节。细项勘察要对各组成部分及一些痕迹和物证进行更深入全面的研究，容许重新布置，容许变动某些物体的位置和勘察过程中所必需的其他操作。其主要任务是查清初步勘察后发现的疑点，找出事故发生的直接原因。

在进行详细勘察时，要把注意力集中在发现不易看见的物证和痕迹上，并把各种痕迹、物证联系起来进行比较分析，详细推究它们各自的形成原因，找出相互之间的因果关系。细项勘察是在初步勘察确定事故源大致部位的基础上进一步确定事故源部位的勘察，并为下一步专项勘察中确定事故的间接原因做准备。

D 专项勘察

专项勘察是指围绕某一独立系统、生产设备或工艺流程进行的专门勘察，主要是勘察某独立系统、设备或工艺引发事故的物证，也即设计或条件缺陷。专项勘察工作技术性很强，必须是具有一定专业知识的人员才能担当。必要时，可请有关工程技术专家或设备检验专家协助。

3.2.2.3 建议整改阶段

建议整改阶段主要就分析出来的事故原因，给出针对性的预防措施，做出勘察结论，写出现场勘察报告，目的是防止类似事故的再次发生或其他事故的发生。

3.3 事故证据的收集与整理

3.3.1 事故证据的分类

证据是证明事实的依据，是可以用来揭示事故真相的任何东西。通常将证据分为 4 种类型：物证、人证、文件和照片。每个类型都有它的优点和缺陷。这些证据可以相互补充，以便寻找事故的真相。所有调查中可以找到的证据非常多，事故调查人员不应浪费时间分析那些与事故无关或关系不大的证据。事故证据的类型见表 3-3。

表 3-3 事故证据类型（4个“P”）

物证（physical）	即与事故有关的硬件和固体材料；
人证（people）	从某个人那里得到的证据，通常表现为某证人的申明或从面谈中获得；
文件（paper）	任何类型的与事故有关的书面文件；
照片或图片（photo）	能够反映事故现场情形或物体相对位置的任何图形图像

3.3.1.1 物证

物证是与事故有关的硬件和固体材料，是以外部特征、物质属性、所处位置以及状态证明事故情况的实物或痕迹。物证可以体积非常大，如一艘轮船、一台大型设备、一幢建筑物、一架飞机等；或者非常小，如零件、碎片和工具。当收集物证时，应注意设备的位置、设备发生故障的区域和碎片的地点、裂片和其他有助于确定事故原因的固体材料。

3.3.1.2 人证

通常是某人的陈述申明，或从与目击者或涉及事故的其他人的面谈中获得。陈述和申明是目击者对所看到的事故的书面描述。在填写目击证人陈述或申明时，要求目击证人详细描述他们所见的发生的一切是非常重要的。面谈是在问与答的形式中完成，调查人员向证人提问，以获得关于事故的信息。

3.3.1.3 文件

文件证据是所有与事故有关的书面文件。如安全要求、程序、运行记录、维护记录、事故记录、作业安全分析、分析结果、培训纲要和其他数据表等。可以利用任何与事故有关的文件进行分析，从中找出安全程序中的系统问题。

3.3.1.4 照片或图片

照片或图片可能不像其他类型的证据能提供那么多的信息，但它是对其他证据的验证和补充，让事故调查人员了解事故现场发生时的情形，或对某个对象的认识。

3.3.2 事故证据的收集

3.3.2.1 收集物证

A 物证的分类

物证可以分成3类：直接证据、测试证据和部件（拼图）证据。

直接证据：包括通过观察现场获得的信息，如电源开关是开还是关，和收集而来的信息。

测试证据：必须在实验室进行分析，例如，一根柱子倒塌，引起了事故，实验室测试可以得出柱子倒塌是否达到了其承载极限，还是因为其他人为原因所致。测试物证通常要求获得相关专家的帮助。

部件证据：由被分成片或打破的物体组成部件。为了确定事故是如何发生，必须将其拼凑成原来的样式。在调查飞机坠毁、汽车爆炸和其他成散落碎片的事故时经常要收集拼凑和组合这类证据。

B 收集物证的技巧

应该检查现场的所有物证，包括设备、工具、电源、碎片、个人防护用品和衣服。

检查事故涉及的设备、工具、碎片和固体物体，确定它们的位置和故障点。实验室可以进行故障分析、结构分析、模拟和碎片测试，以确定可能的缺陷、材料疲劳、化学属性、结构性质和强度等。

使用方格纸描绘现场草图，注意设备和工具的位置。

在对每个证据进行分析时，注意裂隙、凹痕、破碎的零件、瑕疵、缺陷，做一份机器零件的详细清单。如果缺少专业知识，可以找相关顾问或专家进行咨询。

测量和记录物证碎片之间的距离。

如果涉及人员伤亡，在收集证据时应采取防护措施，避免与血液或体液接触。

注意衣服或个人防护用品的损坏。

注意是否缺少某种个人防护用品或防护设备。

3.3.2.2 收集人证

人证通常采取目击者陈述和与之面谈询问的方式来收集。证人证言是指知道事故真实情况的人，向事故调查人员所作的有关事故的部分或全部事实的陈述。

A 目击者陈述

目击者陈述具有不稳定性和变动性，目击者会随着时间的推移遗忘看到的一切；或者他们的感觉因与其他人相互交谈而改变。目击者陈述是一个简单的对已发生的一切进行的书面陈述。要求目击者将他们认为发生的一切和他们认为如何可以避免事故包括在陈述里。如果可以建立一份目击者陈述问题的检查清单，将会对开展事故调查工作有极大的帮助。同时目击者可能对如何防止类似事故的再次发生有非常好的建议。虽然目击者陈述直观、形象、具体，对案件的揭示也比较深入；但目击者陈述客观性比较差。

B 询问证人

询问证人（或者说与证人面谈）是一项很难掌握的技巧。事故发生后应该尽快与目击者面谈，但是对受伤的人员或证人，应该先进行医疗。

面谈是事故调查的一个不可或缺的部分，但是从面谈者身上获得有用的信息有时却比较困难。不同的人对事件的认识可能差别很大，甚至误导、说谎或夸大事实。然而，有些人的认识和判断又可能是非常正确的、真诚的和有帮助的。如何处理这些面谈对获取的信息的质量有很大的影响。具体可以采取以下几种方法来掌握面谈技巧。

（1）告知证人与他们面谈的原因：目的是让面谈者处在一个放松的环境里，确保他们了解面谈的目的和事故调查的目的。

（2）从一个开放式的提问而不是一个封闭式提问开始：如果提出一个简短的封闭式的问题，被提问的人似乎感觉是在进行一个司法程序的审问。如果从开放式的提问开始，被提问的人可以放松身心，这样可以让他们尽量详细地描述当时的情形。

（3）慎重选择面谈场所：最佳的地点是让面谈者感觉轻松自如的地方。最糟糕的地方是在监督环境下面谈。事故现场作为面谈地点也可以接受。在事故现场面谈可能因某种情况而受到影响，优点是可以方便面谈者指明事故地点和准确的位置，不利的是影响面谈者的情绪。

（4）记录和重复重要信息：目的是与他们确认以确保正确地记录面谈者提供的信息。

（5）结束面谈时的要求：每次面谈结尾以一个肯定的口气结束面谈，并感谢他们为事故调查付出的时间和提供的协助。

（6）询问他们认为导致事故发生的原因和防止事故发生的措施：事故的调查阶段是收

集证据和事实，而不是得出结论，让面谈者解释可能的原因和预防措施是一个很好的方法。但是，记住他们的解释可能基于各自的观点，而且可能因担心受责备而刻意回避。但是，给予目击者机会探讨预防措施，将会鼓励他们并让他们感觉调查人员的真诚和重视他们的看法。

（7）取得联络信息：记录和保存他们的联络电话、电子邮件地址和住址等信息，便于下一步可能跟进改进行动。

（8）在鉴别真实与谎言的基础上，不要让面谈带有偏见：什么样的事情都可能发生，然而，一旦开始谈论事故，人们总趋于接受并形成共同的看法。在面谈的过程中应善于区别真实与谎言，对于有疑问的地方可以采用再次或深入提问的方式来验证。

（9）面谈练习：面谈是一门技巧，而且每次面谈都不同。最好的提高方法是经常练习。

表3-4列出了一些常用的面谈技巧。

表3-4 常用的面谈技巧

建立沟通：	提问：
说明事故调查的目的； 说明面谈的目的； 面谈时要提前做好准备； 不要匆匆忙忙进行面谈； 提问方式友好而专业； 不要以封闭式的问题开始； 要慎重选择面谈场所； 让面谈者感觉到他或她是事故调查中的重要部分； 不要定论、生气、反驳或建议； 获取面谈者的工作职位、履历、教育程度、接受过的培训等信息	提开放式问题，以尽可能多地获得面谈者对事故的看法； 具体的有准备的问题； 从每次事件中，获取明确的时间和日期； 总问导致事故发生的原因和防止事故发生的措施； 总是以积极的口气结束面谈，并真诚致谢

3.3.2.3 收集文件

检查文件证据非常耗费时间，需要查看很多类型的文件记录，确定是否与事故有关。研究文件证据，了解该组织如何处理日常业务的往来文件非常重要。保存在文件里的任何信息，包括电子邮件、记录和备忘录，都可以作为证据。文件证据是“4个P”中最不可能受损坏或污染的一个证据。

收集文件证据的基本步骤：

（1）从涉及事故作业的现场或工作程序和管理制度开始收集。

（2）接着检查设备维护记录和事故记录。检查维护记录，明确是否提供了定期的维护和服务。统计计算设备故障率，检查事故记录，了解是否有类似的事故或险情发生的记录。

（3）最后检查核对，并分析文件。如果是在调查重大事故，还应对上述收集到的文件证据做进一步的分析。

3.3.2.4 收集照片与图片

照片或图片是指能够反映现场情形或物体相对位置的任何图形图像。

照片有时不被考虑作为事故的证据，但却是事故调查的一个重要部分。照片质量非常重要，少量的高质量照片胜过大量的低质量照片，但是必须拍摄足够的照片，以便使不在事故现场的人可以了解到事故的发生场景。

必须在移动事故现场的任何东西之前拍照，在将物体移动前、移动期间和移动之后可以进行录像。这样对于揭示控制、分离系统故障信息方面很有帮助。确保将要移动和可能最终会消失的物体拍摄下来，如轮胎痕迹、脚印和泄露痕迹等。

现在许多高级数码相机可以同时拍照和录像，有利于将详细的事故细节用电子邮件传给其他场所的同事，有助于他们防止类似事故在他们的场所发生。将数码相片插入编辑报告也非常容易。

收集照片/图片的一些技巧：

（1）确保拍一些“大场景照片”，这样能显示整个事故现场，对于展现事故环境和人与设备之间的关系和距离也非常有用。

（2）如果照片的目的是展现关系，那么照片里应包括一些参考物体。目标的一般尺寸在照片里要明显。对小目标来说，一个好的参考物体，如一支钢笔或一支铅笔则可。对大目标，一个人站立在目标旁边就能很有帮助。

（3）保持照片记录和编号，识别照片并注明拍照目的。每幅照片至少应包含照片编号、拍照目标或目的、拍照位置、拍摄方向和拍照时间等信息。

3.3.3 事故证据的收集手段

3.3.3.1 现场笔录

现场勘察笔录可分为开始、正文和结尾3个部分，在具体制作时，没有必要明确标出这3个部分，但要写出这3个层次的内容。

A 开始部分

这一部分应记载的主要内容有以下几个方向：

（1）事故发生的时间、地点。

（2）勘察地点（段）。

（3）勘察工作的起止时间、勘察的顺序等。

（4）参加现场勘察的指挥员和勘察人员的姓名、职称或职务。

B 正文部分

正文部分主要记录勘察过程，事故现场状态，与事故有关的痕迹物证的分布等情况，以及勘察的具体步骤、方法，发现、提取痕迹物证的情况等。

对于事故现场状态应详细记录，主要记录现场生产作业活动形成的各种变化现象及其他因素，用以分析研究事故的各种事实。具体包括以下内容：

（1）勘察事故现场地段的位置。

（2）现场各物体的破损程度。

（3）现场人员作业时相对位置和人员伤亡情况。

（4）主要破坏痕迹及各破损痕迹的差异。

（5）事故中心现场的具体情况，主要包括用何种勘察方法，在何部位对何种物质留下的何种现场痕迹进行的勘察，以及痕迹的尺寸、特征、形状、痕迹之间的差异和相互关联情况。

（6）事故源部位、源点，以及与事故有关联的各种情况。

（7）现场异常情况。

C 结尾部分

结尾部分应主要记录以下几个方面的内容：

（1）提取物证的名称、规格及数量。

（2）提取痕迹的名称和数量。

（3）现场照相、录像的内存和数量。

（4）现场图的种类和张数。

（5）现场勘察指挥人、勘察人员的签名及日期。

D 现场勘察笔录的要求

a 客观反映

客观反映是指制作现场勘察笔录要对现场事实客观再现，不加主观判断和推测。也即看到什么记录什么，看到什么形状记录什么形状。但可以反映诸如触觉、嗅觉、听觉所感知的情况。

b 用词准确

在笔录中，要使用标准化字、词、语句和规范的煤矿名词，不能使用方言土语或自造词语，不能用“大概”、“左右”、“旁边”、“不远”等不准确的语言叙述现场客体及痕迹物品之间的距离和位置关系。对所述对象的具体特征，要根据情况确定是否进行详细描述。度量单位应符合现行的国际国内标准。

c 语言简练

现场记录不是写文章，尽可能语言简练，突出重点。与事故关系密切的情况（如现场上的关键部位、重点物品等），一定要记录清楚，应当与勘察顺序一致。提取的痕迹物品要与笔录内容相吻合，与事故无关或关系不大的情况不做记录或只做简要记录。笔录与绘图、照相、录像的内容应当一致，同一客体在笔录中使用的名称应前后一致。

3.3.3.2 现场绘图

现场绘图是运用制图学的原理和方法，通过几何图形来表示现场活动的空间形态，是记录事故现场的重要形式，比如能精确地反映现场上重要物品的位量和比例关系。

A 现场绘图的作用

现场绘图的作用概括起来有以下3点：

（1）用简明的线条、图形，把人无法直接看到或无法一次看到的整体情况、位置及环境、内部结构状态清楚地反映出来。

（2）把与事故有关的物证，痕迹的位置、形状、大小及其相互关系形象地反映出来。

（3）对现场上必须专门固定反映的情况，如有关物证、痕迹等的空间位置，事故前后现场的状态，事故中人员及设备的运动轨迹等，可通过各种现场图显示出来。

B 事故现场图的种类

事故现场图的种类有以下4种：

（1）现场位置图：它是反映现场在周围环境中的位置的示意图。

（2）现场全貌图：它是反映事故现场全面情况的示意图。绘制时应以事故原点为中心，将现场与事故有关人员的活动轨迹，各种设备的运动轨迹、痕迹及相互间的联系反映清楚。

(3) 现场中心图：也称放大图，它是专门反映现场某个重要部分的图形。绘制时以某一重要客体或某个地段为中心，把有关设备或物体痕迹反映清楚。

(4) 专项图：也称专业图，它是把与事故有关的工艺流程、电气、动力、管网、设备、设施的结构等用图形显示出来。

以上4种现场图，可根据不同的需要，采用比例图、示意图、平面图、立体图、剖面图的绘制方式来表现，也可根据需要绘制出分析图、结构图或构造图等。

C 现场绘图的基本步骤

a 全面观测现场

首先，绘图者要对现场进行全面观测，构思绘图。观测要仔细认真，要注意对现场较隐蔽、容易被忽视的情况的观测。对于物体或巷道的有关距离、位置的测定可选择前述测定方法进行。

b 选择种类

一般对事故而言，要全面反映事故现场情况，必须既要有位置图，又要有现场中心图，有时还要有专项图。而这三种图一般是平面图，必要时加画剖面图。平面图能准确反映有关客体的状态和位置，但直观效果差；立体图更直观，但表达的准确性不足。

c 画面构思

现场图绘制首先是能说明问题，要层次分明、重点突出；其次考虑美观、简洁。绘图者必须注意所选绘图应比例适当、内容剪裁正确、画面安排有序。就内容剪裁而言，应着重保留与事故有关的、参照价值大的物体，去掉那些可能造成画面冗杂的无关物体。画面安排应考虑人们的识图习惯，并将次要内容尽量压缩，以留出更大空间安排主要内容。

d 绘制草图

现场草图的绘制应注意以下几个要点：

(1) 选好基准点，测量事故点位置、物体位置等相对基准的距离等。

(2) 速写现场及主要物体轮廓。

(3) 记明有关数据，一般只记一个基数，同时记下物体长、宽、高，标注于描绘对象轮廓中。

(4) 定稿

草图经加工核对无误后，即可描上墨线。描墨时应注意保持画面清洁，一般顺序为：先上后下，先左后右，先细后粗，先曲线后直线。

事实上现场绘好草图核对无误后，即用电脑绘制正规现场图。

3.3.3.3 现场照相与摄像

A 现场照相

事故现场照相是现场勘察的重要组成部分，它是使用照相、摄像器材，按照现场勘察的规定及调查和审理工作的要求，拍摄事故现场与事故有关的人与物、遗留的痕迹、物证以及其他一些现象，真实准确、客观实际、完整全面、鲜明突出、系统连贯地表达现场全部状况的一种收集物证的方法。其主要目的是通过拍照的手段提供现场的画面，包括部件、环境及能帮助发现事故原因的物证等，证实和记录人员伤害和财产破坏的情况。特别是对于那些肉眼看不到的物证、现场调查时很难注意到的细节或证据、容易随时间逝去的证据及现场工作中需移动位置的物证，现场照相的手段更为重要。

一个事故，在其发生过程中总要触及某些物品，侵害某些客体，并在事故现场遗留下某些痕迹和物证。应通过现场照相把它们准确地拍照下来，使之成为现场记录的一部分，为研究事故性质、分析事故进程、进行现场实验提供资料，为技术检验、鉴定提供条件，为审理提供证据。所以现场照相是现场勘察工作中的重要组成部分和不可缺少的技术手段。

a 现场照相的内容和要求

现场照相应记录事故发生时间、空间及各自的特点，事故活动现场的客观情况，造成事故事实的客观条件和产生的结果，形成事故现场的个体的各种迹象。

（1）现场概貌照相，即拍照除了现场周围环境以外整个现场状况。它表达现场内部情景，即拍照事故现场内部的空间、地势、范围及事故全过程在现场上所触及的一切现象和物体。现场概貌照相反映事故现场内部各个物体之间的联系和特点，表明现场的全部状况和各个具体细节，说明现场的基本特征，使人们能对现场的范围、整个状况、特点等有一个比较完整的概念。

在进行现场概貌照相时，对现场的范围，现场内的物品、痕迹物证及痕迹物证的位置等要完整、系统、全面地反映出来，切忌杂乱无章地盲目乱拍。因此，拍摄现场概貌不是一张照片可以解决的，有时要拍摄较多的照片才行。

实践证明，在现场概貌照相中如果有遗漏，特别是与事故活动有关的物品没有拍照，就难以说明问题，给事故调查带来许多困难。在许多现场，对事故性质尚不明确时，切忌轻率地确定不拍哪些。因为现场上有些物品，在勘察和拍照阶段认为与案件有关或者无关，而事后证明恰恰相反。可见，只有客观系统地全面拍照，才能避免遗漏或者搞错。

（2）现场重点部位照相，是指拍摄与事故有关的现场重要地段，对证实事故情况有重要意义的现场和物体的状况、特点，以及现场上遗留的与事故有关的物证位置和物证与物证之间的特点等，以反映它们与现场及现场有关物体的关系。

由于不同的事故有不同的拍照重点，同类性质事故的拍照重点也不尽相同，所以拍照时，要根据事故的具体情况，确定现场的拍照重点。事故现场的重点部位都是现场勘察工作的主要目标，所以在拍照时不但要求质量高，而且数量也应比较多。一个现场，特别是复杂现场，有多处重点部位或重点物品，对它们都要一一拍照，而且在许多情况下还要采取不同角度拍照。现场重点部位拍照往往在整套现场照相中占有重要的位置和较多的数量。所以现场照相人员应当认真地拍好现场的每个重点部位或重点物品，使它能在事故调查中充分发挥应有的作用。

（3）现场细目照相是拍摄在现场上存在的具有检验鉴定价值和证据作用的各种痕迹、物证，以反映其形状、大小和特征。

由于细目照片多用于技术检验、鉴定工作，所以必须按照技术检验和鉴定工作的要求进行拍照。其基本的原则为：要准确地反映留在现场上的痕迹、物证的位置；必须保证所拍得的痕迹、物证影像不变形，即拍照时必须使被拍照的痕迹、物证与镜头、感光片二者平面保持平行；必须准确地体现被拍物体和痕迹的花纹大小、粗细、长短等特征；拍照现场上的痕迹、物证时，配光方向角度、影像的色调和样本材料相一致，才能为检验提供有利条件；痕迹、物证的特征必须保证清晰逼真。

b 现场照相的步骤

为避免拍照的盲目性，达到现场照相的预期目的，现场照相应按照次序有计划地一步步进行。

(1) 酝酿阶段。现场照相人员到达现场后，应先了解事故信息，对现场有个概括的了解，勾画出现场的轮廓。

(2) 主题的提炼阶段。即通过对现场的观察了解，确定表现现场的中心思想和本质特征。

(3) 选择题材阶段。即根据事故发生过程、手段、方法及重点部位和现场照片布局特点，确定拍照的范围和具体对象。

(4) 现场照片布局结构的确定阶段。主要是依据现场具体对象的特点和现场照片布局结构的要求，采取相应的表达形式，从而确定画面构图形式和拍摄位置。

(5) 在弄清上述情况的前提下，确定拍照现场的具体顺序和拍照方法。即制订出大体的拍照计划，使现场拍照有条不紊地进行。

为使现场不遭受人为的或者其他外界因素的影响和破坏，一般应是先拍原始的，后拍已移动的；先拍地面的，后拍高处的；先拍容易破坏的或容易消失的，后拍不容易破坏或消失的。

在多数情况下，首先拍摄整个原始现场的概貌，如果有几处现场时，应先拍中心现场，再分别拍照各个关联的现场，然后用一两个镜头把各个现场的位置反映出来。之后，应拍照比较明显的或已确定的现场重点部位、重点物品和遗留痕迹、物证的原始状况及其所在位置。对那些不明显的重点部位，要随着勘察工作的进展，及时发现及时拍照。最后根据现场勘察人员的要求，拍照在现场上发现的痕迹、物证。

c 现场照相的主要方法

(1) 单向拍照法：照相机镜头从某一方向对着事故现场进行拍照，该方法只能表现现场的某一个侧面，多用于拍照范围不大、比较简单的现场。

(2) 相向拍照法：照相机从相对的两个方向对现场中心部分进行拍照的方法，这也是在现场照相中应用比较广泛而且比较方便的一个方法，可用于进行现场方位、概貌、重点部位照相等。但应指出，相对的两个拍照点和被拍物体的中心，不一定在一条直线上，而应根据不同的现场情况，以能够表现出背景和中心物体附近的有关痕迹、物证为原则，灵活运用。

(3) 多向拍照法：以现场拍照主要对象为目标，从几个不向的方向对主要对象拍照，反映被拍照的主要对象及其前景、后景和背景，表现它们的状况、位置及其相互之间的关系。这种方法通常是从 4 个方向对主要对象进行拍照，类似两组相向拍照法。

多向拍照法应用范围类似于双向拍照法，而且可以更好地把现场方位、环境、状况和重点部位等反映出来。但应注意如下几点：一是要选择好拍摄张数及每张照片的拍照方位和距离；二是照相用光、拍照方法、冲洗工艺、照片色调、尺寸大小要尽可能一致；三是张贴照片时要注意其前后左右的位置，使之构成一个互相补充、相辅相成的整体。

(4) 直线分段连续拍照法：将照相机沿着被拍物体的平面开始移动分段拍照，然后把分段拍得的照片拼成一张完整的现场照片。这种拍照方法主要用于被拍对象在同一平面，如狭长地带。

（5）回转分段连续拍照法：将照相机固定在某点上，只改变角度，不改变相机位置，将现场分段连续进行拍照。这种拍照方法适用于现场范围较大，没有或不宜采用广角镜头，拍照点没有后退余地，在一张照片上很难把现场全部反映出来的情况。这种方法通常用于现状方位和现场概貌照相，现场重点部位照相则很少采用。

（6）测量拍照法：在被拍现场和物体的适当位置或痕迹的同一平面放上测量尺进行拍照。在现场照相中最常用的是厘米比例尺拍照法，这种照相方法常常用于固定现场上所发现的痕迹、物证、碎片以及伤痕等情况。

此外，还有利用物体本身的透光程度和在实物面存在痕迹的阻光程度来显示痕迹的透射拍照法，除去阴影的脱影照相法，利用物面和痕迹对光反射能力的差异来显示痕迹的反射拍照法及空中拍照法等。

B　现场摄像

现场摄像是运用现代录像技术，记录现场状况的一种科技手段。

a　现场地摄像的特点

运用摄像的方法记录事故现场，有其显著的特点。

（1）客观性：现场摄像能把现场所处的位置，现场与周围环境的关系，现场上各种物品位置状态颜色、变化情况以及遗留的各种痕迹物证客观地记录下来。

（2）形象性：现场摄像不仅能客观地记录现场的空间位置，现场上各种物品的形状、颜色，各种痕迹物证的种类、特征和尸体面貌等，而且这些记录直观、形象、逼真，使人看后能够对事故现场情况有更深刻的印象，产生身临其境之感。

（3）迅速性：现场摄像人员赴到现场后，可以在很短的时间内，通过摄像设备将现场上的一切情况拍摄下来，为事故调查工作提供客观的依据。

（4）连续性：通过推、拉、插、移、跟、平、仰、俯等拍摄方法，可将现场情况不间断地记录下来，反映更清楚、更具体、更明显。同时，也能记录现场勘察人员在现场勘察中的活动情况，为分析事故、检验勘察工作中的失误和漏洞提供原始记录。

b　现场摄像的步骤

现场摄像的步骤是指在拍摄现场的全过程中先拍什么，后拍什么。现场摄像的步骤如下：

首先，要了解事故的有关情况，弄清事故现场发生、发现的时间、地点、过程等情况。

其次，要通过观察和询问，弄清现场的环境特点、现场涉及的范围、现场内部状况及事故发生后现场的变动情况。具体内容包括哪些人进入过现场、到过什么地方，移动或者触及过什么物品，抢救伤员时使用过什么东西，伤亡人员的原始位置、姿态等。

再次，在弄清上述情况的前提下，确定拍摄工作的具体顺序和方法，可以参照现场照相的顺序和方法。如果现场范围较大，有几处现场时，应先拍摄主体现场，再分别拍摄各个关联现场。在各个关联现场拍摄完后，用一两个推摇摄镜头，将现场的各个位置反映出来，以表现整个现场的范围，说明主体现场与其他关联现场的关系。在拍摄现场概貌后，即拍摄比较明显的或者已经确定的现场重点部位的物品和遗留痕迹物证的原始状况及其所在的位置，对那些不明显的现场重点部位，要随着现场勘察工作的进展，及时发现，及时拍摄。当现场概貌和重点部位拍摄完后，其他勘察人员进入现场进行勘察时，可以利用这个机会选择适当的位置拍摄现场方位。

最后，根据现场勘察人员的要求，拍摄现场发现的痕迹物证。

上述顺序指在一般情况下而言，在实际拍摄中也有例外，有时为了及时弄清某些重要情节，及时开展调查工作，对某些痕迹物证要先拍摄。总之，现场摄像要根据不同现场的具体情况和现场勘察工作的实际需要，灵活进行拍摄。

c 现场摄像的方法

(1) 遥摄法：在拍摄过程中，摄像机的位置不变，只做角度上的变化。其方向可以从左至右、从右至左、从上至下或从下至上进行遥摄。遥摄法是现场录像中常用的一种方法，在拍摄现场方位时，一般都是采用拉镜头（即广角镜头）从左至右或从右至左进行拍摄。当镜头摇到中心现场时，可以适当地停歇数秒钟，再进行摇动，以便突出中心现场的位置，使人一看便一目了然。

拍摄中心现场时，根据实际情况，进入现场后，可以从左至右，也可以从右至左进行遥摄。有的现场需要从下至上，有的需要从上至下进行遥摄。通过遥摄，全面记录中心现场的全貌、现场各种物品与物品之间的位置关系。

(2) 变焦距拍摄法：不改变摄像机和被拍摄对象之间的距离而仅改变镜头的焦距，拍摄从远景到特写或者由特写到远景的各种画面的方法。如拍摄现场方位、概貌时，使用一个镜头一次性完成，可先将镜头拉到全景，然后通过推摄，使现场所处的位置由远景逐渐变成全景，并突出表现在画面上；也可先将现场推到全景，拍摄现场概貌，然后慢慢地拉摄，使现场由全景到远景。现场上的细微痕迹物证，也常常采用变焦距的方法来拍摄，也可以光用特写进行拍摄，通过变焦，逐渐到近景、中景或全景。

(3) 移动拍摄法：摄像机沿水平方向移动进行拍摄的方法。移动拍摄法分为遥移、跟移、纵移和横移 4 种方法。

摇移就是边移动摄像机的位置边左右或上下摇动地进行拍摄。这种方法在拍摄中比较灵活，可根据现场环境的变化而改变拍摄的方法，以全面完整地反映现场状况。

跟移就是沿着一定的路线移动摄像机进行跟踪拍摄。通过跟移，使其空间位置更加紧密，用一个镜头就能全面、客观、真实地反映两者间的距离及其周围的环境。

横移就是摄像机沿着现场将被拍摄物朝一定方向进行平行运动拍摄。这种方法是拍摄场面较长的现场和需要反映现场物体多侧面时常用的一种拍摄方法。

纵移就是摄像机沿着现场将被拍摄物呈上下运动方式进行拍摄。这种方法主要用于拍摄现场上的呈纵向分布的痕迹物证。

(4) 固定拍摄法：在既不改变摄像机与被拍摄客体的位置关系，也不变焦距的情况下进行拍摄的一种方法。这是拍摄现场概貌、中心部位和现场上痕迹物证常用的一种方法。

d 现场摄像的编辑

现场摄像的编辑就是将现场上拍摄的各个分镜头，按照一定的顺序进行组合，配以文字说明或解说词，使其成为一部完整的现场摄像片的过程。

现场摄像编辑包括现场画面的编辑、编写解说词和配音三部分。

(1) 现场画面的编辑：不同事故发生的时间、地点、环境不同，拍摄的内容、范围、顺序和方法也有所不同。在实际拍摄中，有时能够按既定的拍摄顺序进行，但有时因现场勘察工作的需要，拍摄的顺序就只能按现场勘察的顺序进行。有时中心现场还没有拍完，又需要去拍摄关联现场或者去拍摄容易破坏的痕迹物证，这样拍摄的镜头画面上下之间衔接不起来，会呈现杂乱无章的现象，只有通过剪辑，按照一定的顺序进行重新组合，才能使摄制的录像具有条理性。

现场摄像一般按照方位、概貌、中心、细目摄像的顺序进行编辑，也可以按照生产作业人员在现场上的活动顺序进行编辑。编辑时，画面的选择要本着全面、客观、真实、系统地反映现场真实情况的原则来确定，切不可只求艺术效果而选择效果好的镜头，舍去效果差的镜头。各镜头的长短，要根据其反映的具体内容而定，同时也要考虑配解说词所需的时间。

（2）解说词：根据事故调查和现场镜头面面的需要，运用文字或语言的形式对事故情况进行简要的介绍，对现场画面进行必要的解释和说明。解说词有助于详细叙述案情，揭示镜头画面的内涵，在两组或两组以上的镜头间起承上启下的作用，使现场摄像结构更加紧密，条理更加清楚，逻辑性更强，让人一目了然。

解说词要根据现场摄像内容而定，紧紧围绕现场这个主题，根据两组镜头和单个镜头画面的需要来编写。其内容包括简要案情，如事故发生的时间、地点及经过等。编写的解说词要层次清楚、叙事准确、文字简练，解说词的长短应视画面的长短而定。

（3）配音：现场摄像配音就是在现场摄像画面上配上解说词。在制作介绍案情的字幕时，各画面上的解说词要与画面一致，解说词的速度要与字幕上的速度一致，以免影响现场摄像的效果。

3.3.4 事故证据收集的时间确定

结束收集证据的时间是根据事故的复杂程度而变化的。证据收集应该持续到有足够的信息足以证明事故中时间事件的发生顺序、确定起因和制定整改方案为止。许多事故中，似乎永远也不能确定是否能够找到事实与真相，但是在一定的时候，必须停止收集证据，开始着手事故分析并确定整改方案。

大多数事故调查中，证据收集持续到确定了事故事件发生的时间顺序为止。分析技术常用于确定起因和整改方案。然而，如果发现仍需要其他的证据，必要的时候还应该重新收集和补充证据。

对一些小事故和险情，全部收集到的证据可以写在事故调查表格中。这份表格常用于记录目击者陈述、证据收集、面谈结果、记录的事实、事故原因和整改方案等内容。

3.4 事故调查基本方法

3.4.1 基于原因结果模型的调查方法

3.4.1.1 根本原因分析

A 基本概念

根本原因分析（root cause analysis，RCA）是一项结构化、系统化的问题处理过程，它不仅关注问题的表征，而且通过确定和分析问题原因，找出解决问题的办法，并制定问题预防措施。其运用事故核心分析技术，通过不断问询为什么的方式找出事故原因，主要目标是解决5W（what，when，where，who，how）的问题，用于鉴别事故原因和管理水平，是寻找系统安全管理缺陷的有效工具。

B　目的

根本原因分析法的目标是找出：

(1) 问题（发生了什么）；

(2) 原因（为什么发生）；

(3) 措施（什么办法能够阻止问题再次发生）。

所谓根本原因，就是导致我们所关注的问题发生的最基本的原因。因为引起问题的原因通常有很多，物理条件、人为因素、系统行为、或者流程因素，等等，通过科学分析，有可能发现不止一个根源性原因。

C　分析步骤

根本原因分析法最常见的一项内容是：提问为什么会发生当前情况，并对可能的答案进行记录。然后，再逐一对每个答案问一个为什么，并记录下原因。根本原因分析法的目的就是要努力找出问题的作用因素，并对所有的原因进行分析。这种方法通过反复问一个为什么，能够把问题逐渐引向深入，直到发现根本原因。

找到根本原因后，就要进行下一个步骤：评估改变根本原因的最佳方法，从而从根本上解决问题。这是另一个独立的过程，一般被称为改正和预防。当在寻找根本原因的时候，必须要记住对每一个业已找出的原因也要进行评估，给出改正的办法，因为这样做也将有助于整体改善和提高。

根本原因分析作为一个一般性的术语，存在着一系列不尽相同的结构化的具体方法，用于解决具体的组织问题。

3.4.1.2　系统原因分析技术

A　基本概念及模式

系统原因分析技术（systematic cause analysis technique，SCAT）采用检查表的形式，对调查中涉及的所有方面进行分析。检查表包括五个单元：第一是对事件的描述；第二是可能导致事故的常见关联分类；第三是常见直接原因；第四是常见基本原因；第五是损失控制图中的重要活动。其模式如图3-4所示。

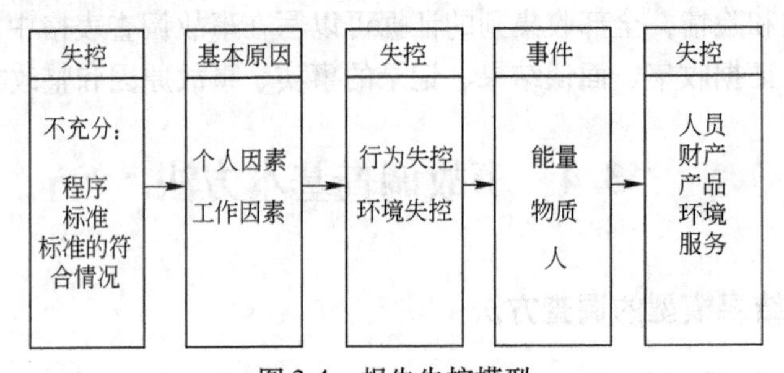

图3-4　损失失控模型

B　优缺点

(1) 该方法只需找出原因，不需要解决方案，较容易使用。

(2) 主要用于确定问题，较少提供解决建议，即仅检验系统存在与否，而无法检验其运作是否正常。

3.4.2 基于过程模型的调查方法

3.4.2.1 事件时间序列图

事件时间序列图（sequential timed events plotting，STEP）是按照事件发生的先后时间次序，根据过程模型的多线性次序系统提出事故调查过程及事故发展过程的观点，并以模块形式描述复杂的、多线性的事故过程。

STEP 模型分别以非期望的变动和损失作为开端和结束，构建所有与意外事件有关的人员时间表，强调人与人之间的互动关系。将事件与每个执行者按时间顺序横向排列，用箭头指向描述事件的次序，并将提出安全建议及其后续工作纳入事故调查中。

STEP 有四大主要特点：

（1）调查事故不是简单的线性时间关系，而是可能有好几种事件会同时发生。

（2）用每一个事件数据模块描述一个事件，从而构成一个工作清单。

（3）箭头流向代表事件的逻辑发展过程。

（4）事故的产生和发展过程都包含执行者和执行动作两个内容，是相似的。因此调查事故时可采用类似的事故调查程序，并且要求调查分析方法一旦被掌握后能重复运用。这样就具有良好的可靠性及有效性，有助于识别安全状况及提出安全建议，易于使用。

3.4.2.2 事件与原因因素图表分析法

事件与原因因素图表分析法（events and causal factors charting and analysis，ECFC/ECFA）是以检查表的形式，通过对事故发生证据的整理和组织表示事故中各个事件发生的次序，描述事故发生的诱发环境和必要条件，从而鉴别导致事故发生的管理以及技术方面因素的一种事故调查的图表分析方法。

在图表中，以矩形和椭圆来表示事故中的事件和环境，分析过程如图 3-5 所示。

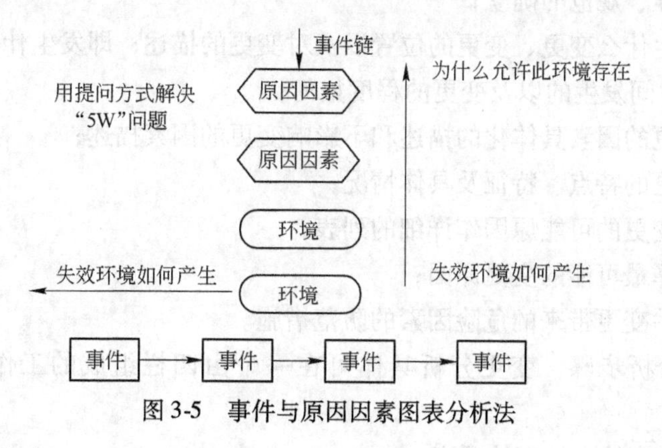

图 3-5 事件与原因因素图表分析法

其中事件次序包括：

基本事件次序，在表中按发生的时间先后从左到右水平排列；

次生事件次序，对事故调查有积极意义的因素添加在基本事件次序的合适地方；

环境影响因素，标注在基本事件和次生事件上或下的对事件有消极影响的因素（非事件本身）。

图中所示的过程是找出事故原因关键的第一步，但是最终事故的事件和环境影响因素由于事件和偶然因素不在序列中研究，因此还需要利用演绎法最终确定。

ECFC 分析方法的优点是：

（1）图形对数据描述清晰，事件顺序一目了然；

（2）调查过程平稳，便于识别多种原因及诱发条件，鉴别信息缺陷，但需预先设置假设条件；

（3）将事故的系列按时间顺序排列以图形的形式表示出来，能够预防不准确结论，揭示逻辑缺陷，可用于对事故的分析和调查证据的评估，检验调查目的是否达成；

（4）通过清晰地图表推理展现组织和人的关系，深刻、准确、客观，使调查过程和调查报告更加有效；

（5）ECFC 能保证调查的客观性要求。ECFC 经常作为一种独立的分析技术单独使用，但与其他的方法如 FTA，MORT，BA，CA 等结合使用时更加有效。

3.4.2.3 变更分析法

变更分析法（change analysis，CA）是将导致事故的事件或状态顺序与类似的无事故的事件或状态顺序进行比较。变更分析的主要观点是，运行系统中与能量和失误相应的变化是事故发生的根本原因，没有变化就没有事故，人们能感觉到变化的存在，也能采用一些基本的反馈方法来探测哪些有可能引起事故的变化。

变更分析的基本方法是：以现有的、已知的系统为基础，研究所有计划中和实际存在的变化的性质，分析每个变化单独或者和若干个变化共同对系统产生的影响，并据此提出相对应的防止不良变化的措施。

A 变更分析方法应遵循的步骤

（1）确定问题，即发生了什么；

（2）相关标准、规范的确立；

（3）辨明发生什么变更、变更的位置以及对变更的描述；即发生什么变更、在哪儿发生的变更、什么时间发生的以及变更的程度如何；

（4）影响变更的因素具体化的描述和不影响变更的因素描述；

（5）辨明变更的特点、特征及具体情况；

（6）对发生变更的可能原因作详细的列表；

（7）从中选择最可能的变更原因；

（8）找出相关变更带来的危险因素的防范措施。

按照上述的分析步骤，变更分析具体可在一个由四栏组成的工作表中进行（见表 3-5）。

第 1 栏：写出事故中的事件顺序；

第 2 栏：写出可比较的无事故事件顺序；

第 3 栏：注明第一和第二栏中的事件之间的区别或变化；

第 4 栏：分析第三栏中的区别和变化，确定是如何影响结果的。

表 3-5 变更分析工作表

事故顺序	比较顺序	区 别	分 析
1	1	1	1
2	2	2	2
事故中事件和状态顺序的描述	无事故状态的可比较顺序的描述	识别每个步骤的事故顺序和比较顺序的区别	分析区别，描述这些区别如何影响事故

B 变更分析的顺序

基本的变更分析顺序如图 3-6 所示。

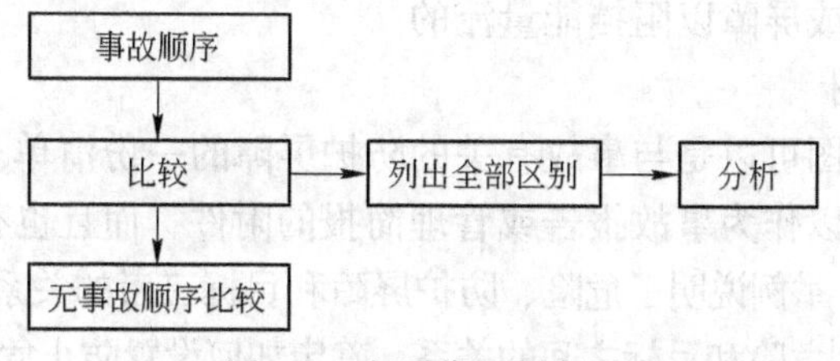

图 3-6 变更分析顺序图

C 变更的类型

变更的类型很多，常见的变更有以下几种：

（1）时间变更：这是指某些过程，如化学反应因超时或少时可能产生的变化。

（2）人的变更：这种变化包括许多方面，但主要影响人从事工作的能力。

（3）技术变更：新设备、新工艺的引进，特别是那些复杂或危险性大的工艺、设备、产品、原材料等引起的变化。

（4）社会变更：主要指那些与人紧密相关的变化。

（5）组织机构变更：由于人员调动、机构改变引起的变化。

（6）操作参数变更：在生产过程、操作方式、管理程序等方面的变化。

D 变更的基本性质

变更有两个最基本的性质：一是一旦发生变更，绝大多数情况下将不断发展，不可能恢复到原来的状态；二是变更所产生的影响随时间呈指数变化。这也说明只有在变更的早期阶段采取措施，才能尽可能地减少不良变更造成的损失。

变更—失误—事故是变更导致事故的过程，但并非所有的变更都能导致事故。而且由于事故的偶然性，即使有不良变更发生，人也会产生失误，大多数情况不会导致事故的发生。根据变更分析的观点，对变更的测定和分析，其最终目的是防止变更产生的不良影响，截断变更—失误—事故的过程，即是控制变更、防止事故的反变更方法。反变更的形式很多，包括调整生产工艺、工作日程，改变工作次序，用某种能源、工艺、方法等取代现有的条件，改变物体或设备的颜色、形状、声音、气味和照明等。其主要目的就是使人们更好地发现、判断、控制和防止变更产生的不良影响，并利用变更消除事故隐患，实现安全生产。

3.4.3 基于能量模型的调查方法

3.4.3.1 防护屏障分析法

防护屏障分析（barrier analysis，BA）的目的是识别和分析与事故有关的安全屏障或保护措施。

防护屏障分析的类型有多种。目前大多数事故调查人员普遍采用危险—防护—屏障—目标分析方法，这种分析方法考虑潜在的危险和潜在的伤害目标，评估防护屏障或其他安全措施的正确性。除此以外，还有多种类似的分析技术，如能量跟踪和防护屏障分析及防护控制分析等都侧重于对危害及其控制措施的分析。

A 防护屏障分析的工具

防护屏障分析应用的工具是分析图和分析表，两者都是用来图解说明事故和需要设置或增加的安全防护措施或屏障以阻挡能量流的。

a 防护屏障分析图

防护屏障分析摘要图可以是与事故有关的防护屏障的一份清单。这份清单可以摘自完整的工作表，摘要图可以作为事故报告或管理简报的附件，而且也有助于制定整改方案。

防护屏障分析图 3-7 举例说明了危险、防护屏障和目标三者的关系。分析图可以简单地理解为：调查人员通过识别危险和目标之间的关系，确定如何设置防止危险伤害到目标的屏障。

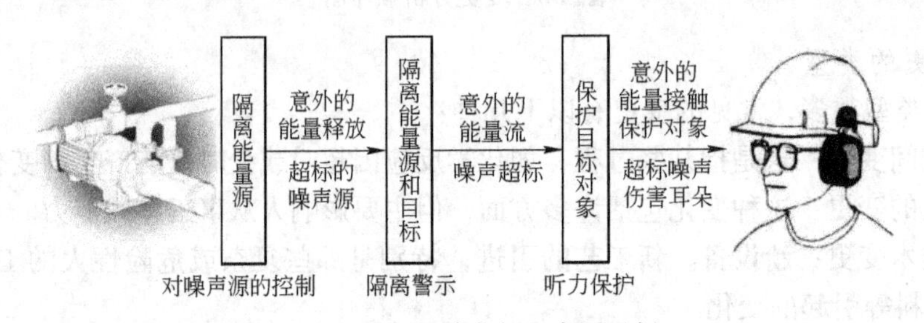

图 3-7 防护屏障分析程序图示例

b 防护屏障分析表

防护屏障分析表常用于描述每个防护屏障的目的和评估每个防护屏障的效果。表 3-6 是防护屏障分析表的具体形式。

第 1 列：举例列出防护屏障。可以按分类（失效无用、不存在）或者类别（工程类或管理类）进行列表。

第 2 列：描述每个防护屏障设计的功能。

第 3 列：评估防护屏障的效果。每个防护屏障都有它的设计目的以保护某一对象。

表 3-6 防护屏障分析表

防护措施	防护目标	防护效果
1	1	1
2	2	2
列出所有防护措施	记录每项措施的保护对象	分析每个防护措施或屏障效果。集中在防护措施对事故或事故顺序的作用上

B　防护屏障分析步骤

进行防护屏障分析的第一步是识别危险和目标；第二步要识别或讨论防护的三种类型：无效的防护、未使用的防护和不存在（缺失）的防护，见表3-7。

表3-7　防护分类

失效的防护	事故发生时，在适当的位置实施了防护，但是并未防止事故的发生
未使用的防护	防护措施或设施是有用的，但员工未选择使用
不存在的防护	事故发生时，没有实施防护

只有找到所有涉及事故的防护屏障（措施或设施），才能说完成防护屏障分析中的“分析”部分。

C　防护屏障分析方法

防护屏障分析（表3－8）通常采用集体讨论（或称头脑风暴）方法进行。

表3-8　防护屏障讨论

<table>
<tr><td>失效的防护屏障
1
2
3
＊讨论使用过但失效的防护屏障，再次进行记录列出</td><td>备注：
头脑风暴讨论的关键是努力找出失效的、用过的或不存在的安全防护。不要关心是否确定了防护屏障属于哪个分类</td></tr>
<tr><td>未使用的防护屏障
1
2
3
＊讨论未使用的防护屏障，在此进行记录列出</td><td rowspan="2">备注：
未使用的防护屏障和不存在的防护屏障这两个分类的区别是“未使用过的防护”可用但未使用过，“不存在的防护”不可用</td></tr>
<tr><td>不存在的防护屏障
1
2
3
＊讨论不存在的防护屏障，在此进行记录列出</td></tr>
</table>

在每次事故调查中，很难找出所有的屏障分类和类别，然而，对所有的类型和分类进行讨论确实非常有用。这种类型的分析图不仅对发现和分析事实非常有用，而且对识别整改方案同样非常有帮助。分析图和分析表的最后一列，是关于防止事故再次发生的措施。

完成对所有的防护屏障的讨论后，就可以对防护屏障进行归类，将工程防护屏障和管理防护屏障分开，这对制定相应的工程和管理整改方案非常有用。通常由于设计问题而导致失效的工程防护屏障，可以通过工程师或维护部门进行整改；而由于管理系统问题导致的管理防护屏障失效，则必须由管理层进行修订。

3.4.3.2　事故演化与屏障功能模型

事故演化与屏障功能模型（accident evolution and barrier function，AEB）是将防护屏

障分析方法进行改进后的一种事故调查分析方法。目的是找出失效屏障并分析其失效原因以及提出相应的改进措施。

对失效屏障进行分析包括两大阶段：

(1) 建立合适的事故模型；

(2) 屏障分析，研究失效屏障功能破坏的原因并提出改进的意见和建议。

该方法较防护屏障分析法优越的地方在于考虑了事故发生的时间因素，更具动态性。

本章小结

本章在对事故调查定义、对象、类型及调查目的进行介绍的基础上，阐述了事故和未遂事故调查的基本程序以及事故调查的三个阶段，尤其对勘察阶段做了详细介绍，据此可看出勘察阶段在事故调查流程中的重要性。此外，本章还对事故证据的收集与整理的内容进行了详细说明，包括事故证据的分类以及事故证据中物证、人证、文件、照片的“4P”证据收集的过程和方法，对事故证据收集时间的确定做了简要说明。本章最后介绍了事故调查的各类方法，包括基于原因模型的调查方法、基于过程模型的调查方法、基于能量模型的调查方法，并选取各个方法中典型的模型方法进行了重点说明。

习题和思考题

3-1 事故调查的对象有哪些？

3-2 事故调查分为哪些类型？

3-3 事故调查的基本程序是什么？

3-4 未遂事故调查的基本程序是什么？

3-5 事故调查具体分为哪几个阶段？

3-6 简述事故调查的目的。

3-7 事故证据分为哪几类？

3-8 事故证据收集时间如何确定？

3-9 简述事故调查分析的基本方法及其各自适用范围。

4 事故原因分析与事故损失计算

本章学习要点：

（1）熟悉并掌握事故原因的定义、分类及事故模型。

（2）掌握事故原因调查的注意事项、步骤及事故原因调查的内容。

（3）掌握事故树分析法、事件树分析法、危险性与可操作性分析法、海因里希分析法、日本使用的分析方法等事故原因分析方法，比较各种分析方法的实施步骤及内容，熟悉和总结各种原因分析方法的优缺点。

（4）掌握爆炸、火灾、中毒、泄漏的事故后果分析方法。

（5）明确伤亡事故经济损失的统计范围，掌握伤亡事故经济损失的计算方法。

4.1 事故原因概述

4.1.1 事故原因的定义

事故原因（或起因）就是导致事故的一次事件或环境状态。事故原因包括系统原因、基本原因、直接原因、间接原因、低层次原因及高层次原因。一起事故的原因将回答这样的问题——发生了什么。一旦经过分析过程确定事故原因后，就要制定整改方案，避免类似的事故再次发生。

4.1.2 事故原因的分类

4.1.2.1 按事故的起因分类

事故原因是诱发事故的一个事件或状态。引发事故的原因是错综复杂、多层次的，主要可概括为以下三方面：

（1）劳动过程中设备、设施和环境等因素是导致事故的重要原因。这些因素主要包括生产环境的优劣、生产设备的状态、生产工艺是否合理、原材料的毒害程度等。这些是硬件方面的原因，也是比较直接的原因。

（2）安全生产管理方面的因素是导致事故的主要原因。主要包括安全生产规章制度是否完善、安全生产责任制是否落实、安全生产组织机构开展的工作是否有效、安全生产宣传教育是否到位、安全防护装置的保养状况是否良好、安全警告标示是否齐全等。

（3）事故肇事人的状况是导致事故的直接因素。主要包括其操作水平的熟练程度、精神状态是否良好、是否违反操作规程、经验是否丰富等。人为因素是导致事故原因中非常重要的因素，也是导致事故发展的关键原因。

4.1.2.2　按对事故所起的作用分类

按对事故所起作用来看，事故的原因分为主要原因和次要原因。主要原因是指对事故的发生、发展、变化有很大的作用，是导致事故的根本因素，如果没有这个因素，事故发生的概率将大大下降；次要原因是指对事故的影响有限，不能改变事故的发生、发展和变化趋势，但可以加快或延缓事故发生的变化趋势。

4.1.2.3　按事故的显现程度分类

按事故的显现程度，事故原因可分为直接原因和间接原因。事故的间接原因是指隐藏起来的，但却对事故的发生有着不同程度影响的因素。事故是由直接原因产生的，直接原因又是由间接原因引起的。换句话讲，事故最初就存在着间接原因，由于间接原因的存在而产生了直接原因，然后通过某种触发的加害物而引起了事故的发生。

一般来说，事故的直接原因包括人的不安全行为、物的不安全状态。其中人的不安全行为主要是由于操作人员的失误导致的错误，主要包括疲劳作业和人为差错；物的不安全状态是由于机器、设备以及外界环境的影响而导致事故发生。

4.1.3　事故原因模型

专家学者已经从不同的角度提出许多模型，试图描述事故的原因。事故原因的模型提出除了描述导致事故发生的即时原因的有关事件外，还扩展到人为因素的作用。而且模型还倾向于将与对事故有关的更为广泛的一些附加因素包括在内。图 4-1 表示了事故原因模型。

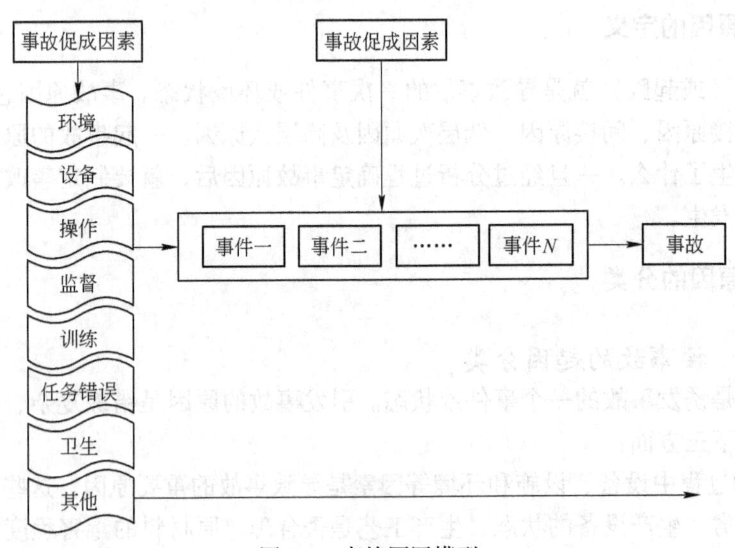

图 4-1　事故原因模型

4.1.4　事故原因的调查

事故原因调查是事故分析的重要组成部分，通过事故调查，能够确定事故发生的原因（包括直接原因和间接原因），为事故分析、制定对策措施提供必要的基础资料。

由于不同的事故，其类别及人员受伤、设备物质受损情况各不相同，其发生的原因也千差万别，因此执行适宜的事故原因调查程序是非常重要的。

4.1.4.1 事故原因调查注意事项

为了有效地进行事故原因调查，应注意如下问题：

（1）事故调查的时机。当事故发生后，要尽快进入调查程序，要在趁事故发生后的现场状况尚未改变前尽快进行，这样才能保证调查的可靠、有效。

（2）调查组的人员组成。调查组应由两名以上人员组成，从事调查工作的人员应以与事故有关的生产线的管理者、监督者及作业人员为中心，安全管理者、卫生管理者这些专职人员也应参加。如果需要的话，还应要求安全生产委员会的委员、车间安全员、工会干部、劳动卫生管理员参加。如果需要专业学科的理论判断时，要借助有经验的学者的力量，实务方面的工作可依靠劳动安全顾问或劳动卫生顾问。调查组的成员应具备以下条件：

1）现场管理、监督者对现场的人与物的关系非常熟悉。

2）安全卫生专职人员对企业的安全卫生方针和现场的关系最了解，会广泛积极地在企业内对管理缺陷这一事故原因实施防止事故发生的措施。

3）安全生产委员会的委员对事故状况可做出公正的判断。

4）车间的安全员、劳动卫生管理员能够抓住车间特有的事故原因。

5）工会干部能从工会的立场出发去努力抓住事故的真正原因，并且为防止事故的再发生广泛地向工会会员作宣传。

（3）要尽量听取受伤者、目击者、现场负责人、设备检修负责人的情况介绍。

（4）调查内容及方法：

1）为了尽量客观、详细地把握作业开始到事故发生的全过程，要用文字记录以下事项，如果需要的话，还要同时使用录音机、录像机进行录制。

2）对事故现场的状况除了摄影、绘制示意图以外，还要根据需要进行测量、测定、检查等工作。

3）被认为与事故有关的物件，在事故原因确定之前要保管好，必要的话要进行取样分析。

4）调查人员要站在公正的立场上做出正确的判断，对有关人员不能采用高压手段，而要热情相待，特别要注意不能持追究责任的态度。

5）要把调查的重点放在弄清引起事故的原因上，尽量避免对多余项目的调查。

6）除了事故当天的状况外，还要搜集平时车间的习惯、未遂事故、故障、异常事态的征兆和发生状况等方面的信息。

7）除了与事故有直接关系的不安全状态、不安全行为外，对管理、监督者的管理状况和管理上存在的缺陷也要调查。

8）当发生二次事故时，必要的话，要对事故发生时采取的措施的内容和妥当性也进行调查。

9）在调查结果的基础上，要从人、物、管理方面入手，分析研究事故因素，努力查清真正的事故原因。

调查时，要把受伤者、目击者的猜测、判断或心理状态等和事实区别开来，前者只能作为参考。

4.1.4.2 事故原因调查步骤

事故原因调查的步骤一般分为三个过程，如图4-2所示。

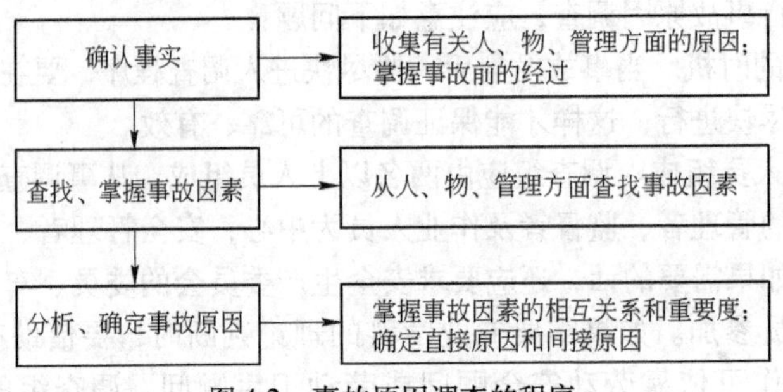

图4-2 事故原因调查的程序

第一个过程：确认事实。

按图4-3所示的程序确认事实，可按人、物、管理、事故发生前的经过这一顺序进行。

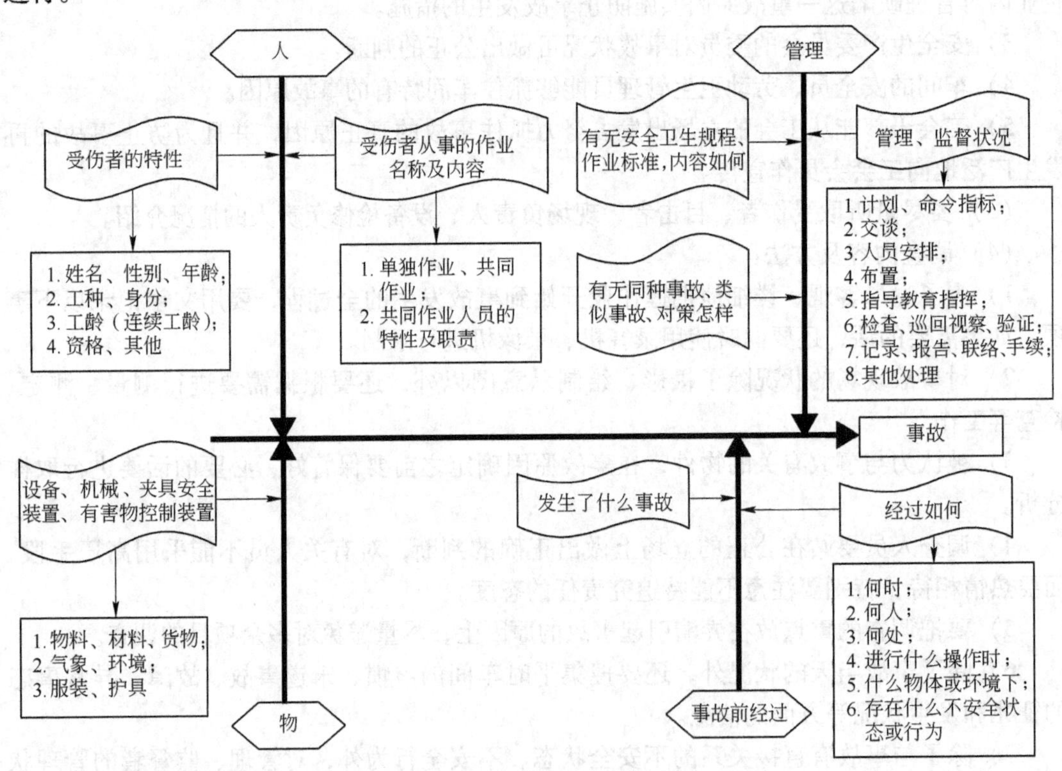

图4-3 确认事故的程序

在确认事实阶段，其调查项目有以下几项。

A 人的方面

（1）受伤者的特性。

（2）受伤者所从事作业的名称和内容、查清受伤者承担的作业任务和责任。

（3）查清是单独作业还是共同作业。如果是共同作业，要调查包括受伤者在内共有几个人作业。

(4) 共同作业者等的特性和任务。共同作业者等的“等”当中，如果车间所属的作业者是加害者时，该人包括在内。“任务”中包括共同作业者进行的作业的名称、内容和职责。

B 物的方面

a 服装、护具

要根据服装及护具的特性，对下列项目进行检查：

(1) 服装是否是规定的服装；

(2) 是否穿了规定以外的鞋；

(3) 护具的选择是否正确；

(4) 护具的使用是否正确；

(5) 护具的性能是否良好；

(6) 是否戴了禁止使用的手套。

b 气象、环境

(1) 气象方面要查清天气、温度、湿度、风速等。

(2) 环境方面除了查清室内外的区别、工作地面、通路、道路、山坡、河川、水池的状况以外，还要研究环境条件。例如温湿条件、照明、噪声；异常气压、通风、有害气体；粉尘、蒸气、缺氧等。

(3) 查清工作场所和通路的整理整顿及清洁状况的保持是否良好，特别要注意物体的放置方法、工作场所及道路有无缺陷。

c 物质、材料、货物

要对使用或加工的危险物、有害物、材料、货物等进行研究。

(1) 危险物是指爆炸物、易燃物、可燃物、可燃气体等。有害物是指有害气体、蒸气、粉尘及放射线等。对危险物、有害物要查清其名称、质量、数量、相位、物性及容许浓度等。

(2) 材料是指还没有安装在机械装置、临时设施、建筑物、构造物等上面的呈材料单体状态的物体。要查清是否是规格、规定、标准外的材料，材料有无损伤、变质。

(3) 货物仅限于打包成特定货物形态的物体，在搬运中其特性难以把握。要查清货物包装好坏及重量的表示等。

d 设备、机械、夹具、安全装置等

可按下列分类检查有无不安全状态：

(1) 动力机械。

(2) 提升装置、搬运机械、车辆建筑机械。

(3) 其他装置，指除上述机械装置以外的装置。如压力容器、化学设备、焊接装置、炉窑、电工设备、人力机械、工具、夹具、安全装置、有害物控制装置等。

对以上三类机械装置，除了查清它们的结构、强度、功能上有无缺陷和有无防护设施外，还要查清其物理和化学危险性、有害性，尤其要查清有没有装安全装置、有害物控制装置及其结构和功能上有无缺陷。

(4) 临时设施、建筑物、构筑物。不论内外，凡在特定场所中用各种构件组装的都包括在内，也包括建造中的或解体中的物体。当它们在工作场所使用时，要查清坠落、滚落、摔倒的危险性及它们本身的崩溃、倒塌或飞溅的危险性。

C 管理方面

a 有无安全卫生管理规程、作业标准，其内容如何

要查清有没有发生事故时的作业安全卫生管理规程和作业标准及内容；查清“事故发生前的经过”中，管理、监督者是怎样要求作业者遵守规程标准的。如果没有发生事故时的作业规程、作业标准或规程标准不完全，要查清“管理、监督状况”中，管理、监督者采取了什么措施。

b 有没有同种事故或类似事故，对策的内容如何

查清过去有没有与这次事故相同或类似的事故发生，当时采取了什么防止事故的措施，在下面的“管理、监督状况”中说明管理、监督者是怎样落实该对策的。

c 管理、监督状况

从与管理监督者的责任、职务、权限的关系出发，查清对计划、命令指示、交谈、分配、安排、指导、教育、指挥、检查、巡视、验证、记录报告、联络传达手续等的管理监督状况。重点要放在事故发生日上，但对平时的管理监督状况也要查清。例如要检查平时对员工的不安全行为是否忽视了，对员工就设备危险性、有害性提出的报告、提案是否采取了措施等。

（1）计划、命令、指示。查清管理监督者制订了什么生产计划、作业计划，向员工下达了什么命令，对防止事故作了什么指示，特别要检查为了防止事故发生，监督者不在时是否指定了代理人或共同作业的指挥人，是否对信号、联络方法作了指示，是否讲清了上高或下低作业的禁止措施。

（2）交谈。要了解作业前的班前会、作业中的交谈内容，特别对非固定作业等没有制定作业标准的作业，要调查在作业开始前是否谈论了确定作业方法、顺序、安排、信号、联络等应注意的问题，查清当时的状况。

（3）分配（人员分配）。是否考虑了工作内容和员工的适应性、能力来配备人员、安排作业，对必须由具备法定资格或公司资格的工人从事的作业是否分派了有资格者承担，人数是否合适。对这些情况要从质的和量的两方面查清。

（4）安排。查清根据作业的特性，作业需要的原材料、设备、夹具、护具等在数量上是怎样准备、配备的，怎样采取禁止进入的措施的，标志等是怎样设置的。

（5）指导、教育、指挥。查清对作业所需的知识、技能和态度的指导、教育状况及对应直接指挥的重要作业是否进行了指挥。

（6）检查、巡视、验证。调查对原材料、设备、机械、夹具、护具和环境进行安全卫生检查的状况，对为监视作业行动而进行巡视的状况，及对在检查巡视结果的基础上进行的改进、进行验证及是否按照命令、指示去作业了进行验证的情况。

（7）记录、报告、联络、传达、手续。查清对重要事项的记录、向上级的报告、向有关方面的联络和传达、规定的手续的状况及来自部下的报告内容。

（8）其他。除了上述各项外，还要查清作为管理监督者应采取的必要措施的状况，例如对向上级提出的或来自下面的意见、提案、要求或人际关系、健康管理的处理或考虑。

第二个过程：查找、掌握事故因素。

“事故因素”是指不安全状态、不安全行为及管理方面的缺陷中，决定事故发生的因

素。对前一阶段掌握的和事故有关的事实，要根据预先明确规定的判断标准来确定哪里存在缺陷，并把它作为事故因素。

第三个过程：确定事故原因。

认真研究已掌握的事故因素的相互关系和重要程度之后，确定直接原因和间接原因。发生灾害事故时进行的原因分析有各种目的，有的为了防止再发生类似事故，有的为了寻找防护措施，有的为了查明是否有违法的行为，这就要根据调查者的立场而定。在原因分析的结果汇总阶段，从表面上来看可能有完全不同的情况。但无论是什么情况，都要查清事故的发生经过，确定原因的真相。

4.1.4.3 事故原因信息收集的注意事项

在进行事故原因信息的收集时，必须把握安全信息的基本特点。安全信息一般有三个基本特点：

（1）根据信息管理能量。事故是由能量作用于人体而发生的，使用安全信息对能量进行管理和控制是系统安全管理的重要内容，因此是事故信息收集的重要内容。

（2）生产第一线的信息是安全信息的核心。因为危险源是生产第一线的单元作业，大多数事故发生在生产现场，要利用信息来管理能量，防止由于能量转移而造成事故；并且主要的安全信息也是在劳动现场，在生产第一线才能获得。所以生产现场的安全信息称为一次信息。虽然有关安全生产的方针政策、法令、国家标准、安全规程以及各种工程技术、企业管理等的文献及其中的数据，安全教育培训用的图书资料、事故统计分析报告，国内外安全生产的文明创造、经验总结以及国际劳工组织的标准、协议等都是安全信息，但这些与生产第一线的安全信息不同，称为二次安全信息。当然也有介于一、二次安全信息之间的另类安全信息。

（3）现代安全管理是以安全信息为中心，在计划、实施、工程竣工等系统各环节之间，用系统安全分析、系统安全评价方法建立起来的能预防、预测、预警、预评价的新的安全管理体制。应从计划、实施、结果检查等步骤中经常吸收安全信息，尽可能把握住生产现场和企业管理的实际状况。但是吸收信息量的大小是有弹性的，这取决于个人的知识水平和组织的管理能力，为此，设置出一个安全信息系统是非常必要的。分析和评价工作在系统安全中占有重要位置。在这一新体制中，分析和评价相当于各个阶段、各类问题的研究结论以及对关键安全问题的确认。

安全一次信息来源于生产现场，指与发生事故有关的某种生产活动的全部信息。安全信息寓于生产之中，是组织系统的信息流，流动于经营者、管理者、检查者及生产者之间。

人在进行各种生产活动时，安全信息流也在不断地有序流动。如果发生安全信息流紊乱，意外事件就可能发生。因此，在进行事故分析时，安全信息是至关重要的。

4.2 事故原因分析方法

4.2.1 事故树分析法

故障树分析法（fault tree analysis，FTA），也称事故树分析法，是对既定的生产系统或作业活动中可能出现的事故条件及可能导致的灾害后果，按工艺流程、先后次序和因果关系绘制程序方框图，表示导致灾害、伤害事故的各种因素之间的逻辑关系。它由输入符号或关系符号组成，用以分析系统的安全问题或系统的运行功能问题，为判明灾害、伤害的途径及事故因素之间的关系，以及为事故分析提供了一种最为形象、最简捷的表达形式。

事故树分析法是在事故调查过程中常用的方法。通过事故树分析法可以达到以下目的：识别导致事故的基本事件（基本的设备故障）与人为失误的组合，提供设法避免或减少导致事故基本原因的线索，从而降低事故发生的可能性；对导致灾害事故的各种因素及逻辑关系能够做出全面、简捷和形象的描述；便于查明系统内固有的或潜在的各种危险因素，为设计、施工和管理提供科学的依据；可使有关人员、作业人员全面了解和掌握各项防范灾害的要点。

事故树分析法的程序如下：

（1）熟悉系统，详细了解系统状态及各种参数，绘制工艺流程图或布置图；

（2）分析相关的事故案例，进行分析，从而设想可能发生的事故；

（3）确定顶上事件，要分析的对象即为顶上事件；

（4）确定目标值，根据经验教训和事故案例，经统计分析后，求解事故发生的概率（或频率），以此作为要控制的事故目标值；

（5）调查原因事件，调查与事故有关的所有原因事件和各种因素；

（6）画出事故树图，从顶上事件起，逐级找出直接原因事件，直至所要分析的深度，按逻辑关系画出事故树；

（7）对事故树进行分析，按事故树结构进行简化，确定各基本事件的结构重要度；确定所有事故发生的概率，标在事故树上，并进而求出顶上事件发生的概率。

4.2.2 事件树分析法

事件树分析法（event tree analysis，ETA）是根据事故发生的先后顺序，分成阶段或步骤，用树状网络图表示可能结果的一种研究方法，适合于预测事故发展趋势，研究事故预防对策。其理论基础是运筹学中的决策论。它是一种归纳法，从给定一个初始事件的事故原因开始，按时间进程采用追踪方法，对构成系统各要素（事件）的状态（成功或失败）逐项进行二选一的逻辑分析，从而定性与定量地评价系统的安全性，并由此得到正确的决策。

事件树分析是一个动态分析过程，通过事件树分析可以看出系统变化过程，查明系统中各个构成要素对事故发生的作用及其相互关系，从而判别事故发生的可能途径及其危害性。由于事件树分析时，在事件树上只有两种可能状态（成功或失败）而不考虑某一局部或具体的故障情节，故可以快速推断和找出系统事故，并能指出避免发生事故的途径，便于改进系统的安全措施。根据系统中各个要素（事件）的故障概率，可以概略计算出不希望发生事件的发生概率。找出最严重的事故后果，为事故树分析确定顶上事件提供依据，可以对已发生事故进行原因分析。

事件树分析的程序为：确定系统和寻求可能导致系统严重后果的初始事件（将分析对象及其范围加以明确，找出初始条件并进行分类，可将那些可能导致相同事件树的初始条件划为一类）；分析系统组成要素并进行功能分解，便于进一步展开分析；分析各要素的因果关系及其成功或失败的两种状态，逐一列举由此引起的事件并回答下面的问题：

（1）在什么条件下此事件会进一步引起其他事件；

（2）在不同条件下此事件是否会引起不同的事件；

（3）这事件影响到哪些事件，它是否影响其他事件。

根据因果关系及状态，从初始时间开始由左到右展开，进行事件树的简化，进行定量计算。

4.2.3 危险性与可操作性分析法

危险与可操作性研究分析法（hazard and operability study，HAZOP）是英国帝国化学工业公司（ICI）于1974年针对化工装置开发的一种危险性分析方法。它的基本过程是以关键词为引导，对工艺或操作的特殊点进行分析，找出过程中工艺状态的变化，即偏差，然后再继续分析造成偏差的原因、后果，以及这些偏差对整个系统的影响，并有针对性地提出必要的对策措施。表4-1列出了HAZOP分析中经常遇到的术语及其定义；表4-2列出了HAZOP分析常用的引导词。

表4-1 常用HAZOP分析术语及其定义

术 语	定义及说明
工艺单元	具有确定边界的设备（如两容器之间的管线）单元，对单元内工艺参数的偏差进行分析
操作步骤	间歇过程的不连续动作，或者是由HAZOP分析组分析的操作步骤；可能是手动或计算机自动控制的操作，间歇过程每一步产生的偏差可能与连续过程不同
工艺指标	确定装置如何按照既定的标准操作而不发生偏差，即确定工艺过程的正常操作条件；采用一系列的表格，用文字或图表进行说明，如工艺说明、流程图、管道图等
关键词	用于定性或定量设计工艺指标的简单词语，引导识别工艺过程的危险
工艺参数	与过程有关的物理和化学特性，包括概念性的项目，如反应、混合、浓度、pH值等，以及具体项目，如温度、压力、相数、流量等
偏差	分析组使用引导词系统地对每个分析节点的工艺参数（如流量、压力）进行分析时发现的一系列偏离工艺指标的情况（如无流量、压力高等）；偏差的形式通常是“引导词＋工艺参数”
原因	一旦找到偏差产生的原因，就意味着找到了对付偏差的方法和手段。这些原因可能是设备故障、人为失误、不可预见的工艺状态（如组成）改变、来自外部的破坏（如电源故障）等
后果	偏差造成的后果（如释放出有毒物质）；分析组常常假定发生偏差时，已有安全保护系统失效；不考虑那些细小的与安全无关的后果
安全保护	指设计的工程系统或调节控制系统（如报警、连锁、操作规程等），用以避免或减轻偏差发生时所造成的后果
措施及建议	修改设计、操作规程或者进一步分析研究（如增加压力报警、改变操作顺序）的建议

表4-2 HAZOP分析常用引导词及其意义（参考GB 13548—92）

引导词	意 义	备 注
NONE（不或没有）	完成这些意图是不可能的	任何意图都实现不了，但也没有任何事情发生

续表4－2

引导词	意义	备注
MORE（过量）	数量增加	与标准值相比，数值偏大，如温度、压力、流量偏高
LESS（减量）	数量减少	与标准值相比，数值偏小，如温度、压力、流量偏低
AS WELL AS（伴随）	定性增加	所有的设计与操作意图均伴随其他活动或事件的发生
PART OF（部分）	定性减少	仅仅有一部分意图能够实现，一部分不能实现
REVERSE（相逆）	逻辑上与意图相反	出现与设计意图完全相反的事或物，如物料反向流动
OTHER THAN（异常）	完全替换	出现和设计要求不相同的事或物，如发生异常事件或状态、开停车、维修、改变操作模式

4.2.3.1　HAZOP分析所需的资料

基本的资料有以下几类：

（1）带控制点工艺流程图PIDS；

（2）现有流程图PFD、装置布置图；

（3）操作规程；

（4）仪表控制图、逻辑图、计算机程序；

（5）工厂操作规程；

（6）设备制造手册。

考虑到HAZOP研究中的工艺过程不同，所需资料不同，进行HAZOP分析必须要有工艺过程流程图及工艺过程详细资料。

4.2.3.2　HAZOP实施步骤

危险与可操作性研究的分析程序如图4-4所示，其主要分析步骤如图4-5所示。

危险与可操作性研究法可分三个步骤进行，即分析准备、完成分析和编制分析记录表。

A　分析准备

（1）确定分析的目的、对象和范围。分析对象通常由装置或项目负责人确定，并得到HAZOP分析组组织者的帮助。

（2）分析组的构成。HAZOP研究小组一般由4～8人组成，每个成员都能为所研究的项目提供知识和经验，最大限度发挥每个成员的作用。HAZOP研究小组最少由4人组成，包括组织者、记录员、两名熟悉过程设计和操作的人员，但5～7人的分析组是比较理想的。

（3）获得必要的文件资料。最重要的文件资料是带控制点的流程图，但工艺流程图、平面布置图、安全排放原则、化学危险数据、管道数据表、工艺数据表以及以前的安全报告等也很重要。其他需要的文件包括操作与维护指导手册、仪表控制图、逻辑图、安全程序文件、管道单线图、装置手册和设备制造手册等。重要的图纸和数据应在分析会议开始之前分发到每位分析成员手中。

（4）将资料变成适当的表格并拟定分析顺序。对连续过程来说，准备工作量最小，在分析会议之前使用最新的图纸确定分析节点，每一位分析人员在会议上都应有这些图纸。对间歇过程来说，准备工作量很大，主要是因为操作过程复杂，分析这些操作程序是间歇过程 HAZOP 分析的主要内容。如有两个或两个以上的间歇步骤同时在过程中出现，应当将每个步骤中的每个容器的状态都表示出来。

（5）安排会议次数和时间。制订会议计划，首先要确定分析会议所需的时间。一般来说每个分析节点平均需要 20～30min，若某容器有两个进口、两个出口、一个放空点，则需要 3h 左右。另外还可以每个设备分配 2～3h。也可以把装置划分成几个相对独立的区域，每个区域讨论完毕后，会议组作适当修整，再进行下一区域的分析讨论。

B 完成分析

依据图 4-6 的 HAZOP 分析流程图，分析组对每个节点或操作步骤使用引导词进行分析，得到一系列的结果，如偏差的原因、后果、保护装置、建议措施等。在分析过程中，应当确保对每个偏差的分析，并且在建议措施完成之后再进行下一偏差的分析。在考虑采取某种措施以提高安全性之前，应对与节点有关的所有危险进行分析，以减少那些悬而未决的问题。此外，对偏差或危险应当主要考虑易于实现的解决方法，而不是花费大量时间去设计解决方案。过程危险性分析会议的主要目的是发现问题，而不是解决问题。但是如果解决方法是明确和简单的，应当作为意见或建议记录下来。

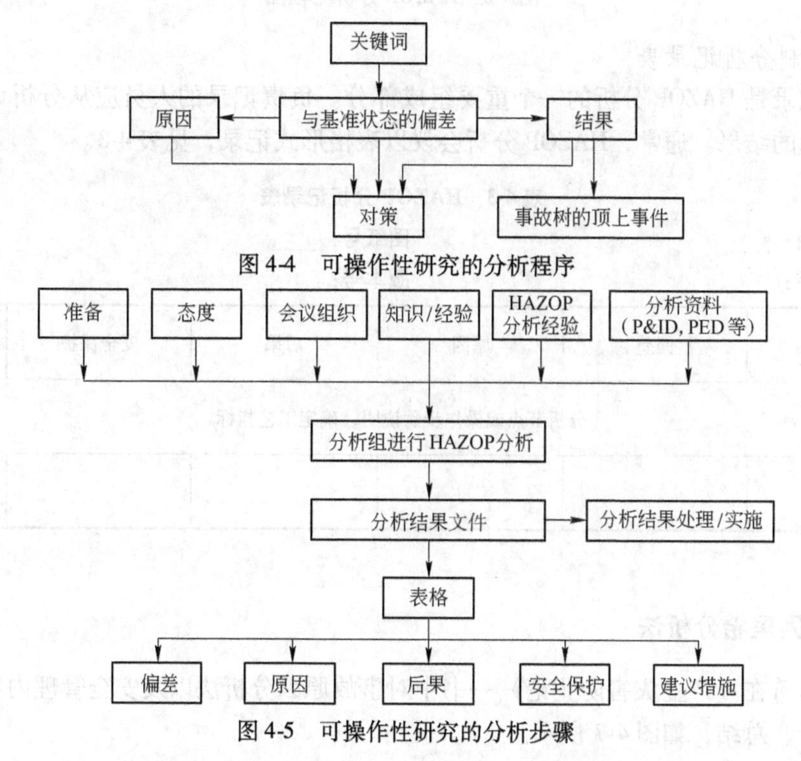

图 4-4 可操作性研究的分析程序

图 4-5 可操作性研究的分析步骤

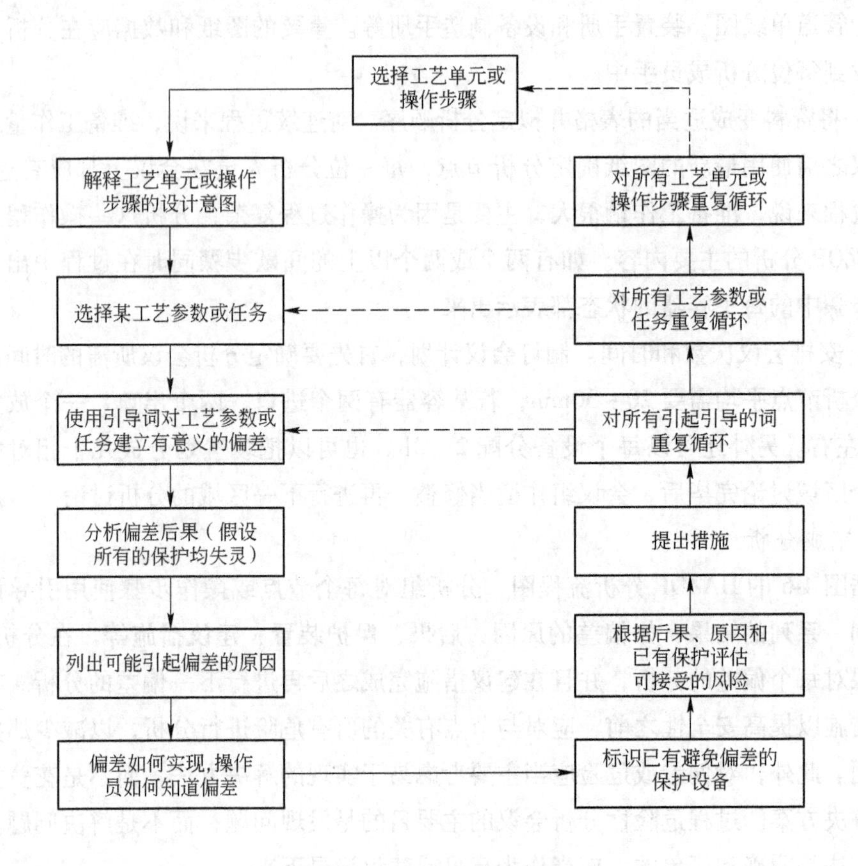

图 4-6 HAZOP 分析流程图

C 编制分析记录表

分析记录是 HAZOP 分析的一个重要组成部分。负责记录的人员应从分析讨论过程中提炼出准确的结果。通常，HAZOP 分析会议以表格形式记录，见表 4-3。

表 4-3 HAZOP 分析记录表

分析人员：____ **图纸号：____**

会议日期：____ **版本号：____**

序号	偏差	原因	后果	安全保护	建议措施
分析节点或操作步骤说明，确定工艺指标					

4.2.4 海因里希分析法

海因里希在《产业灾害防止论》一书中对事故原因分析法以及安全管理内容做了较为详细的分析、总结，如图 4-7 所示。

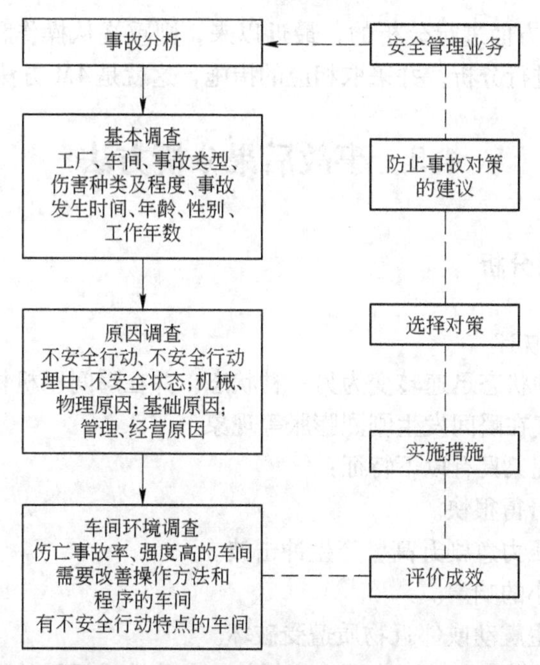

图 4-7 海因里希伤亡事故的原因分析方法和安全管理业务

4.2.5 日本使用的分析方法

在日本从人和物的两个方面对事故情况进行调查，从技术、教育、管理等各个角度进行原因分析。除了如图 4-7 所示的基本调查外，还要从工厂环境方面调查并进行反馈，以便进一步找出更深的原因，参见表 4-4。

表 4-4 灾害事故的原因分析和对策

<table>
<tr><th colspan="4">灾害状况</th><th colspan="3">灾害原因</th></tr>
<tr><th colspan="4">人 物</th><th rowspan="2">直接原因</th><th rowspan="2">间接原因
3E</th><th rowspan="2">对策（4M）</th></tr>
<tr><th>伤害</th><th>事故类别</th><th>现象</th><th>类型</th></tr>
<tr><td>具体部位
种类（伤害、病名）
程度（死亡、残废、休工、不休工）</td><td>剪绞
卷入
坠落、翻侧
飞物打击
跌倒
切割
崩塌
触电
冲击
天灾
交通事故
灼伤
其他</td><td>火灾
爆炸
中毒
破裂
碰撞
污染
触电
其他</td><td>机械的
电气的
化学的
热的
射线
天灾
其他</td><td>人的不安全行为
物的不安全状态</td><td>技术的缺陷（设计、材料、维修、检查）
教育的缺陷（知识经验、健康、错觉）
管理的缺陷（组织、制度、标准概念）</td><td>人际关系
物的条件
人机媒介
管理法规</td></tr>
</table>

间接原因是从3E方面进行分析的，最近以来，则重视从操作程序、整理整顿、工作时间等人机关系方面进行分析，并采取相应的措施，这就是4M方法。

4.3　事故后果分析方法

4.3.1　爆炸事故后果分析

4.3.1.1　爆炸概述

爆炸是物质由一种状态迅速转变为另一种状态，并在瞬间以机械力的形式释放出巨大能量，或是气体、蒸气在瞬间发生剧烈膨胀等现象。

一般来说，爆炸现象具有以下特征：

(1) 爆炸过程进行得很快。

(2) 爆炸点附近压力急剧升高，产生冲击波。

(3) 发出或大或小的响声。

(4) 周围介质发生震动或邻近物质遭受破坏。

危险物质泄漏后可燃气团遇引火源发生爆炸，往往造成极强的破坏和巨大的伤亡。

爆炸事故有以下几种类型：

(1) 蒸气云团的可燃混合气体遇火源突然燃烧，是在无限空间中的气体爆炸。

(2) 受限空间内可燃混合气体的爆炸。

(3) 由于化学反应失控或工艺异常造成的压力容器爆炸。

(4) 不稳定的固体或液体的爆炸。

(5) 不涉及化学反应的压力容器爆炸。

其中爆炸发生时会释放出大量的化学能，爆炸影响范围较大；最后一种属于物理爆炸，仅释放出机械能，其影响范围较小。

4.3.1.2　物理爆炸的爆炸能

压力容器在内部介质压力作用下发生的爆炸属于物理爆炸。当压力容器内部介质相态不同时，发生物理爆炸时的爆炸能计算公式也不相同。

(1) 当盛装气体的压力容器发生爆炸时，其释放的爆炸能 E 为：

$$E=\frac{pV}{10(\gamma-1)}\left[1-\left(\frac{10^5}{p}\right)^{\frac{\gamma-1}{\gamma}}\right] \tag{4-1}$$

式中　p——爆炸时容器内部介质的压力，Pa；

V——压力容器的容积，m^3；

γ——气体的比热比。

常见气体的比热比见表4-5。

表4-5　常见气体的比热比

气体名称	γ	气体名称	γ
空气	1.4	丙烯	1.15
氮气	1.4	一氧化碳	1.395

续表 4-5

气体名称	γ	气体名称	γ
氧气	1.391	二氧化碳	1.295
氢气	1.412	一氧化氮	1.4
甲烷	1.315	一氧化二氮	1.274
乙烷	1.18	二氧化氮	1.31
丙烷	1.13	氢氰酸	1.31
正丁烷	1.10	硫化氢	1.32
乙烯	1.22	二氧化硫	1.25

（2）当盛装压缩气体或液化气体的压力容器发生爆炸时，其爆炸能 E 可按下式计算：

$$E=\frac{\Delta P^{2}V\beta}{2} \tag{4-2}$$

式中 ΔP——爆炸前后介质的压力差，等于破坏压力与工作压力之差，Pa；

V——压力容器的容积，m^3；

β——液体的压缩系数，Pa^{-1}。

（3）当盛装液化气体的压力容器发生爆炸时，除了气体的急剧膨胀外，尚有液体的激烈蒸发过程。过热状态下液体在容器破裂时放出的爆炸能 E 可按下式计算：

$$E=[(H_1-H_2)-(S_1-S_2)T_1]W \tag{4-3}$$

式中 H_1——爆炸前液化气体的焓，kJ/kg；

H_2——大气压力下饱和液化气体的焓，kJ/kg；

S_1——爆炸前液化气体的熵，kJ/kg；

S_2——大气压力下饱和液化气体的熵，kJ/kg；

W——饱和液化气体的质量，kg；

T_1——介质在大气压力下的沸点，K。

压力容器爆炸时，爆炸能量在向外释放时以冲击波能量、碎片能量和容器残余变形能三种形式表现出来，即

$$E=E_1+E_2+E_3 \tag{4-4}$$

式中 E——压力容器爆炸时释放的总能量，J；

E_1——冲击波能量，J；

E_2——碎片能量，J；

E_3——容器残余变形能量，J。

由于容器残余变形能量与其余两种形式能量相比可以忽略不计，所以可近似地认为：

$$E=E_1+E_2 \tag{4-5}$$

根据一些实验研究，可以按下述公式计算爆炸时的冲击波能量 E_1 和碎片能量 E_2：

$$E_2=(1-F)E \tag{4-6}$$

式中 F——碎片破裂能屈服系数，对于脆性破裂，$F=0.2$，对于塑性破裂，$F=0.6$。

4.3.1.3 冲击波影响范围

冲击波以爆炸源为中心向外传播，冲击波超压逐渐衰减。冲击波超压大于某一破坏压

力的范围即为冲击波影响范围，一般以冲击波影响半径来度量。

A　压力容器爆炸的冲击波影响半径

压力容器爆炸时冲击波影响半径 R 可以按下式计算：

$$R = 0.022 r_1 E_1 + d/2 \tag{4-7}$$

式中　r_1——影响半径变化率；

E_1——冲击波能量，J；

d——压力容器直径，m。

式（4－7）中的影响半径变化率 r 可查。

B　蒸气云团爆炸的冲击波影响半径

荷兰应用科学研究院建议按下式计算蒸气云团爆炸的冲击波影响半径 R：

$$R = C_s (N \cdot E)^{1/3} \tag{4-8}$$

式中　E——爆炸能量，J；

N——效率因子，冲击波能量与总能量的比率，一般 $N = 10\%$；

C_s——经验常数，取决于损坏等级，查表4-6可知。

表4-6　损坏等级

损坏等级	C_s/mJ	设备损坏	人员伤害
1	0.03	重创建筑物和加工设备	1%死亡于肺部伤害 >50%耳膜破裂 >50%被碎片击伤
2	0.06	建筑物外表可修复性破坏	1%耳膜破裂 1%被碎片击伤
3	0.15	玻璃破裂	被碎玻璃击伤
4	0.4	10%玻璃破碎	

4.3.1.4　碎片能量及碎片打击

压力容器爆炸时碎片具有很大的动能向四周飞散，当碎片击中人员或设备、建筑物时将发生伤害或破坏。

压力容器内介质为液体时，容器爆炸瞬间碎片具有的能量较小，可以不考虑其影响。当容器内介质为气体或液化气体时，碎片具有较大的破坏力。

压力容器爆炸时碎片发出的初速度 V_0 为：

$$V_0 = \sqrt{\frac{2}{m_0} \cdot F \cdot \frac{\Delta p}{\gamma - 1} V} \tag{4-9}$$

式中　m_0——压力容器本体质量，kg；

F——碎片破裂能屈服系数；

Δp——爆炸前后的压力差，Pa；

γ——比热比；

V——压力容器内气体体积，m^3。

受空气阻力影响，碎片飞行 S 距离以后，其速度变为 V：

$$V = V_0 \exp\left(-\frac{A}{m}\rho_0 S\right) \tag{4-10}$$

式中 V_0——碎片的初速度，m/s；

A——碎片面积，m^2；

m——碎片质量，kg；

ρ_0——空气密度，kg/m^3；

S——碎片飞行距离，m。

高速飞行的碎片撞击到设备、建筑物，碎片的打击深度取决于碎片具有的动能和结构的强度。可以按下式计算碎片的打击深度 X：

$$X = 1.85 \times 10^{-8} C_P m^{0.33} V^{1.33} \tag{4-11}$$

式中 C_P——贯透常数，其取值情况见表4-7；

m——碎片质量，kg；

V——碎片打击时的速度，m/s。

表4-7 不同结构的贯透常数 C_P

材 料	强度/MN·m^{-2}	贯透常数 C_P
碳钢		1
不锈钢		0.6
混凝土	15	20
混凝土（强化）	22	12
钢筋混凝土	40	7
砖		50
松软地面		90

科克斯等建议按下式计算打击深度 X：

$$X = K m^{n_1} V^{n_2} \tag{4-12}$$

式中 m——碎片质量，kg；

V——碎片打击时的速度，m/s；

K，n_1，n_2——被打击物体的参数，其取值情况见表4-8。

表4-8 被打击物体的有关参数

物 料	K	n_1	n_2
混凝土（挤压强度35N/mm^2）	1.8×10^{-5}	0.4	1.5
砖结构	2.3×10^{-5}	0.4	1.5
软钢	0.6×10^{-5}	0.33	1.0

4.3.2 火灾事故后果分析

4.3.2.1 火灾概述

易燃、易爆的液体、气体泄漏后遇到引火源就会被点燃而发火燃烧。它们被点燃后的燃烧方式有以下几种：

（1）池火：液体泄漏到地面后形成液池，在地面或水面燃烧。

（2）喷射火：气体从裂口喷出后立即燃烧，如同火焰喷射器。

（3）火球：又称气爆，压力容器内液化气体过热使容器爆炸，内容物泄漏并被点燃，产生强大的火球；泄漏的可燃气团或蒸气与空气混合后被点燃，发生预混燃烧。

（4）突发火：泄漏的可燃气体在空气中扩散后发生的滞后燃烧不产生冲击波破坏。

火灾通过热辐射的方式影响周围环境。当火灾产生的热辐射强度足够大时，可使周围的物体燃烧或变形。强烈的热辐射可能烧死、烧伤人员，造成财产损失。热辐射造成伤害或损坏的情况取决于人员或物体处辐射热的多少。可以按单位表面积受到的热辐射功率大小，即入射热辐射通量来计算热辐射量。表4-9为不同入射热辐射通量造成损失的情况。

表4-9 不同入射热辐射通量造成损失的情况

入射通量/kW·m^{-3}	对设备的损坏	对人的损害
37.5	操作设备全部损坏	1%死亡/10s
25	在无火焰、长时间辐射，木材燃烧的最小能量	重大损伤/10s 100%死亡/1min
12.5	有火焰时，木材燃烧、塑料熔化的最低能量	一度烧伤/10s 1%死亡/1min
4.0		20s以上感觉疼痛
1.6		长期辐射无不舒服

4.3.2.2 池火

可燃性液体泄漏后流到地面形成液池，或流到水面并覆盖水面，遇到引火源燃烧形成池火。

A 燃烧速度

当液池中的可燃物的沸点高于周围环境温度时，液池表面上单位面积燃烧速度$\frac{\mathrm{d}m}{\mathrm{d}t}$为：

$$\frac{\mathrm{d}m}{\mathrm{d}t}=\frac{0.001H_c}{c_p(T_b-T_0)+H} \tag{4-13}$$

式中 $\frac{\mathrm{d}m}{\mathrm{d}t}$——单位表面积燃烧速度，kg/(m^2·s)；

H_c——液体燃烧热，J/kg；

c_p——液体的比定压热容，J/(kg·K)；

T_b——液体沸点，K；

T_0——环境温度，K；

H——液体蒸发热，J/kg。

当液池中液体的沸点低于环境温度时，如加压液化气或冷冻液化气，液池表面上单位面积的燃烧速度$\frac{\mathrm{d}m}{\mathrm{d}t}$为：

$$\frac{dm}{dt}=\frac{0.001H_c}{H} \tag{4-14}$$

式中符号意义同前。

表4-10列出了一些可燃液体的燃烧热。

表4-10　一些可燃液体的燃烧热

物质	密度/$g \cdot cm^{-3}$	自燃点/℃	热值/$kJ \cdot kg^{-1}$
乙醇	0.789	423	30984
丙醇	0.804	404	34789
丁醇	0.810	365	37247
戊醇	0.817	300	39009

B　火焰高度

火焰高度 h 可按下式计算：

$$h=84r\left[\frac{dm/dt}{\rho_0\sqrt{2gr}}\right]^{0.6} \tag{4-15}$$

式中　ρ_0——周围空气密度，kg/m^3；

g——重力加速度，$9.8m/s^2$；

其他符号意义同前。

C　热辐射通量

设液池为一半径为 r 的圆形池，则液池燃烧时放出的总热通量 Q 为：

$$Q=(\pi r^2+2\pi rh)\frac{dm}{dt}\eta H_c\left[\left(\frac{dm}{dt}\right)^{0.61}+1\right] \tag{4-16}$$

式中　r——液池半径，m；

h——火焰高度，m；

η——效率因子，可取0.13~0.35；

H_c——液体燃烧热，J/kg。

D　热辐射强度

假设全部辐射热都是从液池中心点的一个微小的球面发出的，则在距液池中心某一距离的入射热辐射强度 I 为：

$$I=\frac{Qt_c}{4\pi x^2} \tag{4-17}$$

式中　Q——总热辐射通量，W；

t_c——空气导热系数；

x——对象点到液池中心距离。

4.3.2.3　喷射火

加压气体泄漏时形成射流，如果在裂口处被点燃，则形成喷射火。在计算喷射火的热通量时，把它看作一系列位于射流轴线上的点热源，每个点热源的热辐射通量都是 q，于是可以按射流扩散公式计算总热辐射通量。

点热源热辐射通量可按下式计算：

$$Q=\eta Q_0 H_c \tag{4-18}$$

式中 η ——效率因子，可取0.35；

Q_0——效率速度，kg/s；

H_c——燃烧热，J/kg。

喷射火的火焰长度等于从泄漏裂口到可燃混合气燃烧下限的射流轴线长度。有时为了计算简便，取射流轴线距离该点 x 处一点的热辐射强度 I_i 为：

$$I_i=\frac{Rq}{4\pi x^2} \tag{4-19}$$

式中 R ——辐射率，可取0.2；

q ——点热源的辐射通量，W；

x ——点热源到对象点的距离，m。

某一对象点的入射热辐射强度等于喷射火的全部点热源对该点的热辐射通量的总和。

$$I=\sum_n I_i \tag{4-20}$$

式中 n——计算时选取的点热源数，一般取 $n=5$。

4.3.2.4 火球与气爆

发生火球和爆燃燃烧时，火球的最大半径 r 为：

$$r=2.665m^{0.332} \tag{4-21}$$

式中 m——急剧蒸发的可燃物质的质量，kg。

火球燃烧的持续时间 t 为：

$$t=1.089m^{0.332} \tag{4-22}$$

火球燃烧时发出的辐射通量为：

$$Q=\frac{\eta H_c m}{t} \tag{4-23}$$

式中 H_c——燃烧热，J/kg；

m ——燃烧物的质量，kg；

t ——燃烧持续时间，s；

η——效率因子，取决于设备中可燃物质的饱和蒸气压 p。

$$\eta=0.27p^{0.32} \tag{4-24}$$

距火球中心 x 处一点的入射热辐射强度 I 可按下式计算：

$$I=\frac{Qt_c}{4\pi x^2} \tag{4-25}$$

式中 Q ——火球燃烧辐射通量，W；

t_c——空气导热系数。

4.3.2.5 突发火

泄漏的可燃气体、液体蒸发的蒸气在空气中扩散，遇引火源突然燃烧而没有爆炸。此种情况下，处于气体燃烧范围内的全部室外人员将遇难死亡；建筑物内的部分人员将死亡。

突发火后果分析主要计算可燃混合气体燃烧下限随气团扩散到达的范围。为此可按气团扩散模型计算气团大小和可燃混合气体的浓度。

4.3.3 中毒事故后果分析

有毒物质泄漏后生成有毒蒸气云，它在空气中漂移、扩散，直接影响现场人员并可能波及居民区。大量剧毒物质泄漏可能带来严重的人员伤亡和环境污染。

毒物对人员的危害程度取决于毒物的性质、毒物的浓度、人员与毒物接触时间等因素。有毒物质泄漏初期，其毒气形成气团密集在泄漏源周围，随后由于环境温度、地形、风力和湍流等影响气团漂移、扩散，扩散范围扩大，浓度减小。

在后果分析中，往往不考虑毒物泄漏的初期情况，而主要计算其在大气中漂移、扩散的范围、浓度、接触毒物的人数等。

4.3.3.1 毒物泄漏后果的概率函数法

概率函数法是通过人们在一定时间接触一定毒物所造成的影响的概率来描述毒物泄漏后果的一种表示方法。二者可以相互换算，见表4-11。概率值在0～10之间。

表4-11 死亡率与概率值的关系

死亡百分率/%	0	1	2	3	4	5	6	7	8	9
0		2.67	2.95	3.12	3.25	3.36	3.45	3.52	3.59	3.66
10	3.72	3.77	3.82	3.87	3.92	3.96	4.01	4.05	4.08	4.12
20	4.16	4.19	4.23	4.26	4.29	4.33	4.26	4.39	4.42	4.45
30	4.48	4.50	4.53	4.56	4.59	4.61	4.64	4.67	4.69	4.72
40	4.75	4.77	4.80	4.82	4.85	4.87	4.90	4.92	4.95	4.97
50	5.00	5.03	5.05	5.08	5.10	5.13	5.15	5.18	5.20	5.23
60	5.25	5.28	5.31	5.33	5.36	5.39	5.44	5.44	5.47	5.50
70	5.52	5.55	5.58	5.61	5.64	5.67	5.71	5.74	5.77	5.81
80	5.84	5.88	5.92	5.95	5.99	6.04	6.08	6.13	6.18	6.23
90	6.28	6.34	6.41	6.48	6.55	6.64	6.75	6.88	7.05	7.33
99	0.0	0.1	0.2	0.3	0.4	0.5	0.6	0.7	0.8	0.9
	7.33	7.37	7.41	7.46	7.51	7.58	7.58	7.65	7.88	8.09

概率值 Y 与接触毒物浓度及接触时间的关系如下：

$$Y = A + B\ln(C^n \times t) \tag{4-26}$$

式中 A, B, n——取决于毒物性质的常数，表4-12列出了一些常见有毒物质的有关参数；

C——接触毒物的浓度，10^{-6}；

t——接触毒物的时间，min。

表4-12 一些毒性物质的常数

物质名称	A	B	n	参考资料
氯	−5.3	0.5	2.75	DCMR 1984

续表 4-12

物质名称	A	B	n	参考资料
氨	-9.82	0.71	2.0	DC2dR 1984
丙烯醛	-9.93	2.05	1.0	USCG 1977
四氯化碳	0.54	1.01	0.5	USCG 1977
氯化氢	-21.76	2.65	1.0	USCG 1977
甲基溴	-19.92	5.16	1.0	USCG 1977
光气（碳酰氯）	-19.27	3.69	1.0	USCG 1977
氟氢酸（单体）	-26.4	3.35	1.0	USCG 1977

使用概率函数表达式时，必须计算评价点的毒性负荷（c，t），因为在一个已知点，有毒物质浓度随着气团的稀释而不断变化，瞬时泄漏就是这种情况。确定毒物泄漏范围内某点的毒性负荷，可把气团经过该点的时间划分为若干区段，计算每个区段内该点的毒物浓度，得到各时间区段的毒性负荷，然后再求出总毒性负荷：总毒性负荷 = $\sum$ 时间区段内毒性负荷。

一般来说，接触毒物的时间不会超过 30min，因为通常在这段时间里可以逃离现场或采取保护措施。

当毒物连续泄漏时，某点的毒物浓度在整个云团扩散期间没有变化。当设定某死亡百分率时，由表 4-11 查出相应的概率 Y 值，根据公式（4-26）有：

$$C^n \times t = \exp \frac{Y-A}{B} \tag{4-27}$$

可以计算出 C 值，于是按扩散公式可以算出中毒范围。

如果毒物泄漏是瞬时的，则有毒气团的某点通过时该点处毒物浓度是变化的。这种情况下，考虑浓度的变化情况，计算气团通过该点的毒性负荷，算出该点的概率值 Y，然后查表 4-11 就可得出相应的死亡百分率。

4.3.3.2 有毒液化气体容器破裂时的毒害区估算

有毒物质，特别是液化有毒物质泄漏后，往往会在较大范围对环境造成破坏，致亡、中毒。为了较为精确地计算毒害区的大小，国内外开发了一些计算机软件，根据不泄漏类型、扩散模型和物质毒性大小等计算可能致人死亡、中毒的范围。此处仅介绍危害区域估算方法。

液化介质在容器破裂时会发生蒸气爆炸。当液化介质为有毒物质，如液氯、液氨、二氧化硫、氢氰酸等，爆炸后若不燃烧，会造成大面积的毒害区域。

设有毒液化气体质量为 W(kg)，容器破裂前器内介质温度为 t_0(℃)，液体介质比热容为 c(kJ/(kg·℃))，当容器破裂时，容器内压力降至大气压，处于过热状态的液化气温度迅速降到沸点 t(℃)，此时全部液体所放出的热量为：

$$Q = W \times c(t - t_0) \tag{4-28}$$

设这些热量全部用于器内液体的蒸发，如它的汽化热为 q(kJ/kg)，则其蒸发量：

$$W' = \frac{Q}{q} = \frac{Qc(t-t_0)}{q} \tag{4-29}$$

如介质的相对分子质量为 M，则在沸点下蒸发蒸气的体积 $V_g(m^3)$ 为：

$$V_g = \frac{22.4W'}{M} \times \frac{273 + t_0}{273} = \frac{22.4W \times c(t - t_0)}{Mq} \times \frac{273 + t_0}{273} \tag{4-30}$$

为便于计算，现将压力容器最常用的液氨、液氯、氢氰酸等的有关物理化学性能列于表4-13中。关于一些有毒气体的危险浓度见表4-14。

表4-13　一些有毒物质的有关物化性能

物质名称	相对分子质量 M	沸点 t_0/℃	液体平均比热容 c/kJ·kg^{-1}·℃$^{-1}$	汽化热 q/kJ·kg^{-1}
氨	17	-33	4.6	1.37×10^3
氯	71	-34	0.96	2.89×10^2
二氧化硫	64	-10.8	1.76	3.93×10^2
丙烯醛	56.06	52.8	1.88	5.73×10^2
氢氰酸	27.03	25.7	3.35	9.75×10^2
四氯化碳	153.8	76.8	0.85	1.95×10^2

表4-14　有毒气体的危险浓度

物质名称	吸入5~10min致死的浓度/%	吸入0.5~1h致死的浓度/%	吸入0.5~1h致重病的浓度/%
氨	0.5		
氯	0.09	0.0035~0.005	0.0014~0.0021
二氧化硫	0.05	0.053~0.065	0.015~0.019
氢氰酸	0.027	0.011~0.014	0.01
硫化氢	0.08~0.1	0.042~0.06	0.036~0.05
二氧化氮	0.05	0.032~0.053	0.011~0.021

若已知某种有毒物质的危险浓度，则可求出其危险浓度下的有毒空气体积。如二氧化硫在空气中的浓度达到0.05%时，人吸入5~10min即致死，则 $V_g(m^3)$ 的二氧化硫可以产生令人致死的有毒空气体积为

$$V = V_g \times 100/0.05 = 2000V_g(m^3)$$

假设这些有毒空气以半球形向地面扩散，则可求出该有毒气体扩散半径为：

$$R = \sqrt[3]{\frac{V_g/C}{\frac{1}{2} \times \frac{4}{3}\pi}} = \sqrt[3]{\frac{V_g/C}{2.0944}} \tag{4-31}$$

式中　R——有毒气体的半径，m；

V_g——有毒介质的蒸气体积，m^3；

C——有毒介质在空气中的危险浓度值，%。

4.3.3.3　有毒介质喷射泄漏时的毒害区估算

在喷射轴线上距孔口 x 处的气体浓度 $C(x)$ 为：

$$C(x)=\frac{\frac{b_1+b_2}{b_1}}{0.32\frac{x}{D}\cdot\frac{\rho}{\sqrt{\rho_0}}+1-\rho} \tag{4-32}$$

式中　b_1，b_2——分布函数，其表达式为：

$$b_1=50.5+48.2\rho-9.95\rho^2$$
$$b_2=23+41\rho$$

D——等价喷射孔径，其表达式为：

$$D=D_0\sqrt{\frac{\rho_0}{\rho}}$$

D_0——裂口孔径，m；

ρ_0——泄漏气体的密度，kg/m^3；

ρ——周围环境条件下气体的密度，kg/m^3。

如果将式（4－32）改写成x为$C(x)$的函数形式，则给定某浓度值$C(x)$，可以计算该浓度的点到孔口的距离x。

在过喷射轴线上点x且垂直于喷射轴线的平面内任一点处的气体浓度为：

$$\frac{C(x,y)}{C(x)}=e^{-b_2(y/x)^2} \tag{4-33}$$

式中　$C(x,y)$——距裂口距离x且垂直于喷射轴线的平面内Y点处的气体浓度，kg/m^3；

$C(x)$——喷射轴线上距裂口x处的气体浓度，kg/m^3；

b_2——分布参数；

y——目标点到喷射轴线的距离，m。

4.3.4　泄漏事故后果分析

火灾和因有毒气体引起的中毒事故都与物质的泄漏有着直接的联系。确定重大事故，尤其是泄漏和火灾事故时的危险区域是在确定有毒物质泄漏后的扩散范围的基础上进行的。因此，要首先从有毒、有害物质泄漏分析开始。

4.3.4.1　泄漏的主要设备

根据泄漏情况，可以把化工生产中容易发生泄漏的设备归纳为10类，即管道、挠性连接器、过滤器、阀门、压力容器或反应罐、泵、压缩机、储罐、加压或冷冻气体容器和火炬燃烧器或放散管。

A　管道

管道包括直管、弯管、法兰管、接头几部分，其典型泄漏情况和裂口尺寸如下：

管道泄漏，裂口尺寸取管径的20%～100%。

法兰泄漏，裂口尺寸取管径的20%。

接头泄漏，裂口尺寸取管径的20%～100%。

B　挠性连接器

挠性连接器包括软管、波纹管、铰接臂等生产挠性变形的连接部件，其典型泄漏情况和裂口尺寸如下：

连接器本体破裂泄漏，裂口尺寸取管径的20%～100%。

接头泄漏，裂口尺寸取管径的20%。

连接装置损坏泄漏，裂口尺寸取管径的100%。

C 过滤器

过滤器由过滤器本体、管道、滤网等组成，其典型泄漏情况和裂口尺寸如下：

过滤器本体泄漏，裂口尺寸取管径的20%～100%。

管道泄漏，与过滤器连接的管道发生的泄漏，裂口尺寸取管径20%。

D 阀

阀包括化工生产中应用的各种阀门，其典型泄漏情况和裂口尺寸如下：

阀壳体泄漏裂口尺寸取与阀连接管道管径的20%～100%。

阀盖泄漏，裂口尺寸取管径的20%。

阀杆损坏泄漏，裂口尺寸取管径的20%。

E 压力容器

压力容器包括化工生产中常用的分离、气体洗涤器、反应釜、热交换器、各种罐和容器等，其常见泄漏情况和裂口尺寸如下：

容器破裂泄漏，裂口尺寸取容器本身尺寸。

容器本体泄漏，裂口尺寸取与之连接的粗管道管径的100%。

孔盖泄漏，裂口尺寸取管径的20%。

管嘴断裂泄漏，裂口尺寸取管径的100%。

仪表管路破裂泄漏，裂口尺寸取管径的20%～100%。

内部爆炸泄漏，裂口尺寸取容器本体尺寸。

F 泵

常用的泵有离心泵与往复泵等，其典型泄漏情况和裂口尺寸如下：

泵体损坏面泄漏，裂口尺寸取与之连接管道的20%～100%。

泵体封压盖处泄漏，裂口尺寸取管径的20%。

G 压缩机

压缩机包括离心式、轴流式和往复式压缩机，其典型泄漏情况和裂口尺寸如下：

压缩机机壳损坏面泄漏，裂口尺寸取与之连接管道管的20%～100%。

压缩机密封套泄漏，裂口尺寸取管径的20%～100%。

H 储罐

储罐指露天储存危险物资的容器或压力容器，也包括与之连接的管道和辅助设备，其典型泄漏情况和裂口尺寸如下：

罐体损坏面泄漏，裂口尺寸为本体尺寸；接头泄漏，裂口尺寸为与之连接管道管径的20%～100%。

I 加压或冷冻气体容器

加压或冷冻气体容器指露天或埋地放置的加压或冷冻气体容器，其典型泄漏情况和裂口尺寸如下：

气体爆炸面泄漏，露天容器内部气体爆炸使容器完全破坏，裂口尺寸取本体尺寸。

容器破裂面泄漏，裂口尺寸取本体尺寸。

焊缝断裂面泄漏，裂口尺寸取与其连接管管径的20% ~100%。

容器辅助设备泄漏、酌情确定裂口尺寸。

J 火炬燃烧器或放散管

火炬燃烧器或放散管包括燃烧装置、放散管、接通头、气体洗涤器和分离罐等，泄漏主要发生在筒体和多通接头部位，裂口尺寸取管径的20% ~100%。

4.3.4.2 泄漏的原因

从人－机系统考虑造成各种泄漏事故的原因主要有以下四类。

A 设计失误

(1) 基础设计错误，如地基下沉，造成容器底部产生裂缝，或设备变形、错位等。

(2) 选材不当，如强度不够，耐腐蚀性差、规格不符等。

(3) 布置不合理，如压缩机和输出管没有弹性连接，因振动使管道破裂。

(4) 选用机械不合适，如转速过高，耐温、耐压性能差等。

(5) 选用计测仪器不合适。

(6) 储罐、贮槽未加液位计，反应器（炉）未加溢流管或放散管等。

B 设备原因

(1) 加工不符合要求，或未经检验擅自采用代用材料。

(2) 加工质量差，特别是焊接质量差。

(3) 施工和安装精度不高，如泵和电机不同轴、机械设备不平衡、管道连接不严密等。

(4) 选用的标准定型产品质量不合格。

(5) 对安装的设备没有按《机械设备安装工程及验收规范》进行验收。

(6) 设备长期使用后未按规定检修期进行检修，或检修质量差造成泄漏。

(7) 计测仪表未定期校验，造成计量不准。

(8) 阀门损坏或开关泄漏，未及时更换。

(9) 设备附件质量差，或长期使用后材料变质、腐蚀或破裂等。

C 管理原因

(1) 没有制定完善的安全操作规程。

(2) 对安全漠不关心，对已发现的问题不及时解决。

(3) 没有严格执行监督检查制度。

(4) 指挥错误，甚至违章指挥。

(5) 让未经培训的工人上岗，知识不足，不能判断错误。

(6) 检修制度不严，没有及时检修已出现故障的设备，使设备带病运转。

D 人为失误

(1) 误操作，违反操作规程。

(2) 判断错误，如记错阀门位置开错阀门。

(3) 擅自脱岗。

(4) 思想不集中。

(5) 发现异常现象不知如何处理。

4.3.4.3 泄漏后果及泄漏控制

泄漏后果与泄漏物质的相态、压力、温度、燃烧性、毒性等性质密切相关。在后果分析中考虑的泄漏物质主要有以下四种类型：

常压液体、加压液化气体、低温液化气体、加压气体。

泄漏的危险物质的性质不同，其泄漏后果也不相同。

A 可燃气体泄漏

可燃气体泄漏后与空气混合达到燃烧界限，遇到引火源就会发生燃烧或爆炸。泄漏后发火时间的不同，泄漏后果也不相同。

立即发火。可燃气体泄漏后立即发火，发生扩散燃烧产生喷射性火焰或形成火球，影响范围较小。

滞后发火。可燃气体泄漏后与周围空气混合形成可燃云团，遇到引火源发生爆燃或爆炸，破坏范围较大。

B 有毒气体泄漏

有毒气体泄漏后形成云团在空气中扩散，有毒气体浓度较大的浓密云团将笼罩很大范围，影响范围大。

C 液体泄漏

一般情况下，泄漏的液体在空气中蒸发从而形成气体，泄漏后果取决于液体蒸发生成的气体量。液体蒸发生成的气体量与泄漏液体种类有关。

常温常压液体泄漏。液体泄漏后聚集在防液堤内或地势低洼处形成液池，液体表面发生缓慢蒸发。

加压液化气体泄漏。液体在泄漏瞬间迅速气化蒸发。没来得及蒸发的液体形成液池，吸收周围热量继续蒸发。

低温液体泄漏。液体泄漏后形成液池，吸收周围热量蒸发，液体蒸发速度低于液体泄漏速度。

无论气体泄漏还是液体泄漏，泄漏量的多少都是决定泄漏后果严重程度的主要因素，而泄漏量又与泄漏时间有关。因此，控制泄漏应该尽早地发现泄漏并且尽快地阻止泄漏。

通过人员巡回检查可以发现较严重的泄漏；利用泄漏检测仪器、气体泄漏检测系统可以发现各种泄漏。

利用停车或关闭遮断阀，停止向泄漏处供应料可以控制泄漏。一般来说，与监控系统连锁的自动停车速度快；仪器报警后由人工停车速度较慢，大约需 3 ~15min。

4.3.4.4 泄漏量计算

计算泄漏量是泄漏分析的重要内容，根据泄漏量可以进一步研究泄漏物质情况。

当发生泄漏的设备的裂口规则、裂口尺寸已知，泄漏物的热力学、物理化学性质及参数可查到时，可以根据流体力学中有关方程计算泄漏量。当裂口不规则时，采用等效尺寸代替，考虑泄漏过程中压力变化等情况时，往往采用经验公式计算泄漏量。

A 液体泄漏量

单位时间内液体泄漏量，即泄漏速度，可按流体力学的伯努利方程计算：

$$Q_L = C_d A \rho \sqrt{\frac{2(p - p_0)}{\rho} + 2gh} \tag{4-34}$$

式中　Q_L——液体泄漏速度，kg/s；

C_d——泄漏系数，按表4-15选取；

A——裂口面积，m^2；

ρ——泄漏液体密度，kg/m^3；

p——设备内物质压力，Pa；

p_0——环境压力，Pa；

g——重力加速度，$9.8m/s^2$；

h——裂口之上液位高度，m。

表4-15　液体泄漏系数

雷诺数（Re）	圆形（多边形）	裂口尺寸三角形	长方形
>100	0.65	0.60	0.55
≤100	0.50	0.45	0.30

式（4-34）表明，常压下液体泄漏速度取决于裂口之上液位的高低；非常压下液体泄漏速度主要取决于设备内物质压力与环境压力之差。

当设备中液体是过热液体，即液体沸点低于周围环境温度时，液体经过裂口时由于压力较小而突然蒸发，蒸发接受热量使设备内剩余的液体温度降到常压沸点以下。这种场合，泄漏时直接蒸发的液体所占百分比 F 可按下式计算：

$$F = c_p(T - T_d)/H \tag{4-35}$$

式中　c_p——液体的比定压热容，J/(kg·K)；

T——泄漏前液体温度，K；

T_d——液体在常压下的沸点，K；

H——液体的蒸发热，J/kg。

泄漏时直接蒸发的液体将以细小烟雾的形式形成云团，与空气相混合而吸收热量蒸发。如果空气传给液体烟雾的热量不足以使其蒸发，则烟雾将凝结成液滴降落地面，形成液池。根据经验，当 $F>0.2$ 时，一般不会形成液池。

B　气体泄漏量

气体从设备的裂口泄漏时，其泄漏速度与空气的流动状态有关，因此，首先需要判断泄漏时气体流动是属于亚声速流动还是声速流动，前者称为次临界流，后者称为临界流。

当有下式成立时，气体流动属于亚声速流动：

$$\frac{p_0}{p} > \left(\frac{2}{\gamma+1}\right)^{\frac{\gamma}{\gamma-1}} \tag{4-36}$$

当有下式成立时，气体流动属于声速流动：

$$\frac{p_0}{p} \leqslant \left(\frac{2}{\gamma+1}\right)^{\frac{\gamma}{\gamma-1}} \tag{4-37}$$

式中，p_0，p 的意义同前；γ 为比热比，即比定压热容 c_p 比定容热容 c_V 之比：

$$\gamma = \frac{c_p}{c_V} \tag{4-38}$$

气体呈亚声速流动时，泄漏速度 Q_0 为：

$$Q_0 = YC_dA\sqrt{p\rho\gamma\left(\frac{2}{\gamma+1}\right)^{\frac{\gamma+1}{\gamma-1}}} \tag{4-39}$$

气体呈声速流动时，泄漏速度 Q_0 为：

$$Q_0 = YC_dA\rho\sqrt{R\gamma\left(\frac{2}{\gamma+1}\right)T\left(\frac{2}{\gamma+1}\right)^{\frac{\gamma+1}{\gamma-1}}} \tag{4-40}$$

式中 C_d ——气体泄漏系数，当裂口形状为圆形时取 1.00；三角形时取 0.95；长方形时取 0.90；

Y ——气体膨胀因子，对于亚声速流动，

$$Y = \sqrt{\left(\frac{1}{\gamma-1}\right)\left(\frac{\gamma+1}{2}\right)^{\frac{\gamma+1}{\gamma-1}}\left(\frac{p}{p_0}\right)^{\frac{2}{\gamma}}\left[1-\left(\frac{p}{p_0}\right)^{\frac{\gamma-1}{\gamma}}\right]} \tag{4-41}$$

对于声速流动，$Y=1$；

ρ ——泄漏液体密度，kg/m^3；

R ——气体常数，J/(mol·K)；

T ——气体温度，K。

随着气体泄漏，设备内物质减少且气体泄漏的流速变化，泄漏速度的计算比较复杂，可以计算其等效泄漏速度。

C 两相流泄漏量

在过热液体发生泄漏的场合，有时会出现液、气两相流动。均匀两相流的泄漏速度 Q 可按下式计算：

$$Q_0 = C_dA\sqrt{2\rho(p-p_c)} \tag{4-42}$$

式中 C_d ——两相流泄漏系数；

A ——裂口面积，m^2；

p ——两相混合物的压力，Pa；

p_c ——临界压力，可取为 0.55Pa；

ρ ——两相混合物的平均密度，kg/m^3，由以下公式计算：

$$\rho = \frac{1}{\frac{F_V}{\rho_1}+\frac{1-F_V}{\rho_2}} \tag{4-43}$$

式中 ρ_1 ——液体蒸发的密度，kg/m^3；

ρ_2 ——液体密度，kg/m^3；

F_V ——蒸发的液体占液体总量的比例，它由下式计算：

$$F_V = \frac{c_p(T-T_C)}{H} \tag{4-44}$$

式中 c_p ——两相混合物的比定压热容，J/(kg·K)；

T ——两相混合物的温度，K；

T_C ——临界温度，K；

H ——液体的蒸发热，J/kg。

当 $F_V>1$ 时，表明液体将全部蒸发为气体，应该按气体泄漏处理；如果 F_V 很小，则可近似地按液体泄漏速度计算公式来计算。

4.3.4.5　泄漏后的扩散

A　液池蒸发

液体泄漏后沿地面一直流到低洼处或人工边界，如堤坎、岸墙，形成液池。液体离开裂口后不断蒸发，当液体蒸发速度与泄漏速度相等时，液池中的液体量将维持不变。

如果泄漏的液体挥发度较低，则液池中液体蒸发量较少，不易形成气团。如果是挥发性的液体或低沸点的液体，泄漏后液体蒸发量大，大量蒸气将在液池上面形成蒸气云。

a　液池面积

如果泄漏的液体已经达到人工边界，则液池面积即为人工边界围成的面积。如果泄漏的液体没有到达人工边界，可以假定液体以泄漏点为中心呈扁圆柱形沿光滑的地表向外扩散，这时液池半径 r 可按下述公式计算。

瞬时泄漏（泄漏时间不超过30s）时，

$$r=\sqrt{\frac{8mg}{\pi\rho}} \tag{4-45}$$

连续泄漏（泄漏持续10min以上）时，

$$r=\sqrt{\frac{32mg}{\pi p}} \tag{4-46}$$

式中　m——泄漏液体量，kg；

g——重力加速度，9.8m/s^2；

p——设备中液体压力，Pa。

b　蒸发量

液池内液体蒸发按其发生机理可分为闪蒸、热量蒸发、质量蒸发。由于泄漏的液体物质性质不同，并非每种液体的蒸发都包含这三种蒸发，有些过热液体通过闪蒸或热量蒸发而完全气化。

发生闪蒸时液体发生速度 Q_t 可按下式计算：

$$Q_t=\frac{F_V M}{t} \tag{4-47}$$

式中　F_V——直接蒸发的液体占液体总量的比例；

M——泄漏的液体总量，kg；

t——闪蒸时间，s。

如果闪蒸不完全，即 $F_V<1$ 或 $Q_t<m$ 则发生热量蒸发，热量蒸发时液体蒸发速度 Q_t 为：

$$Q_t=\frac{KA_t(T_0-T_b)}{H\sqrt{\pi\alpha t}}+\frac{K}{H}Nu\frac{A_t}{L}\ (T_0-T_b) \tag{4-48}$$

式中　A_t——液池面积，m^2；

T_0——环境温度，K；

T_b——液体沸点，K；

H——液体蒸发热，J/kg；

L ——液池长，m；

α ——热扩散系数，m^2/s；

K ——导热系数，J/(m · K)；

t ——蒸发时间，s；

Nu——努塞尔（Nusselt）数。

表4-16 列出了一些地面情况的 K，α 值。

表4-16 地面情况的 K，α 值

地 面 情 况	$K/J \cdot m^{-1} \cdot K^{-1}$	$\alpha/m^2 \cdot s^{-1}$
水泥	1.1	1.29×10^{-7}
地面（8%水）	0.9	4.3×10^{-7}
干涸土地	0.3	2.3×10^{-7}
湿地	0.6	3.3×10^{-7}
沙砾地	2.5	1.1×10^{-7}

当地面向液体传热减少时，热量蒸发逐渐减弱；当地面传热停止时，由于液体分子的迁移作用使液体蒸发。这种场合液体的蒸发速度 Q_t 为：

$$Q_t = \alpha Sh \frac{A}{L} \rho_t \tag{4-49}$$

式中 α ——分子扩散系数，m^2/s；

Sh——舍伍德数；

A ——液池面积，m^2；

L ——液池长，m；

ρ_t——液体密度，kg/m^3。

B 射流扩散

气体泄漏时从裂口射出形成气体射流。一般情况下，泄漏的气体的压力将高于周围环境大气压力，温度低于环境温度。在进行射流计算时，应该以等价射流孔口直径来计算，等价射流的孔口直径按下式计算：

$$D = D_0 \sqrt{\frac{\rho_0}{\rho}} \tag{4-50}$$

式中 D_0 ——裂口直径，m；

ρ_0 ——泄漏气体的密度，kg/m^3；

ρ ——周围环境条件下气体密度，kg/m^3。

如果气体泄漏瞬间便达到周围环境的温度、压力状况，即 $\rho_0 = \rho$，则等价射流孔口直径等于裂口直径，$D = D_0$。在射流轴线上距孔口 x 处的气体浓度 $C(x)$ 为：

$$C(x) = \frac{\dfrac{b_1 + b_2}{b_1}}{0.32 \dfrac{x}{D} \cdot \dfrac{\rho}{\sqrt{\rho_0}} + 1 - \rho} \tag{4-51}$$

式中　b_1，b_2——分布函数：

$$b_1 = 50.5 + 48.2\rho - 9.95\rho^2$$

$$b_2 = 23 + 41\rho$$

如果把式（4－51）写成 x 是 $C(x)$ 的函数形式，则给定某浓度值 $C(x)$，可以计算出具有该浓度的点到孔口的距离 x。在过射流轴上点 x 且垂直于射流轴线的平面内任一点处的气体浓度 $C(x, y)$ 为：

$$C(x, y) = C(x)\mathrm{e}^{-b_2\left(\frac{y}{x}\right)^2} \tag{4-52}$$

式中　$C(x)$——射流轴线上距孔口 x 处的气体浓度；

b_2——分布参数，同前；

y——对象点到射流轴线的距离，m。

随着距孔口距离的增加，射流轴线上的一点的气体运动速度减少，直到等于周围的风速时为止，此后的气体运动就不再符合射流规律了。在后果分析时需要计算出射流轴线上速度等于周围风速的临界点以及该点处的气体浓度（临界浓度）。射流轴线上距孔口 x 处一点的速度 $U(x)$ 为：

$$\frac{U(x)}{U_0} = \frac{\rho_0}{\rho} \cdot \frac{b_1}{4}\left[0.32\frac{x}{D} \cdot \frac{\rho_0}{\rho} + 1 - \rho\right]\left(\frac{D}{x}\right)^2 \tag{4-53}$$

式中　ρ_0——泄漏气体的密度，kg/m³；

ρ——周围环境条件下气体密度，kg/m³；

D——等价射流孔口直径，m；

b_1——分布函数，同前；

U_0——射流初速度，等于气体泄漏时流经裂口时的速度，可按下式计算：

$$U_0 = \frac{Q_0}{C_d\rho\pi\left(\frac{D_0}{2}\right)^2} \tag{4-54}$$

式中　Q_0——气体泄漏速度，kg/s；

C_d——气体泄漏系数；

D_0——裂口直径，m。

当临界点处的临界浓度小于允许浓度时，只需要按射流扩散分析泄漏扩散；当临界点处的临界浓度大于允许浓度时，还需要进一步研究泄漏气体在大气中扩散的情况。

C　绝热扩散

闪蒸液体或加压气体瞬时释放的场合，假定泄漏物与周围环境之间没有热交换，属于绝热扩散过程。泄漏的气体（或液体闪蒸形成的蒸气）呈半球形向外扩散。根据浓度分析情况，把半球分成两层：内层浓度均匀分布，具有50%的泄漏量；外层浓度呈高斯分布，具有另外50%的泄漏量。

绝热过程分为两个阶段，首先气团向外扩散，压力达到大气压力；然后与周围空气掺混，范围扩大，当内层扩散速度低到一定程度时，认为扩散过程结束。

a　气团扩散能

在气团扩散的第一阶段，泄漏的气体（或蒸气）的内能的一部分用来增加动能对周围大气做功。假设该阶段为可逆绝热过程，并且等熵。

根据内能变化得出扩散能计算公式如下：

$$E = c_V(T_1 - T_2) - p_0(V_2 - V_1) \tag{4-55}$$

式中 c_V——比定容热容，J/(kg·K)；

p_0——环境压力，Pa；

T_1——气团初始温度，K；

T_2——气团压力降到大气压力时的温度，K；

V_1——气团初始体积，m^3；

V_2——气团压力降到大气压力时的体积，m^3。

闪蒸液体泄漏的场合。蒸发的蒸气团扩散能按下式计算：

$$E = H_1 - H_2 - (p - p_0)V_1 - T_b(S_1 - S_2) \tag{4-56}$$

式中 H_1——泄漏液体初始焓，J；

H_2——泄漏液体最终焓，J；

p——初始压力，Pa；

p_0——环境压力，Pa；

V_1——初始体积，m^3；

T_b——液体的沸点，K；

S_1——液体蒸发前的熵，J/(kg·K)；

S_2——液体蒸发后的熵，J/(kg·K)。

b 气团半径与浓度

在扩散能的推动下气团向外扩散，并与周围空气发生紊流掺混。

(1) 随时间的推移气团内层半径 R_1 和浓度 C 变化有如下规律：

$$R_1 = 1.36\sqrt{4K_d t} \tag{4-57}$$

$$C = \frac{0.0478V_0}{\sqrt{(4K_d t)^3}} \tag{4-58}$$

式中 t——扩散时间，s；

V_0——在标准温度、压力下气体体积，m^3；

K_d——紊流扩散系数，其计算公式为：

$$K_d = 0.0173\sqrt[3]{V_0}\sqrt{E}\left(\frac{\sqrt[3]{V_0}}{t\sqrt{E}}\right)^{\frac{1}{3}} \tag{4-59}$$

设扩散结束时扩散速度（dR/dt）为 1m/s，则在扩散结束时内层半径 R_1 和浓度可按下式计算：

$$R_1 = 0.08837E^{0.3}V_0^{\frac{1}{3}} \tag{4-60}$$

$$C = 172.95E^{-0.9} \tag{4-61}$$

(2) 外层半径与浓度。根据实验观察，气团外层半径 R_2 可以按下式计算：

$$R_2 = 1.456R_1 \tag{4-62}$$

气团浓度自内层向外呈高斯分布。

4.3.4.6 气团在大气中的扩散

液体、气体泄漏后在泄漏源附近扩散，在泄露源上方形成气团，气团将在大气中进一步扩散，影响广大区域。因此，气团在大气中的扩散成为重大事故后果分析的重要内容。

气团在大气中的扩散情况与气团自身性质有关。当气团密度小于空气密度时，气团将向上扩散而不会影响下面的居民；当气团密度大于空气密度时，气团将沿着地面扩散，危害很大。在后果分析中，仅考虑其密度接近于或大于空气密度的气团的扩散。除了气团本身性质外，气团的扩散还受大气稳定度（描述大气对情况的参数，主要取决于太阳辐射等）、风速、风向、地表粗糙度（反映地表地形、建筑物影响风流局部紊流情况的参数）等因素影响，呈现十分复杂的函数关系。

A 高斯烟羽模型

该模型适用于计算浓度分布呈高斯分布的中等浓度（接近于空气密度）气羽状气团中任一点的浓度。按风速 u 的大小、垂直风向扩散系数 δ_z 与大气混合层高度 H_0 之间关系，可以选择下述三个公式之一。

（1）连续泄漏，风速 $u>1\mathrm{m/s}$，且 $\delta_z\leqslant 1.6H_0$ 的场合，以泄漏源为原点，风向方向为 x 轴的空间坐标系中一点（x，y，z）处的浓度为：

$$C(x,y,z)=\frac{Q_0}{2\pi u\delta_x\delta_y}\exp\left(-\frac{y^2}{2\delta_y^2}\right)\left\{\exp\left[-\frac{(z-H)^2}{2\delta_z^2}\right]+\exp\left[\frac{(z+H)^2}{2\delta_z^2}\right]\right\} \tag{4-63}$$

式中 $C(x,y,z)$ ——空间点（x，y，z）处的浓度，$\mathrm{kg/m^3}$；

Q_0——泄漏源强，kg/s；

u——风速，m/s；

δ_x——下风向扩散系数，m；

δ_y——侧风向扩散系数，m；

δ_z^2——垂直风向扩散系数，m；

H——有效源高，m，它等于泄漏源高度与抬升高度之和：

$$H=H_s+\Delta H \tag{4-64}$$

式中 H_s ——泄漏源高度，m；

ΔH ——抬升高度，由抬升模型求得。

（2）连续泄漏，风速 $u<0.5\mathrm{m/s}$，假定蒸气围绕泄漏源在全方位呈均匀分布，此时距泄漏源 r 处的浓度 $C(r)$ 为：

$$C(r)=\frac{2Q}{(2\pi)^{3/2}}\cdot\frac{b}{b^2r^2+a^2H^2}\cdot\exp\left[-\frac{b^2r^2+a^2H^2}{2a^2b^2(m\Delta)^2}\right] \tag{4-65}$$

式中 $C(r)$ ——距泄漏源 r(m) 处的浓度，$\mathrm{kg/m^3}$；

a，b ——扩散系数，m；

$m\Delta$ ——静风持续时间，$\Delta=3600\mathrm{s}$，m 取 1，2，3，…。

（3）连续泄漏，风速为 u，$0.5\mathrm{m/s}<u<1\mathrm{m/s}$ 时，把连续泄漏看作 Δt 时间内气团泄漏量为 $Q\Delta t$ 的瞬时泄漏的迭加。于是，以泄漏源为坐标原点，下风向为 x 轴的三维空间一点（x，y，z）处的浓度为：

$$C(x,y,z)=\int_0^\infty C''\mathrm{d}t$$

$$C'' = \frac{2Q}{(2\pi)^{3/2}\delta_x\delta_y\delta_z} \cdot \exp\left[-\frac{(x-ut)^2}{2\delta_x^2}\right] \cdot \exp\left(-\frac{y^2}{2\delta_y^2}\right) \cdot \left\{\exp\left[-\frac{(z-H)^2}{2\delta_z^2}\right] + \exp\left[\frac{(z+H)^2}{2\delta_z^2}\right]\right\} \tag{4-66}$$

B 高斯气团模型

瞬时泄漏形成的气团或重气体作用消失后气团的扩散，应用高斯气团模型计算以泄漏源为坐标原点，下风向为 x 轴的三维空间一点（x，y，z）处的浓度：

$$C(x,y,z,t) = \frac{2Q}{(2\pi)^{3/2}\delta_x\delta_y\delta_z} \cdot \exp\left[-\frac{(x-ut)^2}{2\delta_x^2}\right] \cdot \exp\left(-\frac{y^2}{2\delta_y^2}\right) \cdot \left\{\exp\left[-\frac{(z-H)^2}{2\delta_z^2}\right] + \exp\left[\frac{(z+H)^2}{2\delta_z^2}\right]\right\} \tag{4-67}$$

式中符号意义同前。

4.4 事故经济损失计算

4.4.1 伤亡事故经济损失统计范围

伤亡事故经济损失是指企业、单位职工在劳动生产过程中发生的伤亡事故引起的一切经济损失，包括直接经济损失和间接经济损失。

4.4.1.1 事故直接经济损失

直接经济损失指因事故造成人身伤亡及善后处理支出的费用和毁坏财产的价值。

事故直接经济损失的统计范围包括以下三个方面：

A 职工发生人身伤亡后支出的费用

（1）丧葬及抚恤费用；

（2）医疗费用（含营养费和护理的费用）；

（3）补助和救济的费用；

（4）歇工工资。

B 善后处理所需的各项费用

（1）处理事故的事务性费用（包含交通、住宿、餐饮、招待及出差等费用）；

（2）现场抢救费用；

（3）清理现场费用；

（4）事故罚款和赔偿费用。

C 财产损失价值

（1）固定资产损失价值；

（2）流动资产损失价值。

4.4.1.2 事故间接经济损失

间接经济损失指因事故导致产值减少、资源破坏和受事故影响造成其他损失的价值。

A 国内事故间接经济损失统计范围

国内间接经济损失的统计范围主要包括以下 6 个部分：

（1）因发生的事故导致的停产、减产损失价值；

(2) 因发生的事故造成的各项工作损失价值；
(3) 因事故导致环境污染进行处理的费用；
(4) 资源损失价值；
(5) 补充新职工的教育和培训费用；
(6) 其他损失费用。

B　国外间接经济损失统计范围

国外在进行事故间接损失的计算时，除考虑产量的损失外，还考虑以下几个方面：
(1) 负伤者的时间损失；
(2) 负伤者以外人员的时间损失（如照顾负伤者的时间损失等）；
(3) 救护者、医院有关人员等时间的损失；
(4) 领导者的时间损失（如进行事故调查、根据规定提出事故报告等损失的时间）；
(5) 负伤者复工后，能力低下引起劳动生产率下降引起的损失；
(6) 因事故影响职工情绪，诱发其他事故造成的损失；
(7) 机械工具材料及其他的财产损失。

4.4.2　伤亡事故经济损失计算方法

伤亡事故经济损失计算方法和标准按照《企业职工伤亡事故经济损失统计标准》(GB 6721—1986) 进行计算。

4.4.2.1　事故经济损失

A　事故造成的总经济损失

事故造成的总经济损失即事故直接经济损失与间接经济损失之和。计算公式为

$$E = E_d + E_i \tag{4-68}$$

式中　E——经济损失，万元；
E_d——直接经济损失，万元；
E_i——间接经济损失，万元。

B　事故造成的各项工作损失价值

工作损失价值是指因事故导致被伤害职工的劳动功能部分或全部丧失而造成的损失。工作损失价值计算公式为：

$$V_W = D_1 \times M/(S \times D) \tag{4-69}$$

式中　V_W——工作损失价值，万元；
D_1——事故的总损失工作日数，死亡一名职工按 6000 个工作日计算，受伤职工视伤害情况按 GB 6441—86《企业职工伤亡事故分类标准》的附表确定，日；
M——企业上年税利（税金加利润），对于盈利小于工资总额及亏损企业，可用企业上年的工资总额代替，万元；
S——企业上年平均职工人数；
D——企业上年法定工作日数，日。

C　固定资产损失价值

固定资产损失价值按下列情况计算：
(1) 报废的固定资产，以固定资产净值减去残值计算；

（2）损坏的固定资产，以修复费用计算。

D 流动资产损失价值

流动资产损失价值按下列情况计算：

（1）原材料、燃料、辅助材料等均按账面值减去残值计算；

（2）成品、半成品、在制品等均以企业实际成本减去残值计算。

E 事故已处理结案而未能结算的医疗费、歇工工资采用测算方法计算

a 医疗费

医疗费按下列公式测算：

$$M = M_b + M_b / P \times D_e \tag{4-70}$$

式中 M——被伤害职工的医疗费，万元；

M_b——事故结案日前的医疗费，万元；

P——事故发生之日至结案之日的天数，日；

D_e——延续医疗天数，指事故结案后还须继续医治的时间，由企业劳资、安全、工会等按医生诊断意见确定，日。

注：上述公式是测算一名被伤害职工的医疗费，一次事故中多名被伤害职工的医疗费应累计计算。

b 歇工工资

歇工工资按下列公式测算：

$$L = L_q (D_a + D_k) \tag{4-71}$$

式中 L——被伤害职工的歇工工资，元；

L_q——被伤害职工日工资，元；

D_a——事故结案日前的歇工日，日；

D_k——延续歇工日，指事故结案后被伤害职工还须继续歇工的时间，由企业劳资、安全、工会等与有关单位酌情商定，日。

注：上述公式是测算一名被伤害职工的歇工工资，一次事故中多名被伤害职工的歇工工资，累计计算。

F 事故分期支付的抚恤、补助费用

对分期支付的抚恤、补助等费用，按审定支出的费用，从开始支付日期累计到停发日期。抚恤费、补助费的停发日期为：被伤害职工供养未成年直系亲属抚恤费累计统计到16周岁（普通中学生在校生累计到18周岁）。被伤害职工及供养成年直系亲属补助费、抚恤费累计统计至我国人口平均寿命68周岁。

事故造成的停产、减产损失按事故发生之日起到恢复正常生产水平时止，计算其损失的价值。

4.4.2.2 事故经济损失程度分级

根据《企业职工伤亡事故经济损失统计标准》（GB 6721—1986）将事故经济损失分为以下四级：

（1）一般损失：事故经济损失小于1万元的事故。

（2）较大损失：事故经济损失大于1万元（含1万元）但小于10万元的事故。

（3）重大损失：事故经济损失大于10万元（含10万元）但小于100万元的事故。

（4）特大损失：事故经济损失大于100万元（含100万元）的事故。

本章小结

本章着重对事故原因和事故损失两方面进行了研究。在事故原因方面，本章主要阐述了事故原因的定义、分类、模型及调查等基本内容，并在此基础上列举了各类事故原因的分析方法，诸如事故树分析法、事件树分析法、危险与可操作性分析法等，通过分析对比其各自优缺点，达到选用适宜的方法进行事故原因分析的目的。此外，事故原因方面，本章还详细介绍了事故后果分析方法，对常见的火灾、爆炸、中毒、泄漏事故涉及的参数计算分析不同事故造成的后果严重性。在事故损失计算方面，本章明确了伤亡事故经济损失统计范围，并给出了伤亡事故经济损失的计算方法。

习题和思考题

4-1 事故原因的分类及依据是什么？
4-2 事故原因调查的基本步骤是什么？
4-3 事故原因分析需明确哪些内容？
4-4 事件原因调查的基本步骤是什么？
4-5 简述事故树分析法的程序。
4-6 简述事件树分析法的程序。
4-7 事故统计的任务和目的是什么？
4-8 事故统计的主要内容有哪些？
4-9 事故统计工作的步骤是什么？
4-10 伤亡事故经济损失的统计范围是什么？
4-11 事故经济损失程度如何分级？

5 危险化学品火灾与爆炸事故调查

本章学习要点：

（1）掌握危险化学品的定义及分类。

（2）了解危险化学品火灾与爆炸事故现场的相关知识，重点理解火灾与爆炸事故现场的保护内容。

（3）理解危险化学品火灾与爆炸事故现场勘察与取证的内容，重点掌握火灾与爆炸事故现场勘察的步骤。

（4）掌握危险化学品火灾与爆炸事故物证的分析与鉴别。

（5）掌握危险化学品火灾与爆炸事故分析的基本方法。

（6）学会利用火灾与爆炸事故特性，判定火灾事故的起火时间。

（7）掌握基本的火灾事故原因认定方法，学会判定火灾事故的起火原因。

5.1 危险化学品基础知识

化学品是人类生产和生活不可缺少的物品。随着化学工业的迅猛发展和生产规模的不断扩大，各种化工新材料、新产品、新技术、新工艺和新设备给人民群众的生活带来了极大的便利，但随之而来的重大危险化学品安全事故也在不断发生，给人民的生命财产安全和生存环境带来了极大危害。危险化学品固有的易燃、易爆、有毒、有害、腐蚀、放射等危险特性，决定了在其生产、经营、储存、运输、使用以及废弃物的处理过程中，如果管理或防护不当，将会损害人体健康，造成财产损失和生态环境污染。因此，如何保障危险化学品在各环节的安全性，降低其危害性，避免安全事故的发生，已成为社会关注的焦点。

5.1.1 危险化学品定义与分类

5.1.1.1 危险化学品的定义

化学品是指各种化学元素、由元素组成的化合物及其混合物，无论是天然的或人造的。危险化学品是指化学品中具有易燃、易爆、有毒、有害及腐蚀特性，可对人员（包括生物）、设施、环境造成伤害或损害的化学品。

危险化学品上述定义包含了三点具体内容：

（1）具有易燃、易爆、毒害、腐蚀等特性。

危险化学品所具有的特殊的物理化学性质，是造成火灾、爆炸、中毒、灼伤与污染等事故的基本条件。

（2）在生产、经营、储存、运输、使用和处置废弃危险化学品等过程中造成事故，说明危险化学品是物品，而不单单是危险物质。

（3）容易造成人身伤亡和财产损失。

危险化学品在一定外界因素作用下，由于受热、明火、摩擦、震动、撞击、洒漏及与性能相抵触的物品接触等，引发各种变化所产生的危险后果，不仅是财产损失，更严重的是危及人身安全和破坏周围环境。

危险化学品在生产、经营、使用场所一般不单称危险化学品，而统称化工产品。在铁路运输、公路运输、水上运输、航空运输等运输过程中都称为危险货物。在储存环节，一般又称为危险物品或危险品。当然作为危险货物、危险物品，除危险化学品外，还包括一些其他货物或物品。

危险化学品在国家的法律法规中称呼也不一样，如在《中华人民共和国安全生产法》中称“危险物品”，在《危险化学品安全管理条例》中称“危险化学品”。我们经常看到火车站、公共场所写着“……危险品、易燃易爆物品、爆炸品”等物品通称危险品。

5.1.1.2　危险化学品的分类

目前，危险化学品中常见且用途较广的约有数千种，其性质各不相同，每一种危险化学品往往具有多种危险性，如二硝基苯酚，既有爆炸性、易燃性，又有毒害性；一氧化碳既有易燃性又有毒害性。但是在多种危险性中，必有一种对人类危害最大的危险性。因此，在对危险化学品进行分类时，采用了“择重归类”的原则，即根据该化学品的主要危险性来进行分类。

国家质量技术监督局于2012年发布国家标准《危险货物分类和品名编号》（GB 6944—2012）、《危险货物品名表》（GB 12268—2012），根据货物运输时的危险性将危险货物分为9类，并规定了危险货物的品名和编号。

（1）第1类，爆炸品：

1）有整体爆炸危险的物质和物品；

2）有迸射危险，但无整体爆炸危险的物质和物品；

3）有燃烧危险并有局部爆炸危险或局部迸射危险或这两种危险都有，但无整体爆炸危险的物质和物品；

4）不呈现重大危险的物质和物品；

5）有整体爆炸危险的非常不敏感物质；

6）无整体爆炸危险的极端不敏感物品。

（2）第2类，气体：

1）易燃气体；

2）非易燃无毒气体；

3）毒性气体。

（3）第3类，易燃液体。

（4）第4类，易燃固体、易于自燃的物质、遇水放出易燃气体的物质：

1）易燃固体、自反应物质和固态退敏爆炸品；

2）易于自燃的物质；

3）遇水放出易燃气体的物质。

（5）第5类，氧化性物质和有机过氧化物：

1）氧化性物质；

2）有机过氧化物。

（6）第6类，毒性物质和感染性物质：

1）毒性物质；

2）感染性物质。

（7）第7类，放射性物质。

（8）第8类，腐蚀性物质。

（9）第9类，杂项危险物质和物品，包括危害环境物质。

注：号码顺序并不是危险程度的顺序。

5.1.2 危险化学品事故类型

5.1.2.1 火灾事故

火灾事故指燃烧物质主要是危险化学品的火灾事故。具体又分若干小类，包括：易燃液体火灾、易燃固体火灾、自燃物品火灾、遇湿易燃物品火灾、其他危险化学品火灾。易燃液体、气体火灾往往发展为爆炸事故，造成重大的人员伤亡。单纯的液体火灾一般不会造成重大的人员伤亡。由于大多数危险化学品在燃烧时会放出有毒气体或烟雾，因此危险化学品火灾事故中，人员伤亡的原因往往是中毒和窒息。由上面的分析可知，单纯的易燃液体火灾事故较少，这类事故往往被归入危险化学品爆炸（火灾爆炸）事故，或危险化学品中毒和窒息事故。

5.1.2.2 爆炸事故

爆炸事故指危险化学品发生化学反应的爆炸事故或液化气体和压缩气体的物理爆炸事故。具体又分若干小类，包括：爆炸品的爆炸（又可分为烟花爆竹爆炸、民用爆炸器材爆炸、军工爆炸品爆炸等）；易燃固体、自燃物品、遇湿易燃物品的火灾爆炸；易燃液体的火灾爆炸；易燃气体爆炸；危险化学品产生的粉尘、气体、挥发物的爆炸；液化气体和压缩气体的物理爆炸；其他化学反应爆炸。

5.1.2.3 中毒和窒息事故

危险化学品中毒和窒息事故主要指人体吸入、食入或接触有毒有害化学品或者化学品反应的产物，而导致的中毒和窒息事故。具体又分若干小类，包括：吸入中毒事故（中毒途径为呼吸道）；接触中毒事故（中毒途径为皮肤、眼睛等）；误食中毒事故（中毒途径为消化道）；其他中毒和窒息事故。

5.1.2.4 泄漏事故

泄漏事故主要是指气体或液体危险化学品发生了一定规模的泄漏，虽然没有发展成为火灾、爆炸或中毒事故，但造成了严重的财产损失或环境污染等后果的危险化学品事故。危险化学品泄漏事故一旦失控，往往造成重大火灾、爆炸或中毒事故。

5.1.2.5 灼伤事故

灼伤事故是指具有腐蚀性的危险化学品与人体接触后，可在短时间内与人体接触表面发生化学反应，造成明显的破坏。经过一定时间后可表现出严重的伤害，且伤害还会不断加深，危害较大。

其中，火灾爆炸事故是危险化学品经常发生且损失较为惨重的危险化学品事故，本章讨论火灾爆炸事故，不讨论中毒事故与泄漏事故的调查与分析。

5.1.3 危险化学品火灾爆炸危险性分析

5.1.3.1 危险化学品火灾爆炸危险特性指标

评定化学危险品的火灾爆炸危险特性有以下几个指标：

（1）燃点。可燃物质在空气充足条件下，达到某一温度与火焰接触即能着火（出现火焰或灼热发光），并在移去火焰之后仍能继续燃烧的最低温度称为该物质的燃点或着火点。易燃液体的燃点约高于其闪点1～5℃。

（2）闪点。易燃、可燃液体（包括具有升华性的可燃固体）表面挥发的蒸气与空气形成的混合气，当火源接近时会产生瞬间燃烧，这种现象称为闪燃。引起闪燃的最低温度称闪点。当可燃液体温度高于其闪点时随时都有被火焰点燃的危险。

闪点是评定可燃液体火灾爆炸危险性的主要标志。就火灾和爆炸来说，化学物质的闪点越低，危险性越大。

（3）自燃点。可燃物质在没有火焰、电火花等明火源的作用下，由于本身受空气氧化而放出热量，或受外界温度、湿度影响使其温度升高从而引起燃烧的最低温度称为自燃点（或引燃温度）。

自燃有两种情况：1）受热自燃：可燃物质在外部热源作用下温度升高，达到自燃点而自行燃烧。2）自热自燃：可燃物在无外部热源影响下，其内部发生物理的、化学的或生化过程而产生热量，并经长时间积累达到该物质的自燃点而自行燃烧。自热自燃是化工产品贮存运输中较常见的现象，危害性极大。自燃点越低，自燃的危险性越大。

（4）爆炸极限。可燃气体、可燃液体蒸气或可燃粉尘与空气混合并达到一定浓度时，遇火源就会燃烧或爆炸。这个遇火源能够发生燃烧或爆炸的浓度范围称为爆炸极限。通常用可燃气体在空气中的体积分数表示。

可燃气体、可燃液体蒸气或可燃粉尘与空气的混合物，并不是在任何混合比例下都会发生燃烧或爆炸的，而是有一个浓度范围，即有一个最低浓度——爆炸下限，和一个最高浓度——爆炸上限。只有在这两个浓度之间，才有爆炸危险。爆炸极限是在常温、常压等标准条件下测定出来的，这一范围随着温度、压力的变化而变化。爆炸极限范围越宽，下限越低，爆炸危险性也就越大。

（5）爆炸压力。可燃气体、可燃液体蒸气或可燃粉尘与空气的混合物、爆炸物品在密闭容器中着火爆炸时所产生的压力称爆炸压力。爆炸压力的最大值称为最大爆炸压力。

爆炸压力通常是测量出来的，但也可以根据燃烧反应方程式或气体的内能进行计算。物质不同爆炸压力也不同，即使是同一种物质因周围环境、原始压力、温度等不同，其爆炸压力也不同。

苦味酸、三硝基甲苯（TNT）、叠氮化物、雷酸盐、硝酸铵、乙炔银及其他超过三个硝基的有机化合物等，具有猛烈的爆炸性。当受到高热摩擦、撞击、震动等外来因素的作用或与其他性能相抵触的物质接触，就会发生剧烈的化学反应，产生大量的气体和高热，引起爆炸。爆炸性物质如贮存量大，爆炸时威力更大。

（6）最小点火能。最小点火能是指能引起爆炸性混合物燃烧爆炸时所需的最小能量。最小点火能数值越小，说明该物质越易被引燃。

5.1.3.2 危险化学品的燃烧与爆炸性分析

危险化学品的燃烧与爆炸事故与火灾事故要素相同，同样需要具备三要素：可燃物、助燃物和点火源，如图5-1所示。它们也必须有正确的比例和在合适的状态下才能燃烧或爆炸，过量的燃料与不充足的氧、高浓度的氧与不足量的燃料都不能燃烧，如图5-2所示。只有具备了一定数量和浓度的燃料和氧，以及具备一定能量的点火能源，三者同时存在并且发生相互作用，才能引起燃烧或爆炸。

例如：甲烷在空气中的浓度小于5.3%或大于14%时，由于甲烷浓度过低或氧气浓度过低，甲烷便不能燃烧。同时，要使燃烧发生必须具备一定能量的点火源。若用热能引燃甲烷和空气的混合物，当点燃温度低于595℃时燃烧便不能发生。若用电火花点燃，则最小点火能为0.28mJ，若点火源的能量小于该数值，该混合气体便不能着火。

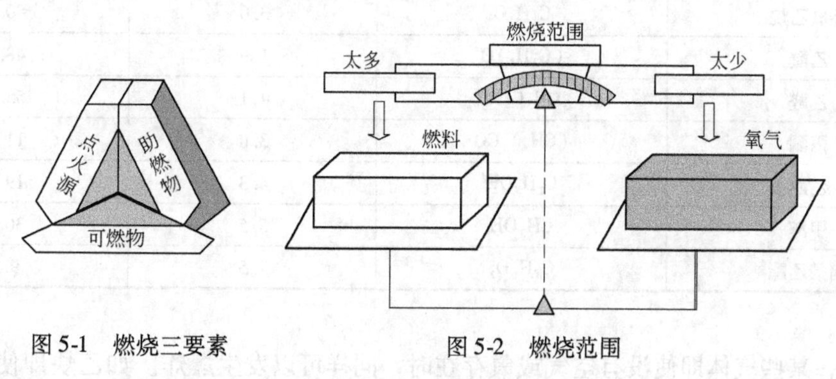

图5-1　燃烧三要素　　　　图5-2　燃烧范围

A　可燃气体、可燃蒸气、可燃粉尘的燃爆危险性

可燃气体、可燃蒸气或可燃粉尘与空气组成的混合物，当遇到点火源时极易发生燃烧爆炸，但并非在任何混合比例下都能发生，而是有固定的浓度范围。在此浓度范围内，浓度不同，放热量不同，火焰蔓延速度（即燃烧速度）也不相同。在混合气体中，所含可燃气体为化学计量浓度时，发热量最大，稍高于化学计量浓度时，火焰蔓延速度最大，燃烧最剧烈；可燃物浓度增加或减少，发热量都要减少，蔓延速度降低，当浓度低于某一最低浓度或高于某一最高浓度时，火焰便不能蔓延，燃烧也就不能进行。在火源作用下，可燃气体、可燃蒸气或粉尘在空气中，恰足以使火焰蔓延的最低浓度称为该气体、蒸气或粉尘的爆炸下限，也称燃烧下限。同理，恰足以使火焰蔓延的最高浓度称为爆炸上限，也称燃烧上限。上限和下限统称为爆炸极限或燃烧极限，上限和下限之间的浓度称为爆炸范围。浓度在爆炸范围以外，可燃物不着火，更不会爆炸。但是，在容器或管道中的可燃气体浓度在爆炸上限以上，若空气能补充或渗漏进去，则随时有燃烧、爆炸的危险。因此，对浓度在上限以上的混合气，通常仍然认为它们是危险的。

爆炸范围通常用可燃气体、可燃蒸气在空气中的体积分数表示，可燃粉尘用 mg/m^3 表示。例如：乙醇爆炸范围为4.3%～19.0%，4.3%称为爆炸下限，19.0%称为爆炸上限。通常爆炸极限是在常温、常压的标准条件下测定出来的，它随温度、压力的变化而变化。

部分可燃气体、可燃蒸气的爆炸极限见表5-1。

表5-1 部分可燃气体、蒸气的爆炸极限

可燃气体或蒸气	分子式	爆炸极限/%	
		下限	上限
氢气	H_2	4.0	75.0
氨	NH_3	15.5	27.0
一氧化碳	CO	12.5	74.2
甲烷	CH_4	5.3	14.0
乙烷	C_2H_6	3.0	12.5
乙烯	C_2H_4	3.1	32.0
苯	C_6H_6	1.4	7.1
甲苯	C_7H_8	1.4	6.7
环氧乙烷	C_2H_4O	3.0	80.0
乙醚	$(C_2H_5)O$	1.9	48.0
乙醛	CH_3CHO	4.1	55.0
丙酮	$(CH_3)_2CO$	3.0	11.0
乙醇	C_2H_5OH	4.3	19.0
甲醇	CH_3OH	5.5	36.0
醋酸乙酯	$C_4H_8O_2$	2.5	9.0

另外，某些气体即使没有空气或氧存在时，同样可以发生爆炸。如乙炔即使在没有氧的情况下，若被压缩到2个大气压以上，遇到火星也能引起爆炸。这种爆炸是由物质的分解引起的，称为分解爆炸。乙炔发生分解爆炸时所需的外界能量随压力的升高而降低。实验证明，若压力在1.5MPa以上，需要很少能量甚至无需能量乙炔也会发生爆炸，表明高压下的乙炔是非常危险的。针对乙炔分解爆炸的特性，目前采用多孔物质储存乙炔，即把乙炔压缩溶解在多孔物质上。除乙炔外，其他一些分解反应为放热反应的气体，也有同样性质，如乙烯、环氧乙烷、丙烯、联氨、一氧化氮、二氧化氮、二氧化氯等。

B 液体的燃爆危险性

易（可）燃液体在火源或热源的作用下，先蒸发成蒸气，然后蒸气氧化分解进行燃烧。开始时燃烧速度较慢，火焰也不高，因为这时的液面温度低，蒸发速度慢，蒸气量较少。随着燃烧时间延长，火焰向液体表面传热，使表面温度上升，蒸发速度和火焰温度同时增加，这时液体就会达到沸腾的程度，使火焰显著增高。如果不能隔断空气，易（可）燃液体就可能完全烧尽。

液体的表面都有一定数量的蒸气存在，蒸气的浓度取决于该液体所处的温度，温度越高蒸气浓度越大。液体在闪点温度，蒸发速度较慢，表面上积累的蒸气遇火瞬间即已烧尽，而新蒸发的蒸气还来不及补充，所以不能持续燃烧。当温度稍高于闪点时，易（可）燃液体随时都有遇火源而被点燃的可能。常见易（可）燃液体的闪点见表5-2。

表 5-2 常见易燃、可燃液体的闪点

液体名称	闪点/℃	液体名称	闪点/℃
汽油	-58~10	甲苯	4
石油醚	-50	甲醇	9
二硫化碳	-45	乙醇	13
乙醚	-45	醋酸丁酯	13
乙醛	-38	石脑油	25
原油	-35	丁醇	29
丙酮	-17	氯苯	29
辛烷	-16	煤油	30~70
苯	-11	重油	80~130
醋酸乙酯	1	乙二醇	100

C 固体的燃爆危险性

固体燃烧分两种情况，对于硫、磷等低熔点简单物质，受热时首先熔化，继之蒸发变为蒸气进行燃烧，无分解过程，容易着火；对于复杂物质，受热时首先分解为物质的组成部分，生成气态和液态产物，然后气态和液态产物的蒸气再发生氧化燃烧。

某些固态化学物质一旦点燃将迅速燃烧，如镁，一旦燃烧将很难熄灭；某些固体对摩擦、撞击特别敏感，如爆炸品、有机过氧化物，当受外来撞击或摩擦时，很容易引起燃烧爆炸，故对该类物品进行操作时，要轻拿轻放，切忌摔、碰、拖、拉、抛、掷等；某些固态物质在常温或稍高温度下即能发生自燃，如白磷若露置空气中可很快燃烧，因此生产、运输、储存等环节要加强对该类物品的管理，这对减少火灾事故的发生具有重要意义。

工业事故中，引发固体火灾事故较多的是化学品自热燃烧和受热自燃。

5.1.3.3 火灾与爆炸的破坏作用

火灾与爆炸都会带来生产设施的重大破坏和人员伤亡，但两者的发展过程显著不同。火灾是在起火后火场逐渐蔓延扩大，随着时间的延续，损失数量迅速增长，损失大约与时间的平方成比例，如火灾时间延长1倍，损失可能增加4倍。爆炸则是猝不及防，可能仅在一秒钟内爆炸过程已经结束，设备损坏、厂房倒塌、人员伤亡等巨大损失也是在瞬间发生。

爆炸通常伴随发热、发光、压力上升、真空和电离等现象，具有很强的破坏作用。它与爆炸物的数量和性质、爆炸时的条件，以及爆炸位置等因素有关。主要破坏形式有以下几种。

A 直接破坏作用

压力容器、运输管道、危险化学品生产装置等爆炸后会产生许多碎片，飞出后会在很大的范围内造成危害。一般碎片在100~500m内飞散。如2004年重庆天原化工总厂排污罐和液氯储罐发生爆炸，储罐罐体破裂解体并炸出长9m、宽4m、深2m的坑，以坑为中心，在200m半径内的地面上和建筑物上有大量散落的爆炸碎片，爆炸造成9人死亡，3人受伤。

B 冲击波的破坏作用

物质爆炸时，产生的高温高压气体以极高的速度膨胀，像活塞一样挤压周围空气，把爆炸反应释放出的部分能量传递给压缩的空气层，空气受冲击而发生扰动，使其压力、密度等产生突变，这种扰动在空气中传播就称为冲击波。冲击波的传播速度极快，在传播过程中，可以对周围环境中的机械设备和建筑物产生破坏作用，使人员伤亡。冲击波还可以在它的作用区域内产生震荡作用，使物体因震荡而松散，甚至破坏。冲击波的破坏作用主要是由其波阵面上的超压引起。在爆炸中心附近，空气冲击波波阵面上的超压可达几个甚至十几个大气压，在这样高的超压作用下，建筑物被摧毁，机械设备、管道等也会受到严重破坏。当冲击波大面积作用于建筑物时，波阵面超压在20～30kPa内，就足以使大部分砖木结构建筑物受到强烈破坏；超压在100kPa以上时，除坚固的钢筋混凝土建筑外，其余部分将全部破坏。

C 造成火灾

爆炸发生后，爆炸气体产物的扩散只发生在极其短促的瞬间内，对一般可燃物来说，不足以造成起火燃烧，而且冲击波造成的爆炸风还有灭火作用。但是爆炸时产生的高温高压，建筑物内遗留大量的热或残余火苗，会把从破坏的设备内部不断流出的可燃气体、易燃或可燃液体的蒸气点燃，也可能把其他易燃物点燃引起火灾。当盛装易燃物的容器、管道发生爆炸时，爆炸抛出的易燃物有可能引起大面积火灾，这种情况在油罐、液化气瓶爆破后最易发生。正在运行的燃烧设备或高温的化工设备被破坏，其灼热的碎片可能飞出，点燃附近储存的燃料或其他可燃物，引起火灾。如2013年6月2日，中国石油天然气股份有限公司大连石化分公司第一联合车间三苯罐区小罐区939号杂料罐在动火作业过程中发生爆炸、泄漏物料着火，并引起937号、936号、935号三个储罐相继爆炸着火，造成4人死亡，直接经济损失697万元。

D 造成中毒和环境污染

在实际生产中，许多物质不仅是可燃的，而且是有毒的，发生爆炸事故时，会使大量有害物质外泄，造成人员中毒和环境污染。

5.2 危险化学品火灾与爆炸事故现场概述

火灾与爆炸事故现场是指发生火灾爆炸的具体地点和留有与事故有关的痕迹与物证的一切场所。每一起火灾爆炸事故的发生都必然会与一定的时间、空间和一定的人、物、事发生联系，组成一定的因果关系，必然会引起客观环境的变化。这些与事故案件相关联的地点、人、物、事关系的总和，就构成了事故现场。

5.2.1 火灾与爆炸事故现场的特点

5.2.1.1 客观性和可变性

任何事物的存在都离不开一定的时间、空间，因此，只要有火灾与爆炸发生，就必然有事故现场存在。有的现场明显一些，有的现场不那么明显；有的现场勘验价值大一些，有的现场勘验价值小一些。尽管有些责任单位或个人为了逃避责任，千方百计企图改变或消灭事故现场，也只能掩盖或改变事故现场的某些现象，火灾与爆炸事实是掩盖不了的，更是消灭不了的，这就是火灾与爆炸现场存在的客观性。与此同时，由于事物总是处在不断的运动变化中，运动是绝对的，静止是相对的，因此，随着时间的流逝，人为、自然因素对现场的影响和作用，特别是为了抢救人命、疏散物资、排除火险，不得不破坏现场；消防破拆、水流冲击、喷洒泡沫等灭火剂的行动，会使事故现场的原始状态和各种现场发生变化，有些变化是不可避免的客观存在，这就是火灾现场现象的可变性。

现场存在的客观性和现场现象的可变性这一特点，要求现场保护人员要认真研究每一个火灾与爆炸现场，要有强烈的时间观念，发生事故后及时赶到现场，力争把现场现象的变化减少到最低限度。

5.2.1.2 暴露性和破坏性

由于事故本身的破坏作用和人为的破坏作用（救火、伪造现场）等原因，会对现场的建筑、设施等造成破坏，其强大的机械力使大量的物体移位、改变状态，甚至有些物质相互作用发生化学反应生成新物质，许多证据被毁坏以致毁灭，因此事故现场具有复杂而又不完整的破坏性特点；另一方面，事故现场的种种变化，都可以为人们所感觉到，有可能凭直觉就能发现哪里发生了火灾，以及发生的情况。如通过视觉，观察到火灾的燃烧过程；通过听觉，听到了火灾燃烧、倒塌的声响；通过嗅觉，闻到火灾中不同物质燃烧的气味，等等。因此，火灾具有明显的暴露性特点。

火灾与爆炸现场的暴露性和破坏性特点，提示我们在救火时和火灾与爆炸后要保护好现场，在事故原因调查过程中要注意通过周围群众记忆中的“痕迹”再现火灾。

5.2.1.3 共同性和特殊性

事故现场的现象十分复杂，表现形式也多种多样，但同类事故现场具有某些相同的现象。这些相同的现象反映了同类事故现场现象的共同性。根据这种共同性，调查人员可以找到同类火灾现场的一般规律和特点，指导事故现场的调查工作。虽然同类事故现场的现象具有共同性，但是具体的事故火灾现场却又各不相同。这种各不相同的现场现象反映了具体事故现场的特殊性。这种特殊性是各个事故现象特殊规律的反映。根据这些特殊性，事故调查人员可以把这一个事故现场与另一个事故现场区别开，找到不同现场之间千差万别的原因或特殊依据，针对具体现场情况进行具体分析，采取不同的方法去解决现场不同的问题。

5.2.1.4 复杂性和隐蔽性

由于事故现场往往是一个破坏式的现场，为了勘察事故，需要“再现”事故的发生过程，而此过程是一个逆推理过程。在推理过程中，由于痕迹、物证被破坏甚至被烧毁，推理过程往往因此中断。这种现象与本质之间、现象与因果关系之间、本质与因果关系之间的复杂性，导致了因果关系的隐蔽性。

5.2.2 火灾与爆炸事故现场分类与区域划分

5.2.2.1 现场的分类

火灾与爆炸事故现场的分类，因划分要求的不同而不相同。

A 按事故现场的真实情况分类

(1) 真实现场。真实现场是指火灾与爆炸事故发生后到现场勘察前无故意破坏和无伪装的现场。

（2）伪造现场。伪造现场是指与事故责任有关的人有意布置的假现场。

（3）伪装现场。伪装现场是指火灾与爆炸事故发生后，当事人为逃避责任，有意对事故现场进行某些改变的现场。

B 按事故现场形成之后有无变动分类

（1）原始现场。原始现场就是指火灾发生后到现场勘察前，没有遭到人为的或重大的自然力破坏的现场。原始现场能真实、客观、全面地反映火灾发展蔓延的本来面目。事故的痕迹、物证较完整，能为调查人员提供较多的线索和重要证据。

（2）变动现场。变动现场就是事故发生后由于人为的或自然的原因，部分或全部地改变了现场的原始状态。这类现场会给事故调查带来种种不利因素，会使调查人员失去本来可以得到的痕迹与物证。有时为了抢救人员、排除火险，不得不破坏现场；消防破拆，水流冲击，喷洒泡沫、干粉等灭火剂的灭火行动，也会改变现场的原始面貌。

此外，根据发生火灾的具体场所是否集中可分为集中事故现场和非集中事故现场。大多数事故现场是集中的，但也有事故发生在此、起因在彼，以及由飞火造成的不连续的非集中事故现场等。

5.2.2.2 现场区域划分

现场区域通常根据危险化学品事故的危害范围、危害程度及与危险化学品事故源的位置等划分为事故中心区域、事故波及区域和事故可能影响区域。

A 事故中心区域

中心区即距事故现场0～500m的区域。此区域危险化学品浓度指标高，有危险化学品扩散，并伴有爆炸、火灾发生，有建筑物设施及设备损坏、人员急性中毒。事故中心区的救援人员需要全身防护，并佩戴隔绝式面具。

该区域的救援工作包括切断事故源、抢救伤员、保护和转移其他危险化学品、清除渗漏液态毒物、进行局部的空间洗消及封闭现场等。非抢险人员撤离到中心区域以外后应清点人数，并进行登记。事故中心区域边界应有明显警戒标志。

B 事故波及区域

事故波及区即距事故现场500～1000m的区域。该区域空气中危险化学品浓度较高，作用时间较长，有可能发生人员或物品的伤害或损坏。

该区域的救援工作主要是指导防护、监测污染情况，控制交通，组织排除滞留危险化学品气体。视事故实际情况组织人员疏散转移。事故波及区域人员撤离到该区域以外后应清点人数，并进行登记。事故波及区域边界应有明显警戒标志。

C 受影响区域

受影响区域是指事故波及区外可能受影响的区域，该区可能有从中心区和波及区扩散的小剂量危险化学品危害。

该区救援工作重点放在及时指导群众进行防护，对群众进行有关知识的宣传，稳定群众的思想情绪，做基本应急准备。

5.2.3 火灾与爆炸事故现场的保护

火灾与爆炸发生后，如不及时保护好现场，现场的真实状态就可能受到人为或自然的原因（如清点财物、扶尸痛哭、好奇围观、刮风下雨、采取紧急措施等）的破坏。火灾与爆炸现场是提取查证起火原因痕迹物证的重要场所，若遇到破坏，则直接影响事故现场勘察工作的顺利开展，影响勘察人员获取火灾与爆炸案件现场诸因素的客观资料。这种现场，即使勘察人员十分认真、细致也会影响勘察工作的质量，影响对某些问题（如案件定性、痕迹形成原因等）做出准确的判断。只有把事故现场保护好了，事故调查人员才有可能快速、全面、准确地发现、提取火灾遗留下来的痕迹物证，才有可能不失时机地补充提供现场访问的对象和内容、获取证据材料。因此在火灾与爆炸事故调查工作中要务必保护好事故现场。

5.2.3.1 现场保护工作存在的问题

A 重调查轻保护

火灾与爆炸发生后，绝大部分调查人员都是“直奔主题”，直接进行现场勘验和调查询问。而事故现场的保护只是停留在口头上和表面上，没有把事故现场保护工作当做火灾调查的前置条件和具体内容来对待，造成流于形式和不负责任。这种不认真的做法给火灾与爆炸事故的全面调查和准确认定埋下了隐患。

B 重保护轻解除

封闭火灾与爆炸现场和解除封闭火灾与爆炸现场是事故现场保护过程中的两个重要环节。对需要封闭的事故现场，事故调查人员一般都能按程序对火灾与爆炸现场封闭的范围、时间和要求等予以公告。但由于火灾与爆炸原因认定的复杂性，有的事故现场需要反复勘验，事故调查人在现场勘验、调查询问后，对是否需要继续保留现场和保留时间，或者解除封闭现场，没能及时告知相关单位和个人，致使事故当事人不能及时清点财物、恢复生产、灾后重建，有可能引起社会矛盾。

C 现场保护时间和程序把握不准

大多数情况较为复杂的事故现场，为了准确查找火灾与爆炸原因，事故调查人员都能按时按程序对现场进行封闭保护。但对于火灾与爆炸情况简单的现场，特别是夜间发生火灾与爆炸的现场，事故调查人员往往是先勘验调查再封闭现场；或者仅要求相关单位和个人自行保护，再由公安机关消防机构组织人员进行现场勘验；或者是勘验调查过程中，发现火灾原因认定有难度，随意扩大或缩小封闭现场；或者火灾与爆炸原因认定结束，现场撤除后，当事人对火灾与爆炸原因认定有异议时，进行二次封闭。这些对事故现场保护时间和程序把握不准的错误行为，很有可能引起事故原因调查程序违法，甚至引起行政诉讼败诉。

5.2.3.2 基本要求

火灾发生后，如不及时保护好现场，现场的真实状态就可能受到人为的或自然原因的破坏，直接影响现场勘察工作的顺利开展，影响勘察人员获取现场诸因素的客观资料。做好现场保护，可从以下几点来着手：

现场保护人员在现场保护期间要服从统一指挥，遵守纪律，不能随便进入现场。不准触摸、移动、挪用现场物品。保护人员要有高度的责任心，坚守岗位，尽职尽责，保护好现场的痕迹与物证。收集群众的反映，自始至终地保护好事故现场。现场保护中的基本要求如下。

（1）要及时严密地保护现场，使火灾与爆炸现场能保持停止燃烧时的原样，为发现发火物和引火物的残留物、火势蔓延和纵火的痕迹，确定起火点和搜集物证创造条件。

(2) 消防部门在接到事故报警后，应该迅速组织勘察力量前往现场，同时积极部署现场保护工作，以减少事故发生过程中或事故发生后，由于人为的、自然的影响，引起现场不同程度的变化。

(3) 城乡公安派出所民警，厂矿、企业、机关、学校和街道居民委员会的治安保卫人员以及义务消防组织都有责任保护现场，广大干部群众都有权利协助保护现场。事故单位和区域负责人应及时安排现场的保护工作；同时积极与消防部门联系，要求派人勘察现场，待现场勘察人员到场后，再重新决定保护现场的有关事宜，若勘察人员已在起火当时到达火场，则应协同事故单位统一布置现场保护。

(4) 扑灭火灾也应视为保护火灾与爆炸现场的重要组成部分。灭火指挥员在灭火行动中应充分注意这一点。火灭后进行现场勘察从某种意义上讲是现场保护的继续，更应努力避免拆除或移动现场中的任何遗留物。

5.2.3.3 保护范围

一般情况下，保护范围应包括被烧到的全部场所及与起火原因有关的一切地点。保护范围圈定后，应禁止任何人进入现场保护区，现场保护人员不经许可不得无故进入现场、移动任何物品，更不得擅自勘察；对可能遭到破坏的痕迹与物证，应采取有效措施，妥善保护，但必须注意，不要因为实施保护措施而破坏了现场的痕迹与物证。

确定保护现场的范围，应根据起火特征和燃烧特点等不同情况来决定，在保证能够查清事故起因的条件下，尽量把保护现场的范围缩小到最小限度。但遇到下列情况时，需要根据现场的条件和勘察工作的需要扩大保护范围。

(1) 起火点、爆源点位置未能确定。起火、爆炸部位不明显；起火点位置、爆炸爆源点看法有分歧；初步认定的起火点、爆源点与现场遗留痕迹不一致等。

(2) 由电气故障引起的火灾。当怀疑起火原因为电气设备故障时，凡属与火场用电设备有关的线路、设备，如进户线、总配电盘、开关、灯座、插座、电动机及其拖动设备和它们通过或安装的场所，都应列入保护范围。有时因电气故障引起火灾，起火点和故障点并不一致，甚至相隔很远，则保护范围应扩大到发生故障的那个场所。

(3) 爆炸现场。对设备、设施、建筑物因爆炸倒塌起火的现场，不论抛出物体飞出的距离有多远，也应把抛出物着地点列入保护范围，同时把爆炸场所破坏和影响到的建筑物等列入现场保护的范围。但并不是要把这么大的范围都封闭起来，只是要将有助于查明爆炸原因、分析爆炸过程及爆炸威力的有关物件保护和圈定起来。

根据有关规定，现场保护时间是从发现火灾爆炸时到火灾爆炸现场勘察结束。在保护时间内，对确需及时恢复生产的，公安消防监督机构可视情况予以批准。

5.3 危险化学品火灾与爆炸事故现场的勘察与调查取证

5.3.1 火灾与爆炸事故现场勘察的目的与任务

5.3.1.1 勘察目的

火灾与爆炸事故现场勘察在事故调查、处理的总体过程中，是一项复杂、细致、耐心、艰苦而又具有很强的技术性、法律性的工作。现场勘察的目的是：

（1）根据事故现场的燃烧现象、火势蔓延痕迹、发火物和引火物的位置等寻找、判断起火部位、起火点。

（2）采集能够证明起火原因、事故性质和责任的痕迹物证。

（3）验证现场访问获取的线索和证据，为现场访问指明方向。

（4）统计与核实事故损失情况。

5.3.1.2 勘察任务

火灾与爆炸事故现场勘察主要是围绕查明事故起因而展开工作的，所以现场勘察的基本任务是收集、检验能证明起火原因的证据。为了更好地收集证据，必须查清以下情况：

（1）获取认定起火部位、起火点的证据。

（2）获取确定起火源的证据。

（3）获取认定起火物的证据。

（4）查明火灾损失及人员伤亡情况。

（5）消防设施的效能及其他有关情况。

（6）火灾蔓延和烟熏状况。

（7）设备、储罐等所处的位置及被烧情况。

（8）爆炸中心、冲击波破坏的范围和程度，飞出物的材质、体积、重量、分布点、方向、距离等。

5.3.2 火灾与爆炸事故现场勘察的准备工作

为能及时、有效地进行火灾与爆炸事故现场的勘察工作，调查人员必须做好平时和勘察前的准备工作。

5.3.2.1 平时的准备工作

调查人员应根据现场勘察工作的需要学习有关建筑、电工、化工、燃烧学等方面的知识及现场勘察和物证鉴定的新方法和新成果，以适应不同事故现场勘察的需要。此外，还要努力提高绘图、照相、录像等专业技能。

配备必要的勘察工具，如现场勘察箱、照相器材、录像器材等，要保证仪器及工具处于完好状态，做到经常检查，有故障及时修理或调换。此外，对手电筒、胶卷之类常用的物品一定要准备好。车辆和通信联络工具也要保证处于完好状态。为了勘察中的安全，应配备好必要的防护用品。

5.3.2.2 临场的准备工作

调查人员到达事故现场以后，应在统一指挥下抓紧做好如下勘察的准备工作。

（1）观察燃烧爆炸状况。在到达事故现场后，调查人员要立即选择便于观察全场的立脚点，观察并记录下列情况：火势状态、蔓延情况、火焰高度及颜色、烟的气味及颜色、建筑物及物品倒塌情况；扑救情况、破拆情况、抢救人员及财物情况；人员动态、可疑的人和事。

（2）勘察前的询问。现场勘察前应向了解事故现场情况的人员了解有关事故和现场的情况，为进行现场勘察提供可靠线索。具体应了解如下情况：可能的起火部位、起火点、起火源、爆源点、爆燃物等；火灾发生、发展的过程；爆炸发生、发展的过程；现场有什么危险情况，如有毒气体、扩散气体、跑冒滴漏现象、温度压力反应条件异常、违章用电、静电放电等；建筑物是否有倒塌危险等；索取建筑物原来的图纸、设备目录、说明书等；了解事故现场保护情况，事故时的气象情况。

（3）组成勘察组。现场勘察组由安全生产监督管理部门、消防监督机构的事故调查技术部门和当地检察院、监察和保险部门人员以及有关专业的专家组成。

为了保证现场勘察的客观性、合法性，使勘察记录有充分的证据效力，现场勘察前应在案发地点公安基层单位协助下，邀请两名与案件无关、为人公正的公民作现场勘察的见证人。见证人的职责主要是通过亲身参加实地勘察的全部活动，目睹勘察人员在事故现场发现、提取与事故有关的痕迹与物证。

在勘察过程中发现痕迹、物证时应当主动让见证人过目。勘察结束后，应当让见证人在现场勘察笔录上签字。勘察前，要向见证人讲清见证人的职责，同时向他们讲明现场勘察的纪律，不能随意触摸现场痕迹、物品，对勘察中发现的情况不能随意泄露。考虑到见证人在诉讼活动中的特殊地位，他们的证词是诉讼证据之一，且为保证证据的客观性、真实性，案件当事人及亲属、公检法的工作人员不应充当现场勘察的见证人。

（4）准备勘察器材。常用的有勘察箱、绘图器材、照相器材、清理工具、提取痕迹物的仪器和工具、检验仪器等。

（5）排除险情。排除事故现场中潜在的可能对调查人员造成人身危害的险情，保证现场勘察安全、顺利地进行。

5.3.3 火灾与爆炸事故现场的勘察步骤

现场勘察主要是为了找到起火点和证明起火原因的痕迹与物证。由于每起事故的起火原因不同，再加上厂房工况、生产设备、电源火源、工艺材料不同和破坏程度不同，残存的火灾事故现场有很大的差异。因此，不能采用统一的模式勘察现场，而应根据不同事故的特点采用符合客观实际的勘察方法。

对于火灾情况复杂，现场破坏较大，重点不突出的火场，一般应按以下几个步骤进行现场勘察。大型复杂火灾与爆炸事故现场勘察一般应按勘察程序进行，勘察程序如图5-3所示。

5.3.3.1 火灾与爆炸事故的环境勘察

进行火灾与爆炸事故现场环境勘察的目的：一是明确现场方位与四周建筑物的关系；二是确定有无外部引火源的可能；三是确定事故范围；四是确定下一步勘察范围。

A 对火场外部的观察

（1）道路及墙外有无可疑人出入、车的痕迹。包括车辙、脚印、攀登痕迹、引火物残体和痕迹等。

（2）现场周围的工业和民用烟囱的高度，与事故建筑物的距离，当时的风向，烟囱当时有无飞出火星现象，当时锅炉燃料及燃烧情况。

（3）建筑物周围通过的电源线路，尤其是进户线路部分及通向事故建筑物的通信线路是否与动力线发生混交现象，以判定是否有短路、漏电等引起燃爆事故的可能。

（4）建筑物周围、地下的可燃性气体及易燃液体管道阀等情况，以判断有无泄漏的可能。

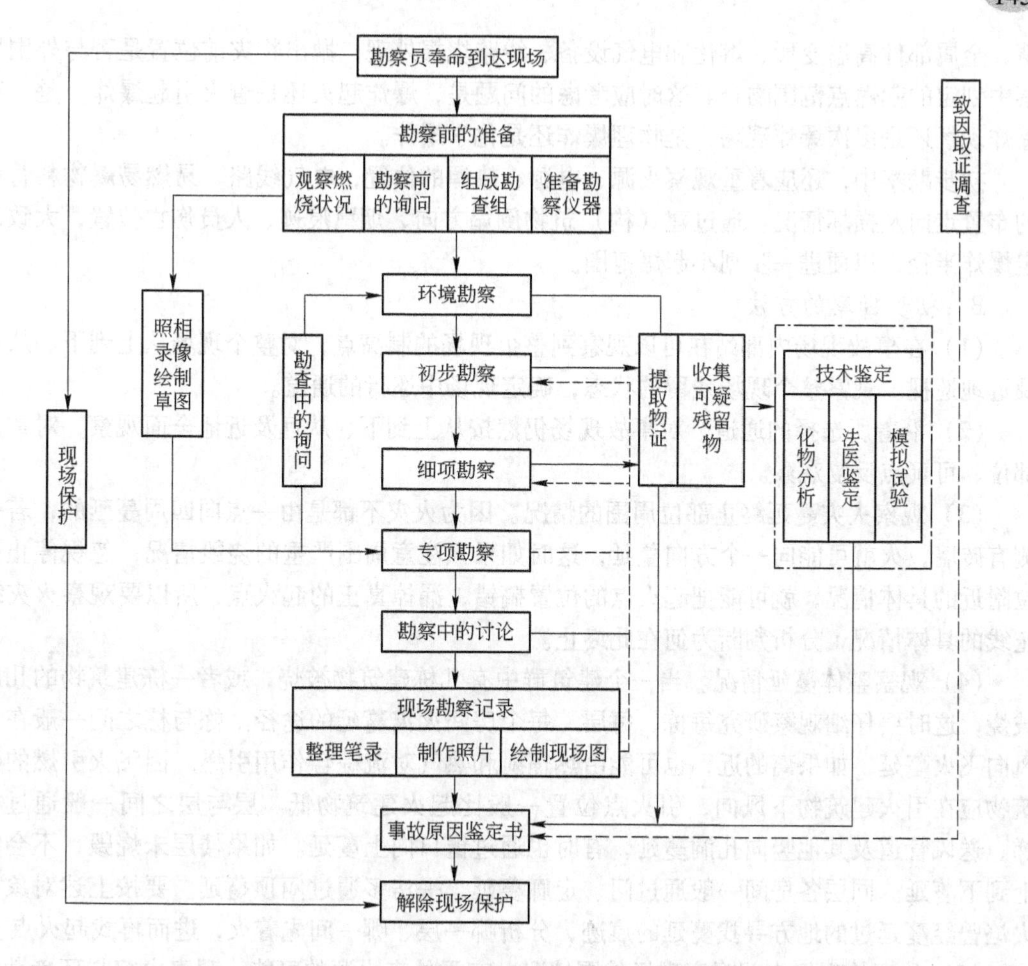

图 5-3 火灾与爆炸事故现场勘察步骤

(5) 与现场相通的管道中有无可燃性蒸气，以判断可燃性液体是否混入污水。

(6) 若发生雷击，应观察现场地形，现场最高物体与周围物体相对高度，可能的雷击点与事故范围之间的关系。

B 从周围向事故建筑物观察

(1) 燃烧范围。

(2) 建筑物的哪一部分破坏最严重。

(3) 建筑物的倒塌方式和形式。

(4) 建筑物的门窗上方和其他部位的烟熏情况。

(5) 建筑物的门窗、阳台铁围栏变形情况，破碎玻璃散落方向，抛出物的分布等。

5.3.3.2 火灾与爆炸事故的初步勘察

火灾与爆炸事故现场的初步勘察目的：一是核定环境勘察的初步结论；二是结合当事人或有关人员提供的燃烧前物体位置、设备状况以及火源、热源、电源等情况进行印证性勘验；三是查清火势蔓延路线，确定起火部位，要根据现场特点和痕迹，重点找出蔓延的过程与特点，确定事故源的中心。

A 初步勘察的主要内容

初步勘察意在弄清现场全貌，门窗毁坏程度，是否有砸撬痕迹，建筑物内烟熏火烧详情，金属部件高温变形、熔化和电气设备、线路烧损外观，抛出物灾前位置是否与外围勘察中划定的起爆点范围吻合。这时应考虑的问题是，爆炸起火还是着火引起爆炸，是一次爆炸现场还是多次爆炸现场，是物理爆炸还是化学爆炸。

初步勘察中，还应着重观察火源、电源、热源的位置，电气线路、易燃易爆物料管线的布置走向及损坏情况。通过建（构）筑物倒塌方向、烟熏痕迹、人员伤亡位置，大致确定爆炸半径，以便进一步划小起爆范围。

B　初步勘察的方法

（1）在事故现场内部站在可以观察到整个现场的制高点，对整个现场从上到下、从远及近地巡视。观察整个现场残留的状态，确定现场中巡行的通道。

（2）沿着所选择的通道，对事故现场仍然按从上到下、从远及近地全面观察，对重点部位、可疑点反复观察。

（3）观察火灾蔓延终止部位周围的情况。因为火灾不都是由一点向四周蔓延的，若一侧有砖墙，火就可能向一个方向蔓延，这时如果只注意周围严重的烧毁情况，忽视停止部位附近的具体情况，就可能把起火点的位置搞错，漏掉真正的起火点，所以要观察火灾终止线的具体情况，分析判断为何在此终止。

（4）观察整体蔓延情况。当一个建筑群中有几栋建筑物被烧，或者一栋建筑物的几层被烧，这时要仔细观察研究每栋、每层、每个房间火灾蔓延的途径。栋与栋之间一般在下风向飞火蔓延，如果离的近，也可能由热辐射和热气对流综合作用引燃。因飞火引燃的建筑物应在引火建筑物下风向，引火点位置一般比起火建筑物低。层与层之间一般通过楼梯、送风管道及其他竖向孔洞蔓延，有时也通过窗口向上蔓延。如果楼层未烧毁，不会由上到下蔓延。同层各房间一般通过门、走廊蔓延，平房多通过闷顶蔓延。要按上述对象中火焰曾经蔓延过的地方寻找蔓延的痕迹，分析哪一层、哪一间先着火，进而再找起火点。

（5）从事故现场内部观察现场外围情况，有无外来火源的可能，观察内容与环境勘察内容一样，但观察角度不同。

（6）根据现场访问提供的线索，对可能的起火点、发火物及危险物品存放的位置，进行验证性勘察。

（7）初步勘察以后，在不破坏现场的条件下，应该找出一条现场的路线。让参加现场访问的人员、必要的证人进入现场大体考查一遍，要看一看火场原始状态，为访问工作和提供证言启发思路，使访问工作与实地勘察结合起来，加速查明火灾原因。

5.3.3.3　火灾与爆炸事故的细项勘察

火灾与爆炸事故现场细项勘察的目的：一是核实初步勘察的结果，进一步确定起火和爆炸部位；二是解决初步勘察中的疑点，找出起火点和引爆点；三是验证有关访问中获得的有关起火物、起火点的情况。四是确定专项勘察对象。

A　细项勘察的主要内容

（1）可燃物烧毁、烧损的状态。主要根据可燃物的位置、形态、燃烧性能、数量、燃烧痕迹，分析其受热或燃烧的方向。根据燃烧炭化程度或烧损程度，分析其燃烧蔓延的过程。

（2）现场内物体、设备的位置，地面堆积物的彻底清理以及堆积物层次、厚度。

（3）墙壁、天棚、地面、设备上留下的爆炸坑洞、烟熏、高温痕迹。

（4）伤亡人员位置，尸骨、尸块的散落地点，以及留在人体上的爆炸火灾痕迹。

（5）现场残存的爆炸物品、引爆物等。

（6）据此绘出现场内部展开图、重要部位局部详图。进行拍照、录像。

（7）尸体、各种微量物质、机电设备等的专项勘察。

（8）烟熏痕迹。要根据空间和建筑结构分析烟雾流动方向和途径，根据烟熏的形态和颜色分析火灾的燃烧程度和蔓延过程。

（9）搜集现场残存的发火物、引火物、发热体的残体。

根据以上主要情况仔细研究每种现象和各个痕迹形成的原因，把事故中心与火灾爆炸蔓延或事故波及范围内有关联的各种事物和现象联系起来，就可以客观地有根据地判断火灾爆炸发展蔓延途径、起火点的位置、爆源点位置以及在该部位可能产生的事故原因。

B　挖掘火灾与爆炸事故现场时应注意的问题

（1）明确挖掘目标，确定寻找对象。如果事先没有明确寻找目标，则极易迷失方向，影响勘察的速度。挖掘寻找的目标，通常是起火点、引火物、发火物、致火痕迹、爆源点、爆燃物以及与起火原因、爆炸原因有关的其他物品、痕迹。对不同的事故现场，应该有不同的重点和目标，这些重点和目标不应主观决定，要根据调查访问及初步勘察所得的、经过分析和验证的材料确定。

（2）准确确定挖掘的范围。现场面积一般很大，但是能够表明起火、爆炸原因的痕迹与物证，一般只能集中在一个地方或一个地段。挖掘的范围应根据引火物、最初燃烧物质以及纵火的痕迹、爆源点、爆燃物所在的位置及其分布情况决定。这些痕迹一般应集中在起火部位、起火点的位置、爆源点位置及其附近，挖掘时应以起火爆炸部位及其周围的环境为工作范围，这个范围不宜太大，以免浪费时间、分散精力，这个范围也不宜太窄，以免遗漏痕迹。

（3）发现物证不要急于采集提取。发现有关的痕迹和物证，做记录和照相后，应使其保留在所发现的具体位置上，保持原来的方向、倾斜度等，总之，使之保留原来的状态。对它周围的“小环境”也要保护好，以待分析现场用，切不能随意处理。火灾爆炸现场的实地勘验，特别是起火点及起火原因的判断，往往需要进行反复勘验才能确定。对于一个具体痕迹、物证，只有充分搞清了它的形成过程，各种特征及证明作用时，才能按一般收取物证的方法采集提取。

（4）要耐心细致。挖掘过程，特别是在接近起火爆炸部位时，必须做到三细，即细挖、细看、细闻。应该使用双手或用铁丝制成的小工具细细挖掘，绝对禁止在挖掘起火爆炸部位时使用锹、铲等较大的工具。在挖掘中发现堆层中有较大的物体或长形物件时，不能搬撬或者拉出，防止搅乱了层次，应将它们保留并不要使它们自然跌落或翻倒，将它们上面和周围的堆积物清除，细心观察、检验得出结论后再将其搬出，继续挖掘。发现可疑的物质必须细心观察、嗅闻，辨别其种类、用途及特征，在清除发现物体的尘埃时，不要用手剥，应用毛刷或吹气轻轻除去，发现某些不能辨认的可疑物质，应迅速送去化验。

（5）注意物证与痕迹的原始位置和方向。起火点是根据物证与烧毁程度及痕迹特点确定的，如果物证移动了位置或变动了方向未加查明，就会由此做出错误的判断。辨别物证是否改变了方向的方法一般是询问事主、了解情况的人；根据物证原始的印痕加以辨认；检查有无被移动的痕迹，其所处位置是否正常。

5.3.3.4 火灾与爆炸事故现场的专项勘察

火灾与爆炸事故现场的专项勘察是对火灾与爆炸事故现场找到的发火物、发热体、爆炸物及其他可以供给火源或者爆炸能量的物体和物质等具体对象的勘察。根据它的性能、用途、使用和存放状态、变化特征等，分析发生故障或事故的原因。也适用于某些专业技术性较强的勘察对象。如现场上的尸体，须经法医验尸出具报告。细小的物体、复杂的机电设备等须组织专门技术力量，进行专项勘察。

火灾与爆炸事故现场的专项勘察一般有如下项目：

(1) 各种引火物，如油丝、油瓶残体，根据物品特征分析它的来源。

(2) 电气线路，检查有无短路点、过负荷现象，根据其特有的痕迹特征，分析短路和过负荷的原因。

(3) 用电设备，有无过热现象及内部故障，分析过热和故障的原因。

(4) 反应容器，检查其内部物料性质、数量和工艺条件。

(5) 储存容器，检查其泄漏原因及形成爆炸混合气体的条件。

(6) 自燃物质的特性及自燃的条件。

(7) 发热物体表面的温度、发热时间、与可燃物的位置、可燃物有关特征等。

5.3.4 危险化学品火灾与爆炸事故痕迹与物证的分析

火灾与爆炸痕迹与物证是指可以证明火灾与爆炸发生原因和经过的一切痕迹和物品。包括由于火灾的发生和发展而使现场上原有物品产生的一切变化和变动。痕迹与物证是事故调查的重要证据之一，尤其在缺少证人或证言的现场勘察中更能起到决定性的作用。

痕迹本意是物体与物体相互接触，由于力的作用留在物体上的一种印痕。痕迹本身属于物证，但是有别于可以独立存在的实体物证。由于痕迹不能独立存在，它必须依附于一定的物体上，这个带有某种痕迹的物体也可称为物证。其所以称为物证，就是因为在这个物体上存在某种具有证明作用的痕迹。

5.3.4.1 危险化学品火灾与爆炸事故痕迹与物证的研究内容

从各种痕迹物证形成机理来说，由于火灾与爆炸事故的作用形式不同，形成痕迹物证的原物品的物理、化学性质也不同，在事故中有的主要是化学方面的变化，有的主要是物理方面的变化，也有的兼而有之。各种痕迹物证的形成和遗留都有一般的规律性和它的特殊性，研究痕迹与物证的形成规律，尤其是它的特殊性，是解决火灾爆炸事故现场勘察问题的关键。

5.3.4.2 危险化学品火灾与爆炸事故痕迹与物证的提取

提取痕迹物证的方式主要有笔录、照相、绘图和实物提取四种。在现场收集物证前，应先对现场全貌、残骸、痕迹进行摄影和录像。拍摄的痕迹包括刹车痕迹、地面及建筑的破损痕迹、火灾爆炸引起损害的痕迹、坠落物的坠落空间、危险化学品在泄漏过程中对周边环境的氧化、腐蚀、毒害的痕迹以及在抢救中洗涤留下的痕迹，等等。必要时，可以绘出事故现场的示意图、流程图、受害者位置图以及受风向、地形影响导致的受害区域图等。在实际工作中这几种方法要结合使用。例如，要在现场提取一个实物证据，则要在现场笔录中说明这个物证在现场所在的具体位置，包括这个物证与参照物的距离，物证各方面的朝向，物证特征等；并且从物证不同的侧面拍照，固定其在现场的位置，以照片记录它的外观形象；在绘图中也要体现这个物证的位置及与其他物证的相互联系。只有进行了上述工作后，才能将物证提取出来。另外，在笔录中还应注明实物证据的提取时间，提取时气象条件、提取方法及提取人等。

物证的收集包括破损部件、碎片、残留物以及受到危险化学品氧化腐蚀的物品等。由于危险化学品大多具有毒害性，采集者应采取个人安全防护措施，同时根据已有危险化学品信息选择耐氧化、耐腐蚀的采集袋及采集容器。所有物件应保持原样，不可冲洗擦拭。在采集袋及采集容器上应贴上标签，注明采集时间、地点、采集方法及参数、采集仪器、采集者等信息。

痕迹与物证按其形态可分为固态、液态、气态三种。有时气态物证被吸附于固体、溶解于液体物质中，有的液态物证浸润在纤维物质、建筑构件或泥土中。火灾爆炸事故的调查人员在提取物证时要严格遵循“先固定、后提取”的原则，避免不规范的行为。

A 事故现场气态物证的提取

在常温常压下，空气中气态物证一种是以气体形式存在，如一氧化碳、氯气等；另一种是以液态和固态物质因其沸点及熔点比较低而挥发出含有该物质成分的蒸气形式存在，如液态苯、乙醚及固态酚、萘等熔点很低的物质；第三种存在的形式是气溶胶的形式，即以固体、液体微小颗粒分散在空气中的分散体系，常表现为雾、烟、尘的形式。

气体物证的采集方法要根据气态物证在空气中的存在状态、浓度及所用分析方法的灵敏度来灵活掌握。在气态物证浓度较高或分析鉴定方法的灵敏度较高的情况下可直接采集，如用专门的气体收集器收集。在没有这种专门收集器的情况下，也可自制一些设备。例如，用大号注射器或者在洗耳球上插一段玻璃管代替，在用它们吸收样品气体后，用胶帽封住注射器的吸入口，用小号橡皮塞塞住短玻璃管的吸入口。若大量采取，则可以用气囊。采取气体试样时，应及时赶到现场，并要注意防止中毒。在收集气体样品时要注意空气不易流通的部位，如在房间的上角，地面的低洼处等气体容易滞留的地方发现和收集。对于被吸附于固体、溶解于液体中的气体物证，连其固体或液体一并收取。当现场气态物证浓度很小时，用大量的现场气体通过液体吸收剂和固体吸收剂，将气体中的被测物质吸收或阻留，使现场气态物证浓缩来采集物证，如主要采集气溶胶物证的固体吸收剂吸收法和主要采集气态和蒸气态物证的吸收液吸收法。

B 事故现场液态物证的提取

液态物证主要是指液态的危险化学品和液态的火灾爆炸事故产生物。液体物质具有挥发性、流动性、渗透性，因而燃烧时速度快、面积大，并且在燃烧的地方会留下痕迹。液态物证存在的部位一般有：（1）浸润在纤维性物质、建筑构件、泥土、水泥地面等材料中；（2）各种盛放液体危险化学品的容器。对收集的液体物证要注意密封保存，并且贴好标签，注明采集的地点、时间，并及时采取萃取方法鉴定为何种易燃物质。经过现场勘察确定起火点、爆炸点，在起火点、爆炸点附近提取液态物证。首先将起火点、爆炸点处地面上覆盖的炭化物、泥土、砖、瓦等小心谨慎地清理掉，并将地面清扫干净，如果地面有液体流淌灼烧痕迹的话，用脱脂棉擦拭提取其附着痕迹。将起火点处用水冲洗干净并充分晾干，然后将预加热 105℃的硅胶在遗留烧痕处铺展覆盖好，2h 后将硅胶放入容器密封待鉴定。将起火点、爆炸点处用水冲洗后晾干的水泥地面或水磨石地面砸碎一块制成粗碎块待提取。液体物证可用干净的取样瓶装取，在条件许可的情况下，应用欲取液体把取样瓶冲洗两遍。浸润在木板、棉织物等纤维材料以及泥土里的液体，连其固体物品一并收取，样品也要放在广口玻璃瓶或者其他能密封的容器内，防止液体挥发。

液态物证的采集应注意以下几点：

（1）采集浸渍在地板、泥土、砖瓦、木材、纤维等中的液态物要连同客体一并采取。

（2）物证采集要注意具有代表性，各个痕迹部位都要采集。

（3）采集残留在玻璃瓶、塑料瓶、铁罐壁上的残液时，要将容器用适当的溶剂洗刷，采集洗涤液。

（4）残留在容器内、管道和反应器里的液体，可用移液管采集，采集时注意采集上、中、下层的样品，使其具有代表性。

（5）从容器外壳底部阀门采集时，应将容器底部液体放出一部分，冲掉污垢后再采集。

（6）注意采集空白样品和对照样品。

（7）将采集的液态样品密封于玻璃瓶、塑料袋中保存以防挥发。

C 事故现场固态物证的提取

固态物证种类比较多，取样时应尽可能保持物证的原样，不能损坏残缺，如果有可能，应该在发生火灾爆炸和未发生火灾爆炸的区域都进行取样。爆炸性残留物除在爆炸中心现场提取物证外，还应在附近物体和地面上提取可能存在的爆炸物品喷溅物及分解物质。

固态物证采集的步骤及注意要点如下：

（1）物证采集之前都应拍照、绘图，记录其方位，然后动手采集。

（2）对微小物证样品的采集要特别谨慎，应戴上口罩，用洁净的小镊子钳取。对特别细小和极易失落的残渣和碎屑，用透明胶纸直接粘取。

（3）对所发现的各种大小物证一般都应全部采集。如果物证的体积很大或数量过多，应把物证的原貌进行拍照和记录后，酌情采集能反映该物证全部状况的并具有代表性的几部分。

（4）应该在发生事故区域和未发生事故的区域都进行采集，供鉴定时比较。

（5）对危险化学品的爆炸事故，在爆炸点可能残存残留物，在其附近的物体和地面上可能存在爆炸物品的喷溅物及分解产物。这样的物证可用小铲或小勺收集在洁净的广口瓶里。同时，在非爆炸区域采集空白样品，以供比较。

（6）对事故现场带有短路痕迹的电线，可将电线剪下，按电线原来的位置固定起来，并在附近寻找喷溅的熔珠；对开关等电器，最好连其固定的底板一并取下，并保持原来的位置；闸刀或开关上的电线不要拆下，应用钳子将它们剪断，使线头留在开关上。

（7）对固态物证应采集双份，以备复检。

（8）对现场烟熏痕迹物证的采集，应先拍照固定，必要时以现场制图和现场勘察笔录辅助说明。必须通过分析烟尘成分确定原来的可燃物种类时，要采集烟尘作为检材。

事故现场经常提取的物证主要是固体实物，如火柴，电热器具，短路电线，与起火爆炸有关的开关、插销、插座，浸有油质的泥土，盛装危险化学品的压力容器，运输危险化学品的运输管道爆破碎片等。对于比较坚固的固体物证，在拍照、记录后可直接用手拿取。

5.3.4.3 危险化学品火灾与爆炸事故痕迹与物证的检验

痕迹与物证检验是指对现场勘察中发现并收集的各种痕迹物证的审查、分析、检验和鉴定。其目的是根据这种痕迹物证的本质特征，分析它的形成条件及与火灾过程的联系，从而确定其对事故的证明程度。危险化学品火灾爆炸事故痕迹与物证的检验一般有如下几种方法，即化学分析鉴定、物理分析鉴定、模拟试验、直观鉴定和法医鉴定。

A 化学分析鉴定

化学分析鉴定是以测定现场残留物的化学组成及化学性质为主要目的的一种鉴定。痕迹与物证的化学分析鉴定主要有以下内容：

（1）分析起火点残留物中是否含有可燃性、易燃性、自燃性气体、液体或固体的成分，测定含有的具体物质。

（2）测定混合物中各种物质的含量。

（3）测定某种物质的热稳定性、氧化温度、分解温度及其发热量。

（4）测定某种物质的闪点、自燃点。

（5）测定某一生产过程中能否产生不稳定的、敏感性物质。

（6）测定某一物质在某一温度下发生怎样的化学变化，反应程度如何。

（7）测试某一物质的自燃条件。

通过对现场残留物的化学分析可以达到两个目的：一是根据残留物、产物分析现场存在的是什么物质，有无危险性，在什么条件下造成火灾；二是根据现场某些物质是否发生化学反应及其程度来判断火场温度。

根据分析原理，化学分析鉴定有化学分析方法和仪器分析方法两种。以化学反应为基础的分析方法称为化学分析方法。化学分析的优点是所用仪器设备简单，测定结果准确度高；缺点是分析速度比较慢，灵敏度低，一般要求被测组分的含量在1%以上。用仪器测量试样的光学性质、电化学性质等物理或物理化学性质而求出待测组分及其含量的方法称为仪器分析方法。仪器分析的优点是操作简单、迅速、灵敏度高，能够准确地检测出试样中的微量和痕量成分。

有的火灾与爆炸现场由于燃烧比较彻底，特别是火灾事故的起火部位严重的事故，现场提取的物证所含被测组分往往是微量的，也不易搞清楚是什么物质，这种情况下仪器分析方法就可以进行鉴定。对于吸附于固体物质内的微量气体，浸润在泥土里的微量液体，分离后利用仪器分析方法可很快测知其组分。

B 物理分析鉴定

物理分析鉴定是对物质物理特性的测定。如金属材料的力学性能测定、金相分析、断面与表面分析以及物质磁性、导电性的测定等。

痕迹与物证的物理分析鉴定经常采用的方法有如下几种。

（1）金相分析。通过金属构件内部金相组织变化，分析发生这种变化的条件，从而判断火场温度及发生这种变化的原因、蔓延过程。

（2）剩磁检测。剩磁检测用来测定火场上铁磁性物件的磁性变化，以判断该物体附近火灾前是否有大电流通过，它主要用来鉴别有可能是雷击或较大电流短路造成的火灾。

（3）炭化导电测量。电弧或强烈火焰可使木材等有机材料炭化导电，通过炭化层电阻的测量，鉴别电弧造成的火灾或分析火势蔓延的方向。

(4) 力学性能测定。力学性能测定主要是对材料包括焊缝的机械强度、硬度等方面的测定，用以分析破坏原因、破坏力及火场温度。

(5) 断面及表面分析。这主要是对金属材料破裂断面特征和材料内外表面腐蚀程度的观察检验，从而分析判断材料的破坏形式和破坏原因。

C　模拟试验

模拟试验不只是检验痕迹和物证的一种手段，而且是验证事故原因、过程及有关证言真实性的一种方法。模拟试验解决的问题是由现场勘察的实际需要决定的。一般有如下几方面：

(1) 某种火源能否引起某种物质（物系）起火。

(2) 某种火源距某种物质（物系）多远的距离可以引起火灾。

(3) 某种火源引燃某种物质需要多长时间。

(4) 在什么条件（温度、湿度、遇酸、遇碱、混入杂质等）下某种物质能够自燃。

(5) 某种物质燃烧时出现什么现象（焰色、烟色、气味）。

(6) 某种物质在某种燃烧条件下遗留什么样的残留物及其他痕迹。

(7) 检验证人证言的属实性。

尽管模拟试验是有针对性的，但它毕竟不是事故的客观事实，是人的主观行动的结论。事故本身有很大的偶然性，是许多因素结合在一起才引起的后果，模拟试验的条件尽管和事故条件十分相近，但有时也不能完全再现过程，甚至会起到“反证”作用。因此，不能以试验成功与否作为事故结论的唯一依据，要结合其他证据统一认定。

模拟试验应当尽量模拟事故发生条件，如果不具备在原地进行试验的条件，可另选相似条件的地点或在实验室进行。

D　直观鉴定

直观鉴定是具有鉴定经验的人员根据自己的知识、经验，用感官直接或用简单仪表对物证的鉴定。具有这种鉴定经验的人应该具备以下条件：

(1) 长期从事现场勘察和物证检验的专门人员，以及有丰富现场经验的其他技术人员及专家；

(2) 科学研究人员和工程技术人员；

(3) 其他具有鉴定能力的人。

E　法医鉴定

通过法医鉴定结论，可以分析死、伤者与事故的关系，借以判断事故性质及火灾爆炸原因。

常见各种事故物证检验分析的方法见表5-3，分析鉴定的结果是综合评断的客观依据。

在实际具体分析中各类常见物质采用的方法如下：

(1) 氰化物的分析采用异菸酸钠-巴比妥酸钠分光光度法；

(2) 叠氮酸和叠氮化物的分析用三氯化铁分光光度法；

(3) 氟化物采用离子选择电极法分析；

(4) 氟化氢大多采用离子色谱法分析；

(5) 氯化氢和盐酸用离子色谱法分析；

(6) 烷烃类化合物采用热解吸-气相色谱法分析；

（7）烯烃类化合物采用溶剂解吸或直接进样气相色谱法分析；

（8）混合烃类（燃料油、液化石油气等）采用直接进样式解吸-气相色谱法分析；

（9）脂环烃类化合物、芳香烃类化合物、多环芳香烃化合物、卤代烷烃类化合物、卤代不饱和烃类化合物、醇类化合物、酚类化合物、脂肪族酮类化合物、羟酸化合物、饱和与不饱和类脂肪族酯类化合物、氰类化合物、脂肪族胺类化合物、肼类化合物、芳香族胺类化合物、杂环化合物、有机磷农药大多采用溶剂解吸-气相色谱法分析；

（10）酰胺类化合物、异氰酸酯类化合物采用溶液采集-气相色谱法分析，有机氯农药采用溶剂洗脱-气相色谱法分析。

表 5-3 事故物证检验分析方法

气态物证的分析		液态物证的分析		固态物证的分析	
分析方法	分析仪器	分析方法	分析仪器	分析方法	分析仪器
色谱分析法	色谱分析仪	沉淀分离法		沉降法	
光谱分析	红外线光谱仪	光谱分析	红外线光谱仪	光谱分析	红外线光谱仪
吸收光谱化学分析	红外线气体分析仪	吸收光谱化学分析		吸收光谱化学分析	
理化分析	气体成分自动分析仪（红外线气体分析仪、热导式气体分析仪、磁氧分析仪、气相色谱分析仪）	理化分析	液体成分自动分析仪（pH 计、极谱仪、电导仪、电磁浓度计）	理化分析	成分分析仪（重力式、离心力式、电学式、磁力式、热力式、电化学式）
气相色谱分析	气相色谱分析仪	气相色谱分析	气相色谱分析仪	气相色谱分析	气相色谱分析仪
理化分析	光电子能谱仪	理化分析	光电子能谱仪	理化分析	光电子能谱仪
分光光度法	分光光度计	分光光度法	分光光度计	分光光度法	分光光度计
		极谱分析	极谱仪		
荧光分析	荧光 X 射线光谱仪	荧光分析	荧光 X 射线光谱仪	荧光分析	荧光 X 射线光谱仪
高压液相色谱分析	高压液相色谱分析仪	高压液相色谱分析	高压液相色谱分析仪	高压液相色谱分析	高压液相色谱分析仪
化学分析		化学分析		化学分析	

5.4 火灾与爆炸原因及调查分析

在事故调查过程中，调查人员自始至终要对事故的发生原因和发生过程进行分析、研究和逻辑推理工作，这项工作是指对事故发生过程中的各种情况、现场事实和与此有关的环境、条件、情况等进行因果关系的分析研究，为进一步指明现场勘察的方向、最终确定事故原因做出正确的结论。

5.4.1 火灾爆炸事故分析的基本方法

通过对事故现场勘察和调查访问获得的大量与事故有关的材料是分析事故情况、恢复事件真相的物质基础。然而要由此得出调查结论，必须对材料进行分析研究。在实际工作中，常用的分析方法有剩余法、归纳法和演绎法。正确使用这些方法，是做好调查工作的关键。

5.4.1.1 剩余法

剩余法是判明事件因果关系的方法之一。已知某一复杂现象是由某一复杂原因引起的，若除去两者之间已被确认有因果联系的部分后，其余部分也互为因果关系。

在运用此法进行火灾与爆炸现场分析时，常根据客观存在的可能性，先提出几种假设，然后逐个审查；利用所掌握的证据逐一进行排除，剩下的一个为不可推翻的假设，即是所要寻找的结论。对于火灾与爆炸原因分析，这种分析推理成功的关键在于必须将真正的起火原因选入假设之中。为此，要考虑到各种可能的因素及其相互之间的关系。若两种因素可以独立造成火灾，则它们之间为“或”的关系，否定一个，则另一个成立；若两种因素必须结合在一起才能造成火灾，则它们之间为“与”的关系，若否定一个则另一个也不成立。

5.4.1.2 归纳法

归纳法是以“归纳推理”为主要内容的科学研究方法。它是由个别过渡到一般的推理。在推理中，对某个问题有关的各个方面情况，逐一加以分析研究，审查它们是否都指向同一问题，从而得出一个无可辩驳的结论。例如在分析某场火灾性质时，从起火时间、起火地点、起火物质、起火特征以及烧毁的对象来分析，都说明是危险化学品泄漏引起的火灾，则可做出是泄漏引起火灾性质的判断。

5.4.1.3 演绎法

演绎法是由一般原理推得个别结论的推理方法。例如某场火灾被认为自燃的可能性较大，为了证实这一假设，根据物质自燃的一般规律，采取演绎法就要沿纵向逐步地审查下列情况：起火点是否存在自燃性物质；起火前是否存在有利于自燃的客观条件；现场的物质燃烧痕迹是否符合自燃的特征等。当这一系列情况逐一得到证实后，就能最后认定这场火灾确实是自燃引起的。

上述方法既可单独使用，又可综合运用，既可在随时分析中用，又可在结论分析中用。然而，运用这些方法的客观基础是事物之间的内在联系，辩证唯物主义观点的正确运用是正确分析认识问题的前提。只有如此才能有效地运用这些方法分析火灾调查中的问题，并得出符合客观实际的判断。

5.4.2 火灾爆炸事故分析的基本要求

(1) 从实际出发，尊重客观事实。火灾与爆炸现场上存在的客观事实是事故调查分析的物质基础和条件。因此，在分析之前要全面了解现场情况，详细掌握现场材料。

进行分析时，应注意把现场勘察和调查访问得来的材料分类排队、比较鉴别、去伪存真；要尊重客观事实，切忌主观臆造，搞假材料、假证据。因为假材料、假证据往往给事故调查工作带来困难，甚至得出错误的火灾结论。

火灾与爆炸现场上的假材料、假证据除了来自纵火者的伪造、当事人或者其他有关人的虚假片面的陈述外，还有来自现场勘察人员本身的工作失误。当现场材料来源不清、事实不准或者占有得太少，就不要急于做出肯定或否定的结论，可以再次深入调查勘验待补充后进行综合分析，最后得出结论。

(2) 既要重视现象，又要抓住本质。能够说明火灾与爆炸发生、发展和起火原因的有关内容是火灾的本质问题。火灾现场上各种现象的表现形态千差万别、错综复杂，不一定哪一个个别现象、哪一个细小痕迹就能反映火灾的本质问题，因此，在分析现场时要重视每一个现象，即使是点滴的情况和细小的痕迹物证都应认真地分析研究，并且把它们联系起来研究其与火灾本质之间的关系。例如，在现场一般依据下面两点认定起火点：一是此点燃烧破坏严重；二是有向四周蔓延痕迹。其中第二点是起火点的本质特征，第一点就不是本质特征。第一点的实质内容是起火点较其他地方燃烧的时间长。当现场的燃烧物分布比较均匀、燃烧条件基本相同或者起火点可燃物分布多、燃烧条件好时，起火点处才燃烧严重，而其他火场却未必如此。因此，只有抓住本质问题，才能正确地分析火灾现场的各种情况。

(3) 既要把握火场的共性，又要分析具体问题。火灾同其他自然现象一样，都有其共同的规律和特点。火灾调查人员应善于掌握这些规律和特点，以指导一般的火灾调查工作。

然而不同类型的火灾其发生、发展过程不同，即使同类型火灾，在具体形成过程中也存在着差异。在火灾调查的实际工作中，要抓住火灾形成的不同特点，结合火灾当时的具体情况和条件进行分析研究，研究火灾现场痕迹物证及其产生、存在的依据和条件。在抓住普遍规律的基础上，要重点找出其特殊性，并分析研究某些特殊现象与火灾的本质联系。

(4) 抓住重点，兼顾其他。在调查过程中，要学会从大量的材料中抓住问题的关键和找出待解决的主要矛盾，并且学会兼顾其他。在开始分析火灾原因时，不能把思维仅局限于一种可能性，从而造成判断僵化；要放开视野，留有两种或者两种以上的可能性。既要分析可能性大的因素，又要兼顾可能性小的因素。把可能性大的因素暂先定为重点，进行重点分析；一旦发现重点不准时，就要灵活而又不失时机地改变调查方向。分析中既要防止不抓主要矛盾，面面俱到；又要防止只抓重点，忽略一般。

(5) 分析火灾的因果关系。放火案中，除了精神病患者无意识的行为外，都具有明显的因果关系。放火者的行动必然有一定的目的，或是进行破坏，或是私仇报复，或是掩盖罪行、毁灭罪证，这就有可能利用这种因果关系来认定是否放火。

火灾现场在起火前往往存在着严重的火险隐患，预示着火灾的征兆。分析这些火险隐患，搞清火险与火灾的关系，也能为认定火灾原因提供依据。

(6) 分析火灾的必然性和偶然性。任何火灾都在一定的时间和空间发生，必然要和人、事、物发生联系，不可避免地会留下这样或那样的痕迹证据。但火灾的发生也有很大的偶然性。认真分析研究火灾现场上出现的各种偶然现象，对于认定火灾原因也有重要的作用。

5.4.3　火灾事故的性质与特征

5.4.3.1　火灾事故性质

事故调查工作往往是依次渐进、逐步深入的过程。在调查的初期，尤其是经过初步现场勘察后，先分析所查现场的事故性质和特征，有助于缩小下一步事故调查的范围和明确调查的主要方向。

根据现场特点，事故性质分为纵火、自然起火和失火。

（1）纵火的分析与认定。纵火火灾现场具有许多不同于失火和自然起火现场的特征。起火点的数量、位置，外来的引火物，财物的缺少，门窗的破坏，阻碍逃生和扑救的迹象，或者火场中的尸体，周围群众的反映等都可作为确定纵火的依据。

（2）自然起火的分析与认定。自然起火包括自燃、雷击起火以及其他由于自然力引起的火灾。

自燃火灾可依据如下几点进行分析与认定。一是起火点处存在自燃性物质；二是起火前具备自燃的客观条件；三是火场具有自燃起火的特征。

自燃性物质种类多，不同的物质发生自燃的条件和形成的特征也有所不同。

（3）失火的分析与认定。除了纵火和自然起火以外的火灾性质为失火。分析认定时，一般是利用剩余法来确定。当排除纵火和自然起火的可能性后，火灾的性质就属于失火。纵火和自然起火的火场特征性强、比较容易识别，且发生的次数相对少，因此分析火灾性质时宜先从纵火和自然起火入手。

上述火灾性质的分类与火灾责任性质的分类是不尽相同的，它仅是为了便于查明火灾原因采用的分类方法。例如，由自燃引起火灾，从其起火燃烧原理和过程看属于自然火灾，但是，火灾责任性质就不完全能归为自然火灾。若某起自燃火灾是由于知识和技术水平的限制，管理部门或个人不了解这类物品的自燃危险性，则其责任应属于自然原因的范围；若管理部门或个人明知这类物品的自燃危险性，因存有侥幸心理、麻痹大意，没有采取相应防火措施而造成自然火灾，应属于失火。

在实际工作中，常会遇到纵火者利用自然火灾的某些特征来制造假象的现场。因此，要注意发现和搜集具有不同特征各种痕迹物证，并配合细致的调查访问，在掌握一定的可靠材料的基础上进行火灾性质的分析，才能得出正确的结论。

5.4.3.2　起火特征

所谓起火特征是指火源与可燃物接触后至起火时，或者自燃性物质从发热至出现明火时的这一段时间内的燃烧特点。不同的可燃物质，或者不同的火源作用，有不同的起火特征。按形式分类主要有三种不同的起火特征。

A　阴燃起火

一般情况下，阴燃从可燃物接触火源始至出现火苗止，要经历一段时间，可能几十分钟至几小时，甚至十几小时。阴燃起火在现场会留下以下明显的特征：一是明显的燃烧烟熏痕迹；二是以起火点为中心的炭化区，此区因燃烧物和环境条件的不同，大小深浅会不同，但明显可见；三是阴燃期间，有白气、浓烟冒出，并产生异味。

阴燃常在如下的情况中发生：一是可燃物受弱小火源的缓慢引燃，如燃着的烟头、火星、热煤渣、炉火烘烤等；二是不易引发明火燃烧的物质受热作用，如锯末、胶末、成捆的棉麻及其制品等；三是自燃性物质处于良好的自燃条件下，如植物产品、油布、油棉丝等处于闷热环境中。

B 明火引燃

明火引燃指可燃物在明火作用下迅速燃烧的一种起火形式。其特征是：现场的烟熏程度轻；物质烧得较均匀；起火点处炭化区小，甚至难辨认；燃烧蔓延迹象较明显。这种起火形式的火灾应从蔓延迹象来寻找起火点，从用火不慎、电气线路故障、纵火等方面去追查火灾原因。

C 爆炸起火

爆炸起火是由于爆炸性物质爆炸、爆燃或设备爆炸释放的热能引燃周围可燃物或设备内容物形成火灾的一种起火形式。其特征是来势迅猛，破坏力强，人员伤亡多，设备和建筑物常被摧毁，形成比较明显的爆炸或火场中心。

5.4.4 火灾事故起火时间分析

准确地分析和认定起火时间和起火点是分析事故原因的重要条件。

起火时间是指起火点处可燃物被引火源点燃而开始持续燃烧的时间，在火灾调查中一般应首先进行分析。造成火灾的原因必须在火灾发生之前的时间范围里寻找，因此，分析与认定起火时间有利于查清引发火灾的各种条件和火灾发生必然存在的因果关系，缩小调查的范围，圈定和划出与火灾发生发展有关的人和物；分析有关人员的活动范围和内容、有关设备运行的状况及其各种现象，能衡量出起火点处火源、作用于起火物的可能性大小等。起火时间的确定是查清火灾原因的关键之一，它是不可忽略的依据。

5.4.4.1 起火时间分析的依据

起火时间主要根据现场访问获得的材料以及现场发现的能够证明起火时间的各种痕迹、物证来判断。具体的分析与判断可以从如下诸方面进行：

(1) 根据发现人、报警人、接警人、当事人和周围群众反映的情况确定起火时间。起火时间通常是根据如下时间来确定：最先发现起火的人、报警人、当事人、扑救人员提供的时间；公安消防、企业消防及单位保卫部门接警时间；最先赶赴火灾现场的公安消防、企业消防队及有关人员到达时间；火场周围群众发现火灾的时间及其反映的当时的火势情况来分析判断。若上述人员因情况紧急忽略记下当时的时间，应注意以他们日常活动或其他有关现象和情节中的时间为参考时间来推算。

(2) 根据相关事物的反应确定起火时间。若事故的发生与某些相关事物的变化有关，则事故发生后这些事物也会发生相应的变化。可通过了解有关人员，查阅有关生产记录，根据事故前后某些事物的变化特征来判定起火时间。如化工厂某个发生器发生火灾与爆炸，可以根据控制室有关仪表记录下来的这个反应器温度或压力的突变推算起火时间。

(3) 根据厂房建筑类型和火灾发展程度确定起火时间。不同类型的建筑物起火，其发展、猛烈、倒塌、衰减到熄灭的全过程是不同的。根据实验，木屋火灾的持续时间，在风力不大于0.3m/s时，从起火到倒塌大约13～24min。其中从起火到火势发展至猛烈阶段所需时间为4～14min，由猛烈至倒塌为6～9min。砖木结构的建筑火灾全过程所需时间要比木质建筑火灾长；不燃结构的建筑火灾全过程时间则更长。根据不燃结构室内的可燃物品的数量及分布不同，从起火到其猛烈阶段需15～20min左右，若倒塌则需更长的时间。普通钢筋混凝土楼板从建筑全面燃烧时起约在2h后塌落；预应力钢筋混凝土楼板约在45min后塌落；钢屋架则不如木屋架，约在15min后塌落。

（4）根据建筑构件耐火极限及其烧损程度确定起火时间。不同的建筑构件有不同的耐火极限，当超过此极限时，便会失去支撑力，发生穿透裂缝，或背火面温度达到或超过220℃，失去机械强度和阻挡火灾蔓延的作用。例如，普通砖墙（厚12cm）、板条抹灰墙的耐火极限分别为2.5h和0.7h；板条抹灰的木楼板、钢筋混凝土楼板的耐火极限分别为0.25h和1.5h。

（5）根据物质燃烧速度确定起火时间。不同的物质燃烧速度不相同，同一种物质燃烧时的条件不同其燃烧速度也不同。根据不同物质燃烧速度推算出其燃烧时间，可进一步推算出起火时间。汽油、柴油等可燃液体储罐火灾，在考虑了扑救时射入罐内水的体积的同时，通过可燃液体的燃烧速度和罐内烧掉的深度可推算出燃烧时间。其他物质火灾的起火时间也可采用此法推算。

（6）根据起火物所受辐射热强度推算起火时间。由热辐射引起的火灾，可根据热源的温度、热源与可燃物的距离计算被引燃物所受的辐射热强度，推算引燃的时间。在无风条件下，一般干燥木材在热辐射作用下起火时间与辐射热强度的关系为：4.6～10.5kJ/(m^2·s）时12min；10.5～12.8kJ/(m^2·s）时8min；15.1～24.4kJ(m^2·s）时4min。

（7）根据中心现场尸体死亡时间判定起火时间。根据死者到达事故现场的时间，进行某些工作或活动的时间，所戴手表停摆的时间，或其胃容物消化程度判定起火时间。

5.4.4.2 分析的注意事项

准确的起火时间是认定火灾原因的一个有力依据。为了保证起火时间分析与认定的准确性必须要注意以下几点：

（1）全面分析，相互印证。尤其要善于将起火时间与起火源、起火物及现场的燃烧条件综合起来加以分析，而不能把起火时间孤立起来，要防止片面性。

（2）起火时间的可靠性。对提供起火时间的人，要了解其是否与火灾的责任有直接关系，不能轻信为掩盖或推脱责任而编造的起火时间。

（3）起火时间的正确性。作为认定火灾原因依据的起火时间必须符合客观实际，在无确凿证据时，起火时间不能作为认定火灾原因的依据。

5.4.4.3 影响起火时间的因素

（1）起火物的性质不同，阴燃或引燃起火的时间也不同。因为可燃物质不同，其自燃点就不同，燃烧的速度也不同。

（2）起火物的状态不同，起火时间也不同。

（3）起火物与起火源的距离不同，起火时间也不同。如数量相等的同一种起火物，与火源的距离远近不同时，其着火所需要的时间也是有差别的。因为起火源的温度是固定的，距离越近的可燃物受热温度越高，烤着可燃物的时间就越短，反之就长。

（4）起火点的环境差异，也影响起火时间。如周围空间的开阔与窄小、开口与封地、地上与地下、室内与室外等诸方面客观条件，都在不同程度上决定了初起火灾形成时的可能性与快慢的时间差。

5.4.5 火灾事故的起火点与起火部位分析

起火部位和起火点是两个概念。起火点是开始燃烧的具体位置，起火部位是起火点所在的局部范围，亦称火场中心。起火部位和起火点是认定火因的重要对象，是发现火灾痕迹和获取物证的源泉。

认定起火部位和起火点，也和认定起火时间一样，是围绕现场访问获得的材料和现场发现的痕迹、物证来进行认定的。

起火点是最先开始起火的地方。在火灾调查过程中，起火点认定的准确与否直接影响火灾原因的正确认定。起火点不仅限定了火灾现场中最先起火的部位，而且限定了与发生火灾有直接关联的起火源和起火物及其有关的范围。因此，勘察与搜集起火源和起火物的证据及其他客观因素，分析研究起火原因，必须从起火点入手。

起火点是火灾发生和发展蔓延的初始场所。在火灾现场中，起火点可能为一个部位，也可能有两个或更多有限部位。对特定火场来说，起火点的范围是一定的，然而往往又是不很明显的。因为起火点常会受到一些因素的影响而变得比较隐蔽，尤其是一些起火时间不明、火烧面积大、破坏程度比较严重、现场结构比较复杂的现场。因此，认定起火点之前，必须对火灾现场进行全面的、认真细致的勘察和调查访问；同时还要考虑各种客观条件的影响，分析研究各种燃烧痕迹的特征和形成的条件及原因，才能准确地认定起火点。

在调查的实际工作中，常用于认定起火点或起火部位的依据主要有如下几种。

5.4.5.1 目击者证言

如果事故初起时有目击者，那么最先发现起火的人能够相当准确地指出起火点或起火部位所在的具体位置；如果发现火灾时火势已经较大，那么此时最先发现人、报警人或最先到场扑救的人提供的关于火势最强的部位、蔓延的方向以及扑救过程的证言，也有利于起火点的认定。

通过火灾当事人或受害者的证言，可以了解其在火灾现场的确切位置和行为表现，为分析与认定起火点提供重要的参考。此外，分析从火场逃生出来的人员提供的情况，何处见何种烟火、何方的热辐射强、何处往下落火等，有助于分析起火点可能位于火场的方位。

值得注意的是，调查访问取得的线索并非都能证明起火点的真相。因为除了会存在证人故意隐瞒事实而作伪证以外，还由于主客观因素的影响，证人原本是为揭示事实真相，但其陈述却可能出现不完全符合实际情况的现象。因此，任何提供的线索或证言都需要经过多方验证，才可作为认定起火点的依据。

5.4.5.2 起火时的燃烧现象

火灾初起时的烟雾流动方向、火焰及烟雾的颜色和气味、燃烧物发出的声响等现象可作为认定起火部位的重要依据。

火场上烟雾是由浓密处向稀疏处扩散或流动的，烟雾的浓密指示着尚在燃烧的部位。一般的情况下，明火冒出前的烟雾浓密处可指示起火点；有风时则起火点与烟雾浓密位置有一定的位差，此时要考虑风向、风力的影响。

不同的物质燃烧时可能产生颜色、气味差别较大的火焰和烟雾，甚至燃烧时发出不同的声响。根据这些特征可判明最初燃烧的物质，进而通过查明这些物质原存放的位置而认定起火点或起火部位。

火焰的色泽和亮度随着其温度升高而由暗变亮，由红变白。若火场上可燃物分布均匀，起火部位由于先燃烧，可能先达到较高的温度，故根据火场火焰颜色和亮度（辐射强度）可判断何处为先燃烧的部位。

5.4.5.3 确认的起火源位置

起火源通常是由发热设备或发热物体证明其存在。证明火源的物体一般是高温物体、火种（烟头、火柴、爆竹残壳、电气焊熔渣等扔入植物堆垛内的炭化块、化学危险品烧剩下的包装物）、带有自燃火源（如雷击）造成痕迹的物体等。尚未成灾或烧毁不太严重的火场，留有的较完整的发热或发火物体，或在烧毁比较严重的火场上发现的发热或发火物体的残体、碎片或灰烬，其在现场上的位置或在起火前的位置，一般来说就是起火点。

利用起火源位置认定起火点，必须确认证明起火源的物体在起火后没有被人为地移动，否则将失去这种认定作用。

5.4.5.4 烟熏痕迹的形状及位置

一般情况下，起火初期温度较低，可燃物燃烧时发烟量较大，故靠近起火点的墙壁和物体上的烟熏痕迹重于其他部位。同时由于烟气流主要向上运动，所以在其附着的物体上还呈现一定的形状。

利用烟熏痕迹形状与位置认定起火点或部位的主要实例如下：

(1) 电缆沟、下水道内烃类易燃液体蒸气爆炸和燃烧，能通过其内壁烟痕位置来证明。

(2) 内装烃类气体容器内壁的烟痕和积炭证明爆炸或燃烧点是在容器内部。

(3) 首先起火的房间（工厂）门窗口的外侧上部墙壁的烟熏痕迹重于其他房间的窗门口。

(4) 室内吊顶上墙壁和构件有较重的烟熏痕迹，而吊顶下面的墙壁烟熏痕迹较轻，则起火点可能在吊顶的上部；室内墙壁上有“V”形烟熏痕迹，此“V”形的下部很可能就是起火点。

5.4.5.5 木质材料或物品烧毁状态及程度

可燃物起火后产生的热向周围传播，引起周围的可燃物燃烧，促使火灾发展蔓延。一般情况下距起火点近的可燃物先燃烧，距起火点远的可燃物后燃烧。先燃烧的可燃物燃烧时间长于后燃烧的可燃物，炭化甚至灰化程度重于后燃烧的可燃物。因此，炭化痕迹的轻重程度可反映出燃烧的先后和火势蔓延的顺序，炭化越重的部位越接近起火点，从而为起火点的认定提供依据。

在起火部位的木质材料或物品，由于燃烧先后顺序不同，往往留下不同的燃烧痕迹，形成灰化→炭化→残留未燃部分的痕迹顺序。灰往往是最先燃烧后留下痕迹，灰化痕迹区可能就是起火点所在部位。

火向四周蔓延，通常面向起火点的可燃物一侧炭化程度重，背向起火点一侧炭化程度轻；距起火点近的可燃物炭化程度重于距起火点远的可燃物炭化程度。因此，炭化最重的部位往往就是起火点。

同一个物体，总是朝向火源的一面比背向火源的一面烧得严重。因此，也可根据火场物质烧毁的不同程度及燃烧蔓延痕迹来分析认定起火部位和起火点。

由于火焰和热气流向上升腾，在垂直表面上如有“V”形的炭化痕迹，则“V”形的下端同样也能指示起火点所在的部位。在电弧引起的火灾现场上，附近设备等材料上电弧作用点一般会发生严重炭化导致的石墨化或坑，也能据此认定起火点。

5.4.5.6 建筑物的倒塌形式

建筑的可燃构件一般是倒向先受火作用的一面，不同类型的建筑和不同的起火点位置造成不同的倒塌。

木结构建筑物的倒塌可以利用如下三种形式来认定起火点或起火部位。

(1) 当建筑物的一边首先被烧毁，受其支撑的物体向受火侧倒塌，构成房架的木料呈一个压一个地倒下去，形成“一面倒”的形式。该形式的屋架倒落方向指向起火部位。

(2) 被烧建筑物房顶的檀条和其他材料从两边倾向中间起支撑作用的间壁倒塌，呈“两头挤”的形式，可判定起火点在间壁附近。

(3) 以火场上的支柱为中心，受其支撑的物体从四面向被烧支柱倒塌，呈“漩涡”形式，则漩涡中央为起火点所在地段。

值得注意的是，由于建筑结构关系，各部分构件耐火极限不同，内部可燃物数量和品种分布不太均匀，或者由于灭火射水的影响，有时会造成倒塌形式的反常。在利用建筑倒塌形式分析认定起火点部位时，必须考虑上述因素的影响。

5.4.5.7 现场尸体的位置和姿态及烧伤者烧伤部位

人具有惧火的心理，见起火后，在不能自救的情况下，一般背火而逃，特别是向通道奔跑。如果现场上尸体所在位置和姿态能表明其生前逃离的方向，则可用来指明起火部位所在方位。

根据火灾当事人或起火时的受害者被烧伤的部位和起火前他们所处位置与朝向，也可分析判定起火点或起火部位。

5.4.5.8 起火时现场的风向和风力

火灾由起火点开始逐步发展形成后，其现场形状与风有很大关系。当起火现场地势平坦，为大面积的简易房区或森林，在没有大的风力作用下，燃烧是由起火点向四周蔓延，最后形成一个圆形火场。在这种火场上，起火点应在火场中部。在强风的情况下，火势顺风向蔓延，最终火场呈角度大致为60°的扇形。此时，起火点应在上风向的夹角内。在弱风的情况下，上风的燃烧区是圆形，下风区近于尖形，起火点应在上风的圆形区内。

根据某些火场灰烬特征初步认定的起火部位或起火点，都需要通过各方面的事实进行综合分析，进一步加以核实。当然能够在初步确定的起火部位发现发热、发火物体或其他典型的起火痕迹，并有足够的证据和理论说明火灾是由此发火体引起的，那么该位置即是起火点，这是认定起火点最有力的方法。然而，一般情况下起火点所在部位虽然受火作用时间较长，可燃物被烧或破坏程度比较严重，但是因受气象、扑救、建筑构件性能、物资储存方式等客观条件的影响，其燃烧破坏的程度并不一定是火场上最严重的地方。此外，纵火、电气故障或火星飞落到可燃物上引起的火灾，往往是在火场中的几个部位同时起火。所以对起火点认定中的某些特殊情况，不要简单地加以肯定或否定，必须从各方面进行分析研究。应将初步确定的起火部位与周围存在的痕迹等情况进行对比，用不同的方法，从不同的侧面进行验证，从而使起火部位或起火点得以确切的认定。

对现场烧毁的所有部位都要用相同或类似的物体进行比较，找出烧毁状况的特异现象，发现其形成的原因。不论烧得严重的部分，还是烧得特殊的部分，如果在相关的局部上找不到其烧毁状况与其他部分之间的联系，就不能根据它的烧毁状况来判定起火点，因为它与火灾蔓延的关系不大。

每次火灾的发展蔓延都有方向性，这个方向性可从可燃物的燃烧程度、燃烧后状态来判断。然而这种表示方向性的痕迹也会随着燃烧猛烈程度的加深和持续时间的延长而加深与扩大，最终会因燃烧把这些方向性痕迹全部毁灭掉。对于可燃物被烧得面目全非、蔓延方向难以确定的火场，要注意从建筑构件、室内可燃家具上面不燃物品的倒塌和滑落的方向，以及烟熏部位和轮廓等方面确定起火部位。

在上述特征也不明显的情况下，就要从不燃性物体被烧程度和状况特点来分析火灾过程。金属在火场上不易燃尽，且它们熔点有差异，利用这个特性可分析判断火场温度和蔓延途径。可根据火场不同部位的金属、玻璃、陶瓷的熔痕或熔化状态，分析火场上不同部位的温度分布，判断火势蔓延方向，从而确定起火部位。对于某些破坏特别严重的火场，可能金属熔痕也很难存在，则应注意分析火场上残留灰烬和塌落堆层的层次，以便为确定起火点的大致部位提供线索。

5.4.6 火灾事故起火原因认定的依据

起火原因分析与认定是事故调查的最后一个步骤。一般是在现场勘察、调查访问、物证分析鉴定和模拟试验等一系列工作的基础上，依据证据，对能够证明火灾起因的因素和条件进行科学的分析与推理，进而确定起火原因。

调查人员在认定起火原因之前，应全面了解现场情况，详细掌握现场材料。在认定起火原因时，要把现场勘察、调查访问获得的材料，进行分类排队、比较鉴别、去伪存真，对材料来源不实或者材料本身似是而非的，要重新勘察现场，切忌主观臆断。

在调查过程中，证据是认定起火原因、查清火灾的因果关系、明确和处理火灾责任者的依据。起火原因的认定通常是在确认了起火点、起火源、起火物、起火时间、起火特征和引发火灾的其他客观因素与条件的前提下进行的。这些火场事实一般是逐步查清的，已被证实的事实可作为查清因果事实的依据。它们的依据应是相辅相成又相互制约的，舍弃或忽略其中的某一个，都可能做出错误的起火原因的认定。

起火点认定的准确与否，直接影响起火原因的正确认定。因为起火点为分析研究火灾原因，限定了与发生火灾有直接关联的起火源和起火物，无论搜集这些证据，还是分析研究起火原因，都必须从起火点着手。实践证明，起火点是认定起火原因的出发点和立足点，及时和准确地判定起火点是尽快查清起火原因的重要基础。

在以起火点作为起火原因分析与认定的依据时应注意：起火点必须可靠，有充分的证据作保证；起火点与起火源必须保持一致性，要相互验证。查清起火源和分析其与起火物及有关的客观因素之间的关系，是认定起火原因的重要保证。只有准确地找出起火源，才能为起火原因的认定提供有力的证据。

作为起火源的证据可分为两种：一种是能证明起火源的直接证据；另一种是与起火源有关的间接证据。所谓直接证据是起火源中的发火物或容纳发火物器具的残留物，如火炉、电炉、打火机、铜导线的短路熔痕等。所谓间接证据是指能证实某种过程或行为的结果产生起火源的证据，如在静电、自燃、吸烟等火灾中的物体的导电率、生产操作工艺过程、静电放电条件、空气中可燃气体的浓度、场所的环境温度、空气的相对湿度、物质的储存方式、物质成分与性质、吸烟的时间与地点、吸烟者的习惯等。

确定起火源时，应遵循以下原则：围绕起火点查找起火源；起火源的作用要与起火时间相一致；起火源要与起火物相联系。

起火物是指在火灾现场中由于某种起火源的作用，最先发生燃烧的可燃物。它是在火灾现场这一特定场所中某一范围内存在的与火灾原因有直接关系的可燃物。在火灾发生后，火场中常会留下起火物被烧的痕迹。通过这些痕迹可分析火灾燃烧蔓延的过程，进而认定起火部位、起火点和起火原因。

以起火物作为起火原因认定的一个依据，首先应准确地认定起火物。起火物认定必须符合一定的条件和要求。起火物必须是起火点处的可燃物，不能在未确定起火点的情况下，只凭可燃物被烧程度认定起火物。起火物必须与起火源作用性质和起火特征相吻合，如起火特征为阴燃，则起火源多为火星、火花或高温物体，起火物一般是固体物质；起火特征为明燃，则起火源往往是明火，起火物一般为可燃固体或液体；起火特征为爆燃，起火物一般应是可燃气体、蒸气或粉尘与空气的混合物。起火物的种类较多，只要其能量达到该可燃物的点火能量即可。认定的起火物应比其周围其他的可燃物烧损或破坏的程度严重。

利用起火时间能够分析判断起火点处起火源与起火物作用的可能性。在调查实际工作中，有时把发现着火的时间误认为起火时间，这是不确切的。因为火灾从初起到扩大有一个蔓延过程，这需要一定的时间。此时间的长与短是受起火源和起火物的制约，且受环境客观因素的影响。因此，夜深人静无人在场的火灾，由于不能及时发现或当发现时已经蔓延扩大，此时就需要根据调查访问和现场勘察所获得的情况和材料，进行严密地分析推理，才能得出比较符合实际的起火时间。然而，起火时有见证人在场情况下，起火时间应是可信的。一般的情况下，影响起火时间的因素主要是：起火物的性质、起火物所处的状态与环境条件、起火物与起火源之间的距离。

发生火灾要具备燃烧的三要素。然而，在某些情况下即使具备了这些条件，也不一定能够发生，必须三者共同作用。对火灾来说，由于物质燃烧时的不同的条件和错综复杂的火场情况，引发火灾的各种客观条件是比较复杂的。在起火原因分析与认定过程中，除了将起火点、起火源、起火物、起火时间作为依据以外，还有每起火灾各自复杂的客观条件。在查清起火源、起火物和助燃物之间相互作用关系的同时，还要充分考虑各种客观条件的影响和它们之间相互作用的结果。

5.4.7 火灾事故起火原因的认定方法

5.4.7.1 *逻辑方法*

在火灾原因调查过程中，为查明火灾原因，不仅要了解火灾现场的情况，认真收集与火灾原因有关的事实和各种痕迹、物证、人证，还需要正确地使用逻辑方法，对已了解的事故现场情况、与事故原因有关的事实和各种燃烧痕迹、物证、言证等证据进行分析与验证，最后才能认定起火原因。常用的逻辑方法主要有比较、分析、综合、假设和推理。

A 比较

比较，是认识客观事物的重要方法。有比较才有鉴别。比较是指根据一定的标准，把彼此有某种联系的事物加以对照，进行分析、判断，然后做出结论的方法。该法在火灾原因分析过程中常用来对比两个事物或一个事物前后的变化，以便确定事物之间的相同与不同点。在火场勘察中经常需要比较分析火场痕迹、调查访问的材料、与以往的火灾案例的联系等。

a 比较的对象

比较的基本目的是认识对象之间的相同点和不同点，它可以在异类对象之间进行，也可以在同类对象之间进行。例如，建筑与设备是异类对象，但是它们受到高温作用之后，都会发生某种变化，而这种变化又不完全相同；又如汽油和酒精，同属易燃液体，但它们在燃烧时火焰不尽一样。比较还可以在同一对象的不同方面、不同部位之间进行。比如火场中一个设备，某一部位被烧，某一部位仍旧完整；某一部位烧损较重，某一部位烧损较轻。通过比较，人们对火场情况的认识会逐步清晰起来。

b 比较的内容

火场勘察中的主要比较内容包括：比较现场痕迹和比较知情人所见燃烧状态。

(1) 比较现场痕迹。现场痕迹是指可能与火灾原因有关的痕迹物证，即由于火灾的作用使现场物质发生物理、化学变化的残留物——燃烧痕迹。火场痕迹的比较包括燃烧物质的灰化、炭化、熔痕、烟熏、变形、变色、变性、倒塌、移位、断裂以及擦痕等痕迹的比较。对燃烧痕迹的比较应注意：求同比较，找出火场上的同类痕迹及其相同点；求异比较，找出同类痕迹中或同一物体上的燃烧痕迹的不同点；垂直比较，从垂直空间找出各层次痕迹的相同点与不同点，分析研究燃烧垂直蔓延的过程，为判断起火点所处垂直层面提供依据；水平比较，从水平空间找出各部位痕迹的相同点与不同点，为分析研究燃烧水平蔓延的过程，判断起火点所处的水平位置提供依据。在进行上述纵横交错比较的基础上，确定火灾燃烧蔓延的过程、起火部位、起火点和其他与火灾起因有关的因素，进而认定起火原因。

(2) 比较知情人所见燃烧状态。通过比较知情人所见的燃烧状态有利于分析火灾发展过程。根据知情人发现火灾的时间、所处的部位、观察火场时的环境条件与燃烧状况，进行现场实地的观察比较。同时，还可与火场照片和录像进行比较，分析火灾发展过程。在对火场事实比较时，应了解起火前现场周围存在的火险隐患，比较起火前后的情况，从中找出有利于分析与认定起火原因的依据。

对于起火原因不清、现场上又难以找到起火源的火灾，可借助以往的火灾实例来进行对比研究。然而所用案例应具有共性与可靠性，即火场除了地点差异外，起火点、起火源及客观条件都有相同点或相似点，且案例的起火原因认定是以事实为根据的。

采用比较法时应注意：相互比较的事物必须彼此联系，有可比的条件；使用明确的质量和数量表示，有比较的尺度；比较时运用同一个标准。

B 分析

分析就是将研究的对象分解为各个部分、方面、属性、因素和层次，再分别进行考察的思维过程。在起火原因的调查中，分析是对现场事实分别加以考察的逻辑方法，是对现场勘察获得的物证和调查访问的材料进行加工的全部工作。

比较只能了解火灾现场事实的相同点与不同点，要进一步研究这些相同点与不同点、形成的原因、说明的问题、与火灾发展蔓延和起火原因的关系，还必须运用分析法对各个事实分别进行分析。例如，现场勘察发现的燃烧痕迹是火灾过程的一种特殊的记录形式，调查人员只有通过这些记录形式进行分析研究和加工处理，才能认识火灾的发生、发展、蔓延的全部过程。火灾的形成包含许多因素，如可燃物的种类、数量、起火源、气候条件、人们的活动等，只有对这些因素进行推理分析，才能最终得出正确的结论。

分析的方法概括起来有5种，即定性分析、定量分析、因果分析、可逆分析和系统分析。定性分析是为了确定研究对象具有某种性质的分析，主要解决“是不是”、“有没有”的问题。例如，火场上有没有危险品、当时是否用过明火等。定量分析是为了确定研究对象中各种成分的数量分析，主要解决“有多少”的问题。例如，起火前现场的可燃气体与空气的混合物是否达到爆炸浓度、曾产生的静电火花是否达到或超过可燃物的最小点火能量等。因果分析是为了确定引起某现象变化的原因，主要解决“为什么”的问题。它是将作为原因的现象与其他非原因的现象区别开来，或将作为结果的现象与其他的现象区别开。例如木楼板受高温或明火的烘烤，必然会出现某种程度的炭化现象；反之，木楼板有炭化现象，必然是受高温或明火作用的结果，而不会是其他的原因。可逆分析是解决问题的一种方法，即作为结果的某现象是否又反过来作为原因，也就是互为因果。火灾现场中，电气短路能引起火灾，火灾也能引起电气短路。何为因、何为果，就要进行可逆分析，不可把因果颠倒。系统分析是把客观对象视为一个发展变化的系统，并对其进行动态分析；同时，它又把客观对象看作是一个复杂的多层次的系统，并进行多层次的分析。复杂的火灾，相关的因素很多，可视为一个系统，只有进行系统地、分层次地分析，才能得出正确的结论，否则易导致片面结论。

进行分析时要注意全面，即从多因素、多角度、多层次、多侧面地进行；要抓疑点，因为疑点背后往往隐藏着重要的问题；要抓重点，善于在纷乱复杂的现场中抓住与火灾发生发展有关的事实；要反复推敲，既要看肯定的一面，又要看否定的一面，防止片面性。

C 综合

综合是将各个火灾事实连贯起来，从火灾现场这个统一的整体来加以考虑的方法。与分析法研究的内容相比，该法着重于研究各个事实在燃烧过程中的相互联系、相互依存和相互作用，使各个事实在火灾这个统一的整体中有机地联系起来，从而使认识由局部过渡到整体，从认识个别事实的特征到认识火灾发生发展过程的本质。

D 假设

假设是依据已知的火灾事实和科学原理，对未知事实产生的原因和发展的规律做出的假定性认识。凭借已有的材料和以往的经验，对某种现象反复分析、甄别、推断，做出某种原因的假定；然后，运用这个假定解释火场上出现的其他有关的现象，并进行论证，这就是假设法的运用。

假设不是随意的，是以事实和科学知识为根据的，没有现场勘察和调查访问获得的事实材料为根据，假设是没有任何意义。任何假设都是对未知现象或规律性的猜想，尚未达到确切可靠的认识，还有待于验证。因此，假设不是结论，而是一种推测，仅是一种分析和解决问题的方法。对同一事物或现象可允许同时存在几个不同的假设。一般来说，能够更好地解释全案事实材料的假设具有最高的价值。在火灾原因调查过程中，既要提出假设、分析假设，又要修正假设、否定或肯定假设。

E 推理

推理是从已知判断未知、从结果判断原因的思维过程。现场勘察和调查访问得到事实是已知的，要从已知判断未知，首先要对已知的事实进行去粗取精、去伪存真地加工，即按照事实去判断与起火点、起火原因有无关系，根据事实的真实性和可靠性决定取舍；其次要对事实进行由此及彼、由表及里地分析与研究，既要用科学知识和实践经验找出其间的因果关系，又要判断火灾发生发展过程，从中分析与认定起火点，从起火点的客观事实认定起火原因。

5.4.7.2 认定的方法

起火原因认定方法通常有两种，即直接认定法和间接认定法。对一起火灾原因认定来说，采用何种方法应根据火灾现场的实际情况和需要，运用其中一种或将两种结合起来使用。

A 直接认定法

直接认定法是指对现场勘察中提取的并需要加以鉴别的物证，利用感官或借助简便仪器，通过直接辨认其颜色、形状、光泽、位置及其变化状态等来分析、确定起火原因的方法。它是一种简便直观的认定方法。一般在起火点、起火源、起火物和起火时间与客观条件相吻合，现场勘察和调查访问的证据比较充分的情况下使用。若以上诸条件不具备或部分情况不完全清楚时，一般不宜采用此法，以免因调查工作的简单化而错定起火原因。

因此法比较简便易行，故在起火原因分析认定工作中运用得较为普遍。采用直接认定法时应注意以下几点：

一是应全面了解火灾现场的情况，尤其对起火物和起火源的特点、性能、结构、使用条件、环境情况等应有全面的了解。认定时，还应与火场中的其他遗留物进行对比鉴定。

二是直接认定要注意及时性，防止物证因时间拖长而变色、变性或丧失其真实性。

三是对消防监督部门聘请的或委托的有关专家和工程技术人员，要求必须公正无私，以现场的事实为依据，做出具有法律证据的鉴定结论。

B 间接认定法

在经过认真仔细地调查访问和现场勘察后，仍然找不出起火源的物证，难以确定起火原因的情况下需要采用间接认定法。此法先需将起火点范围内的所有能引起火灾的火源进行依次排列，根据现场事实进行分析研究，逐个加以否定排除，最终肯定一种能够引起火灾的起火源；然后应用实践经验和科学原理，依据现场的客观事实，进行分析推理找出引起火灾的原因。

间接认定起火原因是根据火灾现场的事实，按照事物发展的一般规律和已有的经验，经过严密的分析推理和判断，做出符合事实的推断。因此，其结论是完全具有说服力的。该法一般是在现场中的起火源或某起火因素不复存在的条件下进行的，故现场勘察和调查访问获得的材料就显得更为重要和珍贵。应用此法认定的起火原因，必须在该火灾现场存在着这种原因引起火灾的可能性，并具备能起火的客观条件。

本章小结

本章首先介绍了危险化学品的基本概念和常见事故类型等内容，引出危险化学品具有易发生火灾爆炸的危险性，然后重点描述了危险化学品火灾与爆炸事故现场的基本概况以及如何对事故现场进行勘察和调查取证，最后提出火灾爆炸事故分析的基本方法和基本要求，并对火灾爆炸事故的性质、起火时间、起火原因进行了详细的阐述。

习题和思考题

5-1 什么是危险化学品，具体分为哪几类？

5-2 什么是爆炸极限，其影响因素有哪些？

5-3 防止发生火灾爆炸事故的基本原则是什么？

5-4 对火灾爆炸事故现场进行保护时，基本要求和保护范围有哪些？

5-5 在对危险化学品火灾爆炸事故进行现场勘察前，需做好怎样的准备工作？

5-6 发生火灾爆炸事故后，如何对事故现场进行勘察？

5-7 常见的火灾爆炸事故分析的基本方法有哪些？

5-8 简述危险化学品火灾爆炸事故物证收集的对象和方法。

6 煤矿事故调查与分析

本章学习要点：

(1) 了解煤矿事故的危害与分类。

(2) 熟悉并掌握煤矿事故现场勘察与取证的职责、步骤与内容。

(3) 了解事故现场测试的内容和常用工具，并能够举例。

(4) 重点掌握煤矿事故常见的原因分析，且能够结合案例进行分析。

(5) 掌握事故案例表示的几种方法。

6.1 煤矿事故概述

井下煤矿作业环境复杂，在生产过程中往往受到瓦斯、矿尘、火、水、顶板等灾害的威胁。当事故发生后，如何安全、迅速、有效地抢救人员、保护设备、控制和缩小事故影响范围及其危害程度、防止事故扩大，将事故造成的人员伤亡和财产损失降低到最低程度，是事故调查与处理工作的关键。任何怠慢和失误，都会造成难以弥补的重大损失，因此掌握煤矿事故调查与分析的原则与技术，对弄清事故发生机理，找出事故根源原因，采取措施预防同类事故的再次发生，是十分必要的。

6.1.1 煤矿事故危害

矿井生产过程中有许多自然灾害威胁着矿工的安全。这主要是指瓦斯、火、粉尘、水以及顶板事故，俗称“五大灾害”。

6.1.1.1 瓦斯事故及其危害

瓦斯事故是指瓦斯（煤尘）爆炸（燃烧）、煤与瓦斯突出、瓦斯窒息（有害气体中毒）等事故。煤层自然发火未见明火逸出的有害气体使人中毒列为瓦斯事故。

矿井瓦斯给安全生产带来了极大的威胁，主要表现在以下几个方面：

(1) 井下空气中瓦斯浓度较高时，会相对降低空气中氧气含量，使人窒息死亡。

(2) 瓦斯爆炸后产生高温，即爆炸产生的热量迅速加热周围空气，一般情况下温度在1850℃以上；瓦斯爆炸后产生高压，即周围气体温度急剧升高必然引起气体压力突然增大，一般爆炸后的压力可以达到爆炸前的9倍；瓦斯爆炸后产生正向及反向冲击，直接造成人员伤亡、设备损失，巷道破坏；瓦斯爆炸后产生一氧化碳等有害气体，使人中毒而亡；瓦斯爆炸要消耗大量氧气，使爆炸现场氧气浓度急剧下降，使人窒息而亡。

(3) 某些地区煤（岩）体内的瓦斯量较大时，瓦斯会因采掘活动的影响而以突然的、猛烈的形式被释放出来，同时带出大量的煤（岩），直接造成人员伤亡，设备、设施或巷道的破坏。

6.1.1.2 火灾事故及其危害

火灾事故是指煤矿井下因煤层自然发火或外因火灾直接使人致死或产生的有害气体使人中毒的事故。

矿井火灾的危害具体表现在以下几个方面：

（1）井下发生火灾后，产生大量的有害气体。高温烟流产生的一氧化碳、二氧化碳气体会使人员窒息、中毒，严重威胁矿工的生命安全。

（2）引起瓦斯、煤尘爆炸。在有瓦斯、煤尘爆炸危险的矿井，火灾不仅会直接导致瓦斯、煤尘爆炸，就是在处理火灾事故时，也极易诱发瓦斯、煤尘爆炸事故，从而扩大灾情。

（3）产生再生火源。炽热的含挥发性气体的烟流与相接巷道新鲜风流交汇燃烧，火源下风侧可能出现若干再生火源，使煤炭资源大量被烧毁或冻结、损坏机械设备。

6.1.1.3 水害事故及其危害

水害事故是指地表水、老窑或老空水、地层水、河流或洪水溃入或潜入、大冒顶透黄泥或流沙、充填溃水、工业用水跑水等造成的事故。

矿井水灾的危害具体表现在以下几方面：

（1）如果排水系统不完善，会造成涌水四溢，巷道内到处是泥水，使作业环境恶化，对安全生产和文明生产造成不利影响。

（2）顶板淋水、煤壁渗水，使巷道内空气湿度加大，影响职工的身体健康。

（3）矿井水量越大，排水设备和排水费用越高，不仅增加生产成本，而且增加了管理工作难度。

（4）矿井水对机器设备和金属材料产生腐蚀作用，缩短其使用寿命，增加生产成本。

（5）矿井涌水量一旦超过排水能力或突然涌水，轻则造成井巷或采区被淹，重则造成人员伤亡和财产损失。

6.1.1.4 粉尘事故及其危害

粉尘事故是指能爆炸的煤尘爆炸事故和浓度达到可以导致尘肺的煤尘事故。

矿井粉尘的危害具体表现在以下几方面：

（1）对人体的危害。人长期吸入煤尘后，轻者会患呼吸道炎症，重者会患尘肺病。粉尘对人体的危害还有皮肤病、眼病和慢性中毒（如矿尘中含有铅、汞等有毒粉尘）。

（2）煤尘在一定条件下可以爆炸。煤尘能够在完全没有瓦斯存在的情况下爆炸，对于瓦斯矿井，煤尘则有可能与瓦斯同时爆炸。

（3）降低工作场所能见度，容易发生工伤事故。在一些综采工作面割煤时，工作面煤尘浓度高达4000～8000mg/m^3，工作面能见度极低，往往会导致人员误操作或不能及时发现事故隐患，增加了发生人身事故的可能性。

（4）加速机械磨损，缩短设备使用寿命。随着煤矿机械化、电气化、自动化程度的提高，矿尘对设备性能及其使用寿命的影响会越来越突出，应引起高度的重视。

6.1.1.5 顶板事故及其危害

顶板事故是指矿井片帮、冒顶、顶板掉渣、倒柱掉梁、冲击地压、露天矿滑坡或坑槽垮塌等事故。

矿井顶板事故的危害表现为以下几个方面：

(1) 无论是局部冒顶还是大型冒顶，事故发生后，一般都会推倒支架、埋压设备，造成停电、停风，给安全管理带来困难，对安全生产不利。

(2) 如果是地质构造带附近的冒顶事故，不仅会给生产造成麻烦，而且有时会引起透水事故的发生。

(3) 在有瓦斯涌出区附近发生顶板事故将伴有瓦斯突出，易造成瓦斯事故。

(4) 如果是采掘工作面发生顶板事故，一旦人员被堵或被埋，将造成人员伤亡。

6.1.2　煤矿事故分类

煤矿事故按诱发因素的不同，通常分为责任事故和非责任事故两种类型。根据国家法规的规定，煤矿事故按等级分类。按照国家统计局的规定，煤矿事故按煤矿类型、矿井属别、地点和事故类别及致害原因分类。

6.1.2.1　按煤矿类型分类

根据国家安全生产监督管理总局的规定，把我国现存的煤矿分为国有煤矿、国有地方煤矿（一般简称为地方煤矿）和乡镇煤矿3种类型。

A　国有煤矿

国有煤矿是指国有重点煤矿，也就是原来属于煤炭部管理的国家统配煤矿。

B　国有地方煤矿（简称为地方煤矿）

国有地方煤矿是指军工（垦）、劳改及其他系统县级以上开办的煤矿。

C　乡镇煤矿

乡镇煤矿是指上述两类煤矿以外的煤矿，包括集体企业、股份合作企业、联营企业、有限责任公司、股份责任公司、私营企业、港澳台商投资企业、外商投资企业、其他企业等。

6.1.2.2　按煤矿事故属别分类

煤矿事故按属别分类为原煤生产事故、非原煤生产事故、基本建设事故。

A　原煤生产事故

原煤生产事故是指下列3种情况之一的事故：

(1) 正式移交的生产矿井，企业从事井下作业人员在煤炭生产过程中发生的事故。

(2) 生产矿井地面工业广场原煤生产服务系统，如地面输送带楼、井口装卸、矸石山、向井下压风、通风、供电、调度、通信等发生的事故。

(3) 乡镇煤矿中基建矿井发生的事故。

B　非原煤生产事故

非原煤生产事故是指企业直接为原煤生产服务以外生产过程中发生的事故，如企业直接基建、机修厂、火工品生产、电厂、选煤等单位从事非煤生产发生的事故。

C　基本建设事故

基本建设事故是指正在施工的新建矿井、分期投产尚未移交的部分发生事故的矿井。

6.1.2.3　按煤矿事故发生地点分类

为了统计和分析的方便，国家规定煤矿事故的发生地点归结为以下7类：

(1) 井筒事故;
(2) 上下山事故;
(3) 掘进头事故;
(4) 大巷事故;
(5) 采煤工作面事故;
(6) 地面事故;
(7) 其他事故。

6.1.2.4 按煤矿事故致害原因分类

煤矿事故的致害原因非常多，为统计方便，把煤矿事故的致害原因归结为以下27种：冒顶、片帮、支架伤人、火（瓦斯）、爆炸（瓦斯）、瓦斯突出、摩擦（瓦斯）、撞击（瓦斯）、明电、失爆、吸烟、墩罐、轨道事故、输送事故、跑车、触电、设备伤人、跑浆、坠落、触响瞎炮、老空水、地质水、地面水、煤自燃、设备引燃、煤尘爆炸、CO中毒、窒息。

6.1.2.5 按煤矿事故类别分类

为统计方便，煤矿事故按类别归纳分类为顶板、瓦斯、水害、爆破、运输、机电、火灾、其他事故8类。

6.1.2.6 煤矿非伤亡事故

在煤矿生产活动中，由于管理不善、操作失误、设备缺陷等原因，造成中断生产、设备损坏等，但未造成人员伤亡的事故，通称为非伤亡事故，通常分为三级。

A 一级非伤亡事故

煤矿生产凡符合下列情况之一的，应当属于一级非伤亡事故：

(1) 发生的事故使全矿井停工8h以上。
(2) 发生事故使采区停工3昼夜以上。
(3) 瓦斯、煤尘燃烧与爆炸。
(4) 煤与瓦斯突出，其突出煤量50t以上。
(5) 井下发生火灾被迫封闭采区。
(6) 火灾使井下全部或一翼停止生产。
(7) 采区通风不良。采区风流中瓦斯超限或瓦斯积聚，造成停产。
(8) 采煤工作面冒顶长度在10m以上。
(9) 掘进工作面冒顶长度在5m以上。
(10) 巷道冒顶长10m以上。
(11) 冒顶或片帮埋住或堵住1人达4h以上，但未造成伤亡。
(12) 采掘面人未撤出提前响炮。
(13) 井下盲巷瓦斯积聚达3%以上，其内设备未停电。
(14) 矿井主要通风机（含分区的通风机）停止供风30min以上。
(15) 提升设备断绳、坠罐、坠箕斗、墩罐、过卷。
(16) 提升设备卡罐8h以上。
(17) 大型物件坠入井筒。
(18) 机车撞车、列车追尾、车辆颠覆。

（19）斜井（巷）跑车。

（20）斜井（巷）人车运行中脱轨。

（21）井下输送带着火。

（22）电缆或电气设备爆破或着火。

（23）井下发生透水或突水没有人员伤亡。

（24）采掘工作面瓦斯超限达到断电值，安全监控系统不能断电。

（25）煤与瓦斯突出时安全监控系统瓦斯传感器失效。

（26）火工品丢失或意外爆炸未伤人。

（27）压风机风缸、风包及风管爆炸，或着火，或造成压风机报废。

（28）地面工厂车间（机修厂、洗选厂等）供电中断 7d 以上或全厂中断供电 2d 以上。

（29）因基建施工企业的原因造成全矿工程停工 8h 以上。

（30）地面（生产、维修、仓库和办公区域）火灾烧毁财物 5 万元以上 30 万元以下。

（31）事故造成设备直接损失价值 10 万元以上 30 万元以下。

（32）生产过程中的重大人身伤亡未遂事故。

（33）锅炉爆炸或造成锅炉本体报废。

B　二级非伤亡事故

煤矿生产凡符合下列情况之一的，应当属于二级非伤亡事故：

（1）发生的事故使全矿井停工 2h 以上，但不足 8h。

（2）发生事故使采区停工 8h 以上，但不足 3 昼夜。

（3）井下发火封闭采掘工作面。

（4）煤与瓦斯突出其突出煤量超过 10t（含 10t）。

（5）矿井水仓淤满造成水进入大巷。

（6）采掘工作面通风不良，风流中瓦斯超限或瓦斯积聚，造成停产。

（7）采煤工作面冒顶长度超过 5m（含 5m）。

（8）掘进工作面冒顶长度超过 3m（含 3m）。

（9）巷道冒顶长度超过 5m（含 5m）。

（10）采掘工作面爆破出现爆燃现象。

（11）采煤机正在检修，误操作造成滚筒旋转。

（12）排放井巷中积聚的瓦斯使用错误的风吹方式。

（13）煤与瓦斯突出矿井瓦斯抽放泵站停电或停机，造成回采工作面瓦斯超限。

（14）瓦斯抽放管道或抽放泵正压侧漏气。

（15）手拉葫芦或电动葫芦吊链板使用中突然断裂飞出。

（16）提升设备卡罐达 4h 以上 8h 以下。

（17）人员上下罐笼时罐笼突然运行。

（18）采区主排水系统故障造成泵房进水或淹泵。

（19）全矿井停电 10min 以上。

（20）斜井（巷）输送带断带防断带装置未起作用。

（21）井下中央变电所或采区变电所高压变配电设备误停、误送电。

(22) 矿井主要通风机（含分区的通风机）停止供风 10min 以上 30min 以下。

(23) 地面工厂车间供电中断 4h 以上 7d 以下或全厂供电中断 30min 以上 2d 以下。

(24) 地面（生产、维修、仓库和办公区域）火灾烧毁财务 5000 元以上 5 万元以下。

(25) 造成设备直接经济损失价值 2 万元以上 10 万元以下。

C 三级非伤亡事故

煤矿生产凡符合下列情形之一的，应当属于三级非伤亡事故：

(1) 发生的事故使全矿井停产 0. 5 ~ 2h。

(2) 发生事故使采区停工 2 ~ 8h。

(3) 通风不良或局部通风机无计划通风，使风流中局部瓦斯超限，造成停产或继续生产。

(4) 煤与瓦斯突出其突出煤量在 10t 以下。

(5) 自然发火煤层采掘面回风流中 CO 含量超过 0.0024%。

(6) 因机械故障或电器故障使一个采掘面停止生产 8h 以上。

(7) 采煤工作面冒顶长度超过 3m（含 3m）。

(8) 巷道冒顶长度 5m 以下。

(9) 掘进工作面冒顶长度 3m 以下。

(10) 采煤工作面上拐头或下拐头大棚垮落影响安全通行或生产。

(11) 人从高处坠落未伤。

(12) 综采工作面支架倒架漏矸。

(13) 机电设备检修时误动作。

(14) 清理带式输送机尾时输送带突然开动。

(15) 造成设备停止运行影响基建矿井正常施工 1h 以上。

(16) 乘人罐笼卡罐 1h 以上 4h 以下。

(17) 造成地面工厂车间供电中断 1 ~ 4h 或全厂中断供电 10 ~ 30min。

(18) 造成设备直接损失 2 万元以下。

6.2 煤矿事故现场勘察与取证

6.2.1 煤矿事故现场勘察的职责

煤矿事故现场勘察的主要任务就是经过对人的访问、部件和位置的勘察、文件的查阅等工作后认真负责地、科学地、实事求是地完成下列内容：煤矿事故性质的确定（责任事故或自然事故），煤矿事故结果的核定（事故造成的实际后果、事故地点、伤亡人数、事故类型、事故等级、事故直接波及的范围、事故发生的有关参数），查明行为人生产作业的具体行为，发现并提取现场遗留的痕迹物证，记录现场情况以及分析事故原因（事故的直接原因和导致直接原因产生的主要间接原因）。煤矿事故现场勘察的主要依据是“煤矿 4P”技术。

(1) 人（people）。这里的人是指煤矿事故的当事人和目击者，主要包括当班带班长、跟班领导、上一班的工作人员、维修人员、基层管理技术人员、医疗人员、朋友、亲属或任何能够为事故调查工作提供帮助的人员。

(2) 部件 (part)。部件是指失效的机器设备、工具、线缆、支柱、顶梁、通信系统、自救器、矿灯、矿帽、胶靴等劳保用品、不适用的保障设备、燃料和润滑剂及现场各类碎片等。

(3) 位置 (position)。位置是指事故发生时的位置，包括采区、巷道、距某标志点的距离、操作位置、运行方向、人的位置、各种部件位置或残骸位置等。

(4) 文件 (paper)。文件是指与事故有关的操作记录、生产记录、通话记录、会计记录、检修记录、安全检查记录、隐患排查和整改记录、报表、公告、指令、磁带、图纸、计划和报告，以及领导分工及职责文件、与事故有关的制度规定等其他文件等。

6.2.2 煤矿事故现场勘察的步骤

事故现场勘察，首先要勘察事故现场的整体物质环境，即整体巡视；然后进行初步勘察，弄清各物体之间的相互关系；再进行细项勘察，找到事故源部位；最后进行专项勘察，找到事故发生的直接原因以及与直接原因有关的因素。煤矿事故现场勘察的基本步骤如下：

6.2.2.1 对照图纸和资料划定勘察范围

对于煤矿井下事故来说，应首先将矿井采掘工程平面团、通风系统图、供电系统图、水文地质图等图纸，与煤矿抢险救灾记录、煤矿调度记录及井下工人的回忆等资料进行对照，划定出勘察的范围和勘察的重点，使勘察工作既有重点，又防止遗漏。

6.2.2.2 拟定勘察内容和方法

进行事故现场勘察前，要拟定勘察的内容和勘察的方法，也就是制订勘察计划，按计划有步骤地实施。勘察内容与方法拟定后，要准备勘察所要使用的工具、仪器仪表、设备等。在准备工具的同时，要由矿山救护队对事故现场进行侦察、检查气体、检查巷道或采场的顶帮岩石情况，并排除危险。待井下事故现场没有瓦斯超限、冒顶片帮、透水等危险后，勘察人员才能进行现场勘察工作。

6.2.2.3 现场观察，整体巡视

整体巡视是事故现场勘察的第一阶段。事故调查组在听取事故单位有关事故发生经过、抢险过程情况汇报后，事故调查组的负责人应当组织调查组全体成员和企业主管领导，在事故现场保护人员的指引下，在矿山救护队的保护下，对事故现场的状态进行巡视观察。对于发生在井下巷道、采掘工作面的事故，整体巡视应当先由矿山救护队负责人介绍通风、运输、机电、顶板等有关状态，然后入井观察事故现场部位状态（如受害人倒卧的位置、姿势、伤势和事故损破部件、碎片、残留物、致害物的分布情况等）。通过对事故现场的整体巡视，可以确定事故现场的范围，可以发现、判断痕迹及物证，核对事故抢险期间有关人员对事故现场的有关描述。通过对事故现场的整体巡视，要求达到以下目的：

(1) 确定保护现场的范围及应当采取的具体保护措施。

(2) 运用文字笔录、绘图、照相、录像等方法，记录现场方位和概观情况，明确现场的原始状态。

(3) 在掌握发生事故简要情况和现场整体状态的基础上，为进一步勘察事故现场提出

实施方案，包括勘察范围、勘察重点、勘察（起点）顺序和勘察方法等。

6.2.2.4 初步勘察

煤矿事故的初步勘察主要应弄清以下问题：

（1）事故的第一现场（事故源）、第二现场（直接遇难人员）及第三现场（间接遇难人员）。

（2）有无故意制造事故的可疑迹象。

（3）现场有无破坏的痕迹及破坏的程度。

（4）现场表面残存物的构成。

（5）巷道冒顶或淤塞程度及位置。

（6）支架倾斜程度及方向。

（7）现场物体的变形、熔化、燃烧和飞溅情况。

（8）现场设备、线缆、管道的异常情况。

（9）通风设施破坏情况。

（10）现场的气体、湿度和温度等其他情况。

6.2.2.5 细项勘察

通过煤矿事故的细项勘察，主要应当查清的有：

（1）事故第一现场、第二现场、第三现场形成的原因。

（2）遇难人员遇难的原因、受伤人员受伤的原因、逃生人员能够逃生的原因。

（3）巷道冒顶或淤塞的原因。

（4）设备、管道、线缆的破坏原因。

（5）爆炸、突水冲击波的强度及突出气体或水的容量大小等。

（6）对于顶板或片帮事故还应查明：井壁空帮高度及临时支护效果；顶板岩性及厚度；煤、岩帮高度；支架完好程度（水支护材质及直径、金属摩擦支柱和单体液压支柱初撑力及检修试压情况）；支护密度；地质构造情况；测试支柱压力等。

（7）对于瓦斯爆炸事故还应查明：瓦斯积聚的原因及量；点火源的形成、位置及其火源物证；爆炸中心点物证；事故第二现场、第三现场形成原因的物证；爆炸后风流逆转或不逆转的原因及物证；其他应该测试的疑点等。

（8）对于瓦斯突出事故还需要查明：突出空洞的形状及其形成的原因；突出空洞周围煤层的瓦斯赋存情况；突出空洞及其周围煤层的地质情况；瓦斯突出后风流逆转或不逆转的原因及物证；瓦斯抽放和瓦斯预测预报效果的核实；其他应该测试的疑点等。

（9）对于水害事故还应查明：事故矿井正常涌水量和事故前10天内水量的变化情况；事故矿井周围水井及相邻矿井的水量变化；矿井突水位置；突水强度及总突水量；突水水源；是否超层越界；防水煤柱设置是否合理；水质化验等。

6.2.2.6 专项勘察

在事故勘察中，如果发现事故原因可能与某一系统、某一生产设备或某一工艺流程有关联，且只有对该系统设备及工艺流程进行勘察才能获取可靠证据时，就要采取专项勘察的方法。如对采面液压系统、电气系统、矿井井下制冷系统、采煤机喷雾系统、专用生产设备或工艺流程等进行专项勘察，广泛搜集引起事故原因和条件方面的物证。

6.2.3 煤矿事故现场勘察的内容

煤矿事故现场勘察有痕迹勘察、物证勘察、书证勘察、位置勘察、物理量勘察、尸体检验和人身检查等。

6.2.3.1 事故痕迹勘察

事故痕迹勘察主要有巷道及支架破坏的痕迹勘察，生产工具破坏的痕迹勘察，物体分离的痕迹勘察，爆炸、燃烧、腐蚀的痕迹勘察，其他能够说明事故发生情况的痕迹勘察等。

事故现场遗留的痕迹一般有分离物痕、黏结痕、结焦痕、爆炸痕、机械裂痕、压痕、划痕、擦痕、断离痕、捻痕、挤痕、电火花痕、烧熄痕、腐蚀痕、肤纹痕、足迹等。事故痕迹的勘察主要解决以下问题：

（1）痕迹在现场中的位置、状态，承受客体的情况以及同周围其他痕迹、物体的关系。

（2）形成痕迹的物质成分及痕迹上附着物质的情况。

（3）痕迹形成的过程、新旧程度、原因和造成客体的情况。

（4）痕迹与事故的关系。

6.2.3.2 事故物证勘察

事故物证主要包括巷道支架的破坏情况、支柱的完好情况（非事故区检查）、煤电钻及电缆、电气开关、矿灯、电气设备或机械设备破损部件、碎片、残留物、致害物分离脱落物、生产工具等。这些都是事故现场勘验中出现率较高的物证。由于这些物证能够在一定程度上反映出事故时间、性质等方面的信息，对于分析判断事故发生的直接原因，缩小事故现场勘察的范围，都具有十分重要的作用。对于现场上发现的可疑物品，都应看成是潜在的证据。

（1）要把寻找事故物证的破坏程度，作为提高现场取证率的重要措施来对待。勘验中要做到耐心细致，要结合事故现场作业人员的作业程序，操作时的动作（或位置）等，认真查找相关物证。如风筒、风门等通风设施的破坏程度，井巷支架的损坏程度，各种线缆的损坏程度，电气开关的损坏程度，各种设备和工具的破坏情况，轨道的损坏情况等。

（2）对于在现场发现的可疑物品、物质，要查清物品、物质的各种特征，如物品形态、质量、气味、颜色、新鲜程度，有无商标、印汇、编号，有无残缺损伤，有无附着痕迹和微量物质，以及物品、物质所在部位及与周围物体的关系等。只有记录了物品的原始状态后，才能够提取或作进一步检验。只有经过鉴别，证明其与发生事故的原因有联系时，才能作为证据使用。

6.2.3.3 事故现场书证勘察

现场书证的勘察主要包括安全交接班记录、瓦斯检查牌板记录、测风牌板记录、设备班检查记录等。如局部通风机“三专两闭锁”的检查记录和试验记录，液压联轴节易熔塞班检查记录，输送带防跑偏、防积煤、防打滑等安全检查记录。

6.2.3.4 事故现场相对位置的测量

在事故现场，对与事故原因与结果有关的各物体之间的相对位置进行测量，测得的数据本身就是证据。这些数据往往有助于确定事故的直接原因。如掘进工作面风筒口到掘进面迎头的距离，瓦斯探头距掘进面迎头的距离，事故现场设备的位置，人在事故现场的相对位置及死伤者的位置、姿势等。

6.2.3.5 事故现场物理量的测量

量度物质的属性或描述物质的运动状态的各种量值称为物理量。如长度、质量、时间、电流、热力学温度、发光强度、物质的量等。

事故现场物理量的测量是指在事故现场，对造成事故的温度、湿度和绝缘情况或因气体等因素造成事故现场关于工作环境方面的状况（包括照明、湿度、温度、噪声、气体、风量等）的测试。

6.2.3.6 尸体检验

无论煤矿发生什么类型的事故，都要对事故造成的死者进行尸检。通过尸检为事故调查提供线索和证据。尸检工作必须由公安机关的法医进行，并提出尸检报告。事故现场的尸体如果死因不明，还必须依法对尸体进行解剖检验。

煤矿事故大多数情况下是由矿山救护队在事故现场抢救出死伤者的，所以死伤者在现场的位置、姿势等，矿山救护队要提供救护报告予以说明。通过尸体检验主要解决以下问题：

（1）死亡的时间和死亡的原因。

（2）尸体在现场的位置、姿势以及与其他痕迹、物体的关系。

（3）尸体外部损伤的形状、性质及原因。

6.2.3.7 人身检查

人身检查是指查明受伤者的伤势、受伤部位、生理情况以及是否饮酒、服药、吸入毒气等情况，为事故调查处理提供线索和证据。由于人身检查的对象不是普通的物质，所以检查必须严格按照有关规定进行，应由医院检查并出具医疗检查报告。

6.2.4 煤矿各类事故现场勘察示例

6.2.4.1 瓦斯燃烧与瓦斯爆炸事故的现场勘察

煤矿井下发生瓦斯燃烧或瓦斯爆炸，必须具备 3 个条件：一是瓦斯积聚达到燃烧或爆炸的界限；二是必须有点燃瓦斯的火源；三是瓦斯燃烧或爆炸范围内氧气含量达到 12% 以上。为查清事故的直接原因，必须查明以下 5 个重点问题：

（1）首先查明爆炸源点或燃烧源点的位置。

（2）查明瓦斯积聚的原因，包括事故的通风状况、瓦斯检查与安全监控系统的监测监控情况、煤层瓦斯含量、瓦斯来源分析等。

（3）查明火源。包括电气失爆火源、机械撞击或摩擦过热火源、岩石撞击火源、静电产生的火源、爆炸火源、人为火源（带烟草及火具入井或穿化纤衣服）、煤层自燃火源等。

（4）事故是否因爆炸或燃烧产生 CO 等有害气体的中毒或二次爆炸或冒顶扩大等。

（5）导致上述原因产生的因素。

6.2.4.2 煤矿透水或突水事故的现场勘察

煤矿井下透水与井下突水是两个含义不同的概念，也是区分责任与非责任事故的重要字眼。煤矿井下透水事故基本上都是责任事故，而煤矿井下突水事故有时有可能存在自然灾害的因素。

煤矿透水事故，是煤矿在生产活动中，与老空老巷积水区或导水裂隙等相透产生的水害事故。煤矿突水事故，是煤矿在生产活动中，由于煤岩层承受不住地层承压水的压力，承压力穿破煤或岩石而突然冒出产生的水害事故。

明白透水与突水的不同概念后，才能进行煤矿井下水害事故的正确勘察。井下勘察或分析时，要重点查明以下6个问题：

（1）查明突水或透水的地点，推断突（透）出水量和速度。

（2）勘察事故前后静止水位，测试隔（防）水煤岩柱厚度。

（3）勘察分析事故源点处及其周围的地质构造，对事故发生产生的影响。

（4）勘察事故前矿井的水文地质情况是否勘探清楚；查明生产作业中接近积水老空区、充水断层、含水层等地带采取的防治水措施。

（5）防治水措施的执行情况。

（6）查明事故前事故源点处及附近有无透水或突水征兆，现场职工如何采取措施应对。

6.2.4.3　顶板事故的现场勘察

绝大多数的煤矿井下顶板事故都是有预兆的。顶板事故与支护形式、支护质量、支架强度等有很大关系。对于煤矿井下顶板事故，井下勘察的重点有以下8个问题：

（1）事故发生前巷道或采场的顶板、两帮、底板、迎头有什么事故预兆。

（2）现场人员是否发现事故预兆，发现预兆后采取的措施。

（3）了解现场人员进班工作前、爆破后、挑顶前、挖补窝前、更换支柱或顶梁前，是否采用木楔法、标记法、听音判断法、震动法或使用顶板报警器等“敲帮问顶”方法进行顶板检查。

（4）勘察现场事故点是否存在空顶作业，了解掘进前探梁的形式和使用情况。

（5）勘察现场支护形式、支护质量、支护材质、支护密度等。锚杆支护时是否对锚杆进行拉力试验。

（6）勘察现场掘进（采煤）支护循环方式、控顶距或控顶范围。

（7）勘察事故点顶、帮及周围岩性情况有什么变化。

（8）必要时，对支护材质、强度、支柱失效情况进行试验。

6.2.4.4　煤矿井下火灾事故现场勘察

煤矿井下火灾有外因火灾和内因火灾两种，一般把煤层自然发火引起的火灾称为内因火灾；把其他原因引起的火灾称为外因火灾，如电缆引燃、电器设备起火、井下电气焊引燃油类、带式输送机摩擦生热造成输送带着火等。火灾伤亡事故现场勘察应注意的重点为：

（1）井下火灾发生的时间、地点与火势蔓延情况。

（2）寻找起火点及火种，查明火灾发起的直接原因及与火灾直接原因有关的因素。

（3）查明火灾产生的有毒有害气体的影响范围和人员致死的原因。

（4）了解火灾发生前现场的原始情况、救火过程、现场变动和可疑迹象。

（5）事故现场巷道支护形式、材料，易燃物质存在的情况。

6.2.4.5 煤矿运输提升事故现场勘察

煤矿井下运输事故有大巷电机车挤人，撞人运输事故，平巷推车事故，平巷牵引绞车钢丝绳造成的事故，斜井挤入或跑车事故，输送带挤入或断带事故，绞车制动失灵等事故。这些事故的现场勘察主要注意以下重点：

(1) 事故地点的起始位置和终止位置，有无防护措施等。

(2) 事故地点的环境状况，包括光线照明、噪声、提醒人注意的标志、坡度和躲避的宽度（有无躲避硐室及距离）。

(3) 设备的各种保护和防护装置状况（是否安装，是否可靠有效，保护装置是什么原因没起到作用），设备产地、出厂日期、维修使用及完好情况。

(4) 巷道内各种防护装置的状况。

(5) 设备定期检查维修和检验状况。

(6) 人的操作是否违反《操作规程》，操作的熟练程度等。

(7) 必要时，钢丝绳或防坠器可做试验或检验。

6.2.4.6 触电事故的现场勘察

触电伤亡事故的类型主要有：直接触电、接触电压和跨步电压触电、感应电压触电、剩余电荷触电和静电危害等5种类型。触电事故勘察的基本步骤和重点：

(1) 将事故现场所有电器设备停电后再勘察事故现场。

(2) 检查受伤害人的触电部位，勘察其触电前的势式、动作，沿触电部位寻找漏电源头，勘察分析是否带电作业。

(3) 检查事故现场的保护动作指示情况，如各级断电保护动作指示，以及各种开关的整定电流值、时限、保险熔丝规格等。

(4) 检查事故设备或线缆的损坏部位和损坏程度，初步找到漏电部位。

(5) 查问当时电气设备的运行资料、气温和设备温度、运行电流、电压、周波及其他有关记录等。

(6) 应根据不同的触电事故方式采用不同的测试方法对现场进行。

(7) 查找所有可能存在的痕迹、物证，包括绝缘物被损漏电痕迹、触电点处痕迹、电气设备及导线受外力作用的分离痕迹、老化痕迹、击穿痕迹、人为痕迹等。

(8) 通过上述勘察、测试，结合目击人或维修人员的笔录进行相关的研究分析，逐项排除疑点，最后找出事故的原因。

6.3 煤矿事故现场的测试

在煤矿事故现场勘察中，现场勘察的测试工作非常重要，没有现场测试工作，事故现场的勘察不一定是成功的。事故原因都与人的不安全行为、物的不安全状态和环境的不安全状态有关，物的不安全状态和环境的不安全状态，原则上都是可以测定的。测定事故后物的有关数值，并与正常数值对比，有助于查明事故的直接原因或间接原因。在一定意义上说，煤矿事故现场勘察的主要活动就是现场测试，没有现场测试的事故勘察绝对不会是最成功的。

6.3.1 现场测试的内容

煤矿事故现场测试有两方面内容，一方面是为保证现场勘察人员的安全必须做的（如测试事故现场的气体、风量、温度)；另一方面测试与事故发生有关的数据（如通风系统的有关参数、各物体间的距离、巷道的有关参数、气体参数、电气数据等）。

6.3.1.1 巷道有关参数的测试

煤矿井下发生事故后，除触电事故、部分运输事故或机械事故对巷道破坏不大或不破坏外，冒顶片帮事故、瓦斯事故、火灾事故、水害事故、冲击地压事故等都对巷道破坏比较严重。对巷道完整性或破坏性有关参数进行测试，并逐段进行比较，可以缩小或找到事故源部位。

6.3.1.2 通风系统有关参数的测试

煤矿事故中对事故现场的勘察，都应当测试通风系统有关参数，如风速、风量、气体温度等。特别是火灾事故、瓦斯事故，除测试风量、温度等参数外，还应当测试巷道通风阻力、巷道转弯的角度及数量，以便判定巷道对风流的影响。尽管勘察时通风参数可能与事故前有所不同，但通风参数的测试对了解事故前的通风情况以及发生事故的原因有很大的参考价值，有时也能找到事故发生的直接原因。

6.3.1.3 距离的测试

煤矿事故中，一定要把巷道宽度和高度、巷道相对布置方式、物体的相对位置测试清楚。各种事故现场的巷道相对位置、物体相对位置反映了物体间的空间距离，能表示出事故发生的直接原因及结果。如在瓦斯爆炸或瓦斯燃烧事故中，遇难者离爆源点或燃烧起点的距离反映出爆炸前或燃烧前遇难者的活动情况，根据爆炸点到受冲力波冲击的距离可以估算出爆炸威力和当量，根据燃烧起点位置到遇险者的距离可以估算出瓦斯的涌出量；在机电或运输事故中，人员与物体的相对位置是十分关键的重要数据，对判定事故的原因有决定性的作用；对于瓦斯突出事故，根据两个甲烷传感器之间的距离和其接受到瓦斯超限的时间，可以估算出煤与瓦斯突出的强度；对提升事故，矿车沿斜坡惯性上冲的距离测试、过放和过卷距离的测试可以估算出电动机车的制动距离和提升速度等。

6.3.1.4 电气数据的测试

在电气火灾、触电、爆炸事故中，测试对地电压、相间电压、电流强度、接地电阻过压过流整定值、断电仪工作参数都对事故的调查起着关键的作用。

6.3.1.5 气体浓度的测试

在气体中毒、火灾、爆炸（瓦斯、煤尘、火药等）、瓦斯事故中，对事故现场及其周围巷道气体的测试也是非常重要的。这些数据对事故原因的分析起着重要作用。

6.3.1.6 温度、湿度的测定

静电也是瓦斯爆炸火源之一。在一定的温度和湿度环境中，静电产生的火花可以引发瓦斯爆炸，故对湿度和温度的测试也是关键的参考数据。例如：河南某立井停工停风后数天，一工人下到井底吊盘上用非防爆对讲机联络井口移吊盘，发生了瓦斯爆炸事故，经有关专家对事故现场温度和湿度的测试数据分析后，认为对讲机天线与头发摩擦产生静电火花引发小型瓦斯爆炸。

6.3.1.7 水质的测试

在事故调查中，对突水水源的正确确定，是对事故正确调查处理的关键。在突水事故中，对水质进行测试可以确定突水的来源，以便合理确定治理方案。

6.3.1.8 其他有关测试

其他有关测试包括电气控制的自动挡车栏信号与挡车栏之间的距离、钢丝绳的破断力、挡车栏的强度和其灵敏度、罐笼防坠器弹簧的弹性、支柱的初撑力、锚杆的锚固力、采煤机牵引链的强度、液压泵的压力、高压液压管的强度等。

6.3.2 现场测试常用工具

实际上，现场测试方法与测试内容有关，选用仪器的量具精度与所要测定的数据大小和精度有关。测几米到几十米的长度用一般皮尺即可，用手持式激光测距仪也可以；要测几厘米距离必须用精度高的直尺；而要测几毫米距离必须用读数显微镜；测定某一板材或钢管厚度或直径时要用千分卡尺来测量；测定电压、电流、电阻等，要选用合适的万用表、兆欧表等专门仪器测量；测高浓度瓦斯要用热导式瓦斯检定器，测低浓度瓦斯时要用热效式瓦斯检定器；测量毒气、易挥发的有机物浓度，则要请有关技术人员用专门仪器进行收集和检测。特殊的测试要由专业人员进行。如水质化验、气体分析、强度检验、瓦斯突出预测预报或效果检验等。

6.4 煤矿事故常见原因分析

6.4.1 矿井瓦斯事故原因分析

瓦斯是煤矿安全生产的“第一杀手”。据不完全统计，煤矿重特大事故中，瓦斯事故约占75%以上。矿井瓦斯事故主要体现为瓦斯爆炸事故、煤与瓦斯突出事故、瓦斯燃烧事故和瓦斯窒息事故。

（1）瓦斯爆炸条件：5%～16%的瓦斯浓度；火源；氧气浓度不低于12%。

（2）瓦斯燃烧条件：空气中瓦斯体积分数小于5%或大于15%，遇火源即可燃烧。

（3）瓦斯窒息条件：空气中瓦斯浓度较大或遇有瓦斯突出导致氧气体积分数下降到12%以下时，人员处于瓦斯积聚区，即可造成人员瓦斯窒息事故。

根据事故发生机理及其事故发生条件可知，在以人－机－环境共同组成的煤炭生产系统中，物的不安全状态和人的不安全行为违反了有序的矿井正常运动状态，致使系统内发生能量的逸散，导致瓦斯事故的发生。

导致矿井瓦斯事故的物的不安全状态主要包括：一是形成并赋存于煤层中的瓦斯。在正常情况下，瓦斯稳定地存储于煤层中，当对巷道进行开采或者掘进时，就会扰动原有的煤层瓦斯，使其赋存于煤层中的瓦斯向外逸散，为瓦斯事故埋下了隐患；二是机电设备失爆、机械设备运转部分的相互摩擦、物体之间的互相撞击、不按操作规程的违规放炮、明火等。

导致矿井瓦斯事故的人的不安全行为主要包括：一是通风系统的不合理造成的风流短路、微风和无风，这是造成瓦斯积聚致使瓦斯浓度达到爆炸界限的原因之一；二是井下瓦斯管理混乱，瓦检员的偷班、漏检、假检，这是不能及时发现瓦斯超限，放纵不安全物无序逸散的不安全行为之一；三是工作人员将烟火带入井下或穿化纤衣服进行电气焊作业，放糊炮、明炮、电气短路等，这是严重的人的不安全行为。

正是由于各种物的不安全状态和人的不安全行为的共同作用，导致瓦斯积聚，产生高温火源，继而发生瓦斯事故。

6.4.2 矿井火灾事故原因分析

煤矿火灾事故，是矿井重大事故之一。一旦发生煤矿火灾事故，不仅会烧伤人员，烧毁设备和资源，而且火灾产生的CO等有毒有害气体会导致大量人员窒息死亡，同时火灾产生的火风压会引起风流逆转，从而导致矿井通风系统紊乱，还会引起瓦斯与煤尘爆炸。因此，煤矿火灾事故是煤矿安全生产的重大威胁，必须对煤矿火灾事故进行原因分析。矿井火灾主要由两个方面引起：煤炭自燃形成的内因火灾和外因火灾。

煤炭自燃必须同时具备四个条件：

（1）煤炭具有自燃的倾向性，并呈破碎状态堆积存在。

（2）连续的通风供氧维持煤的氧化过程不断发展。

（3）煤氧化生成的热量能大量蓄积，难以及时地散失。

（4）外来热源引起。

外因火灾产生的原因主要有：明火，如吸烟、电焊、电炉；电气火，如电缆、开关、电机过负荷、短路、电火花；违规爆破；瓦斯、煤尘爆炸引起；机械摩擦及物碰撞可燃物引起。

6.4.3 矿井水灾事故原因分析

矿井在建设和生产过程中，地面水和地下水通过各种通道涌入矿井，当矿井涌水超过正常排水能力时，就造成矿井水灾。

导致矿井发生水灾事故的主要原因可概括为以下几方面。

6.4.3.1 地表水水灾

矿井附近有江河、湖泊、池塘、水库、沟渠等积水，以及季节性雨水时，当水位暴涨，超过矿井井口标高而涌入井下，或由裂隙、断层或塌陷区渗入井下造成水灾，这种水源称为地表水。受这种水危害的情况一般有以下几种：一是位于低洼地带的矿井，因地表水冲破矿井周围围堤流入井口，或由于矸石山、炉灰等堆积位置选择不当，被洪水或雨水长年冲刷到附近江河之中，使河床增高或造成河水超过堤或拦洪坝直接进入井口。这种地表水来势凶猛，而且伴随许多泥沙、砾石，如防备不当，常造成淹井事故。二是地表水与松软沙砾层相通，当井筒掘进穿透冲积层含水层时，地表水将顺着沙砾岩层的裂隙涌入井下造成淹井。三是地表水与煤层顶底板的含水层相连通或由断层沟通，地表水通过含水层或断层进入井巷，致使发生水灾事故。四是煤层采掘以后，冒落带一旦进入老窑或与地表水系沟通，也会发生地表水涌入矿井，造成水灾事故。

6.4.3.2 孔隙水水灾

当煤层被松散含水的流砂层、砂层、沙砾层、卵石层、黏土砂层所覆盖，在开采第一水平时，煤岩柱留设不够，往往是冒落带直接进入松散层，或是松散层底部存在富水含水层，开采前水文地质条件不清，没有按含水层下回采条件留设煤柱，回采后水、沙或泥溃入井下；超限出煤，破坏煤岩柱或在煤岩柱中开拓巷道、硐室，破坏了隔水煤岩柱的完整性，年久渗水，冒落坍塌，使冲积层水或流沙、泥流溃入井下，淤塞巷道甚至造成淹井。

6.4.3.3 裂隙水水灾

水源为沙砾、砾岩等裂隙含水层的水。这些煤层顶部常有厚层砂岩和砾岩，其中裂隙发育，如与上覆第四纪冲积岩和下伏奥陶系含水层有水力联系时，可导致严重水灾事故以及建井时期发生淹井事故。若砂岩层缺乏补给水源时，则涌水会很快变小甚至疏干。

6.4.4 矿井粉尘事故原因分析

矿井粉尘不仅影响矿工的身体健康，而且绝大部分矿区的粉尘还具有爆炸性，严重威胁着煤矿的安全生产。

矿井的粉尘事故主要体现为矿井粉尘的爆炸，粉尘爆炸需要具备五个条件：

（1）要有一定的粉尘浓度。如果粉尘浓度过低，粉尘粒子间距过大，火焰难以传播。

（2）要有足够的点火源。粉尘爆炸所需的最小点火能量比气体爆炸大1~2个数量级，大多数粉尘云最小点火能量在5~50mJ量级范围。

（3）要有一定的氧含量。当氧气浓度低于17%时煤尘不会爆炸，一般情况下超过18%可满足爆炸要求。

（4）粉尘必须处于悬浮状态。即处于粉尘云状态，这样可以增加气固接触面积，加快反应速度。

（5）粉尘云要处在相对封闭的空间，压力和温度才能急剧升高，继而发生爆炸。

矿井粉尘爆炸的原因主要是：

（1）煤尘本身具有爆炸性。

（2）煤尘管理松弛，各项防止煤尘飞扬的措施如煤层注水、隔爆防爆、煤层喷雾洒水等措施未落实。

（3）矿井生产过程中，煤尘产生量大，工作面的巷道中煤尘飞扬，大量积聚，煤尘没有及时清除。

容易引起矿井煤尘爆炸事故的因素主要有以下几方面：

（1）放炮引起煤尘爆炸。放炮引起的煤尘爆炸，主要体现为四个方面：

1）违章放糊炮引起爆炸：如放炮崩大矸石，溜煤眼堵眼用炮崩引起煤尘爆炸；

2）巷道贯通时放空炮引起煤尘爆炸；

3）炮泥不合要求：炮眼内封泥少，充填煤粉、煤块、易燃物，不封泥，引起煤尘爆炸；

4）使用非煤矿安全炸药、延期雷管引起煤尘爆炸。

（2）由于电气事故引起煤尘爆炸。电气事故引起的煤尘爆炸事故，一般都是先引起瓦斯爆炸，然后再引起煤尘爆炸，主要体现为五个方面：

1）使用非防爆型放炮器；

2）电缆敷设不当，电缆与电气设备连接不好；

3）违章检修电气设备引爆；

4）使用非防爆型电气设备或电气设备失爆引起爆炸；

5）矿灯管理和使用不当引爆。

（3）瓦斯爆炸引起煤尘爆炸。瓦斯爆炸的冲击波将巷道内沉积的煤尘吹扬成为浮尘，达到煤尘爆炸下限浓度以上，又遇瓦斯爆炸产生的火焰，发生煤尘爆炸。

（4）当矿井发生火灾时，如处理不当会引起煤尘爆炸。

（5）明火引起煤尘爆炸。

（6）斜巷跑车无防止跑车的装置扬起煤尘，撞击产生火花，引起煤尘爆炸。

6.4.5 矿井顶板事故原因分析

顶板事故在煤炭企业中时有发生，冒落的形式多种多样，冒落的原因也错综复杂。通过分析导致冒落的内因和外因，归纳出发生顶板事故的一般原因：

（1）缺乏支护。支护不当或不及时、缺少支架、支架的初撑力与顶板压力不相适应。

（2）采矿方法不合理和顶板管理不善。采矿方法不合理，采掘顺序、凿岩爆破、支架放顶等作业不妥当。

（3）检查不周和疏忽大意。在顶板事故中，很多事故都是由于事先缺乏检查，没有认真执行“敲帮问顶”制度等原因造成的。

（4）地质条件不好。断层、褶曲等地质构造形成破碎带，或者由于节理、层理发育，破坏了顶板的稳定性，容易发生顶板事故。

（5）操作不合规范。不遵守操作规程，发现问题不及时处理，作业循环不正规，爆破崩倒支架等。

6.5 煤矿事故调查分析信息化

6.5.1 典型事故案例

案例1 吉林省延边州和龙市庆兴煤业有限责任公司庆兴煤矿重大瓦斯爆炸事故

2013年4月20日13时26分，吉林省延边州和龙市庆兴煤业有限责任公司庆兴煤矿发生一起重大瓦斯爆炸事故，造成18人死亡、12人受伤，直接经济损失1633.5万元。

（1）矿井基本情况

1）矿井概况

和龙市庆兴煤业有限责任公司（以下简称庆兴煤业公司）属于私营企业，现有4对生产矿井，分别是庆兴煤矿、松下坪井、长才二井、长才二井二区（达里洞井），法定代表人为葛强。庆兴煤矿位于和龙市南坪镇庆兴村境内，始建于1995年11月，1998年7月投产，设计能力15万吨/年，2000年矿井进行技术改造，改造后设计生产能力为30万吨/年，2012年4月重新进行生产能力核定，降至12万吨/年。

庆兴煤矿工商营业执照、采矿许可证、安全生产许可证、煤炭生产许可证、矿长资格证和矿长安全资格证均在有效期内。该矿2012年生产原煤7.7万吨。2013年到事故发生前，生产原煤2.9万吨。全矿共有职工180人，分三班作业。

该矿采用斜井片盘开拓，三段提升，采用中央并列式通风方式，主井、副井入风，风井回风。总入风量为2350m³/min，总回风量为2390m³/min，地面风井安装两台4－72－1/NO.20B型主要通风机，一台工作，一台备用。2011年经省能源局批复，矿井瓦斯等级鉴定结果为瓦斯矿井，绝对瓦斯涌出量为 1.34m³/min，相对瓦斯涌出量为 7.06m³/t，煤层自燃倾向性为Ⅱ类自燃，煤尘具有强爆炸性。

2）违规违法生产情况

事故发生前，矿井在 +246m 标高新三段暗绞布置了 2 个掘进工作面，分别掘进 60m 和 150m。

该矿隐瞒位于三段暗绞 +285m ~ +74m 标高的三处作业地点，其中三段十一路巷道式采煤，三段十二路回撤（回撤前为开两帮出煤）、十五路回撤。三段十一路巷道式采煤工作面开采 MC3 煤层，煤层平均厚度 4.3m，煤层倾角 29° ~ 37°，从三段十一路车场掘送上下顺槽，在下顺槽掘上山与上顺槽贯通，打眼放炮落煤。采用三台 5.5kW 局部通风机供风，其中一台给上顺槽供风，二台给下顺槽供风。

该矿采取临时封闭暗绞三段绞车道、提供虚假图纸资料、不上传安全监测监控数据和不为隐瞒区域作业人员发放人员定位识别卡等欺骗手段，故意隐瞒违规违法开采区域，逃避政府及有关部门监管。

(2) 事故发生经过和抢险救援过程

4 月 20 日白班，矿井入井作业人员 72 人，其中新三段区域两个掘进工作面 27 人、注浆队 8 人；三段暗绞十一路巷道式采煤工作面 12 人、三段十二路回撤作业地点 5 人、三段十五路回撤作业地点 3 人，其他管理和辅助人员 17 人。作业人员在技术矿长黄喜春带领下，于 8 时入井。13 时 26 分，在井下副二段绞车房检修绞车的机电矿长张玉祥听到一声闷响，几秒钟后，绞车房充满灰尘，张玉祥按电话上的呼叫器问发生什么情况，九路人员说发生爆炸了，张玉祥立即向地面调度室报告了事故。生产矿长李继文和安全矿长王文军接到事故报告后，组织人员入井抢救，并向公司总经理刘志刚汇报，请求救护队救援，董事长葛强在到达井口后向和龙市政府报告了事故。

事故发生后，井下人员第一时间组织自救，先后在九路主副井交岔点、三段十一路车场、三段十二路、三段十五路救出 9 名受伤人员，运送到安全区域。14 时 42 分，庆兴煤业公司矿山救护队接到事故救援电话，15 时 10 分到达矿井并入井救援。经井下侦察确认在九路变电所门口、九路三段暗绞绞车房、三段十一路车场、三段十一路回风道、三段十二路回撤作业地点共有 18 人遇难，并在三段十二路交岔点处救出 3 名受伤人员。

延边州、和龙市两级党委、政府及有关部门接到事故报告后，立即启动应急预案，成立抢险救援指挥部，全力组织施救，截至 21 时 10 分救援结束，共救出受伤人员 12 人，遇难人员 18 人。

吉林省、延边州、和龙市政府积极开展事故善后处理工作，精心治疗受伤矿工，迅速落实相关政策，妥善做好遇难矿工家属的安抚赔偿工作，矿区社会秩序稳定。

(3) 事故原因和性质

1）直接原因

庆兴煤矿违法违规组织生产，蓄意隐瞒作业地点，在 +214m 标高三段十一路采用国家明令禁止的巷道式采煤方法，未形成全负压通风系统，造成瓦斯积聚，违章放炮引起瓦斯爆炸。

2）间接原因

①企业安全生产主体责任不落实，违法违规组织生产。

a　拒不执行政府指令，违法违规组织生产。庆兴煤矿拒不执行3月30日省政府视频会议关于所有煤矿一律停产排查整改事故隐患的指令和要求，不但不组织隐患排查整改，而且还在停产整改期间严重违法违规组织生产。为达到违法违规组织生产目的，该矿还于3月30日至4月1日，擅自将地面火药库内2034kg炸药和4560枚雷管转移到井下，以逃避公安机关火工品收缴。

b　隐瞒作业区域，逃避监管监察。为逃避政府及有关部门监管，该矿蓄意隐瞒三段暗绞以下作业区域，采取临时封闭暗绞三段绞车道、提供虚假图纸资料、不上传三段暗绞以下作业区域安全监测监控数据和不为隐瞒区域作业人员发放人员定位识别卡等欺骗手段，隐瞒非法开采区域。

c　矿井技术管理混乱，采用国家明令禁止的巷道式采煤方法。庆兴煤矿依法办矿意识淡薄，不编制作业规程和安全技术措施，随意布置采掘作业地点；在事故区域采用国家明令禁止的巷道式采煤方法，不能形成全负压通风系统，从而造成瓦斯大量积聚。

d　安全生产管理混乱，安全主体责任不落实。庆兴煤矿不按规定配齐特种作业人员，瓦斯检查工、安全检查工数量不足，以兼职代替专职；不按规定编制爆破说明书，随意确定炮眼深度、角度、装药量和封孔长度；不认真执行“一炮三检”及“三人联锁”放炮制，违章放炮。

e　庆兴煤业公司安全责任制形同虚设，对庆兴煤矿的安全管理不到位。庆兴煤业公司安全主体责任不落实，安全管理机构不健全，设置的安全检查处未配备人员，不能履行安全检查管理职能；不落实省政府停产整改部署和要求，默许和纵容庆兴煤矿违法违规组织生产和采用国家明令禁止的巷道式采煤方法开采。

②地方政府安全监管责任落实不到位，相关部门未认真履行对庆兴煤矿的安全生产监管职责。

有关部门日常监管工作不到位。延边州安监局、和龙市煤炭事业管理局煤矿安全监管职责履行不到位，对庆兴煤矿日常监管工作不认真。虽多次对庆兴煤矿进行检查，但没有发现庆兴煤业公司和庆兴煤矿不严格执行安全管理规章制度、安全管理机构不健全、特种作业人员不足、不按要求编制作业规程和安全技术措施、随意布置采掘作业地点等问题；仅凭矿井管理人员介绍说该区域已经停止作业活动并打了密闭，没有到该区域实地核查，对企业违法违规生产问题没有及时发现并纠正。和龙市公安局在日常监管过程中工作不细致，对庆兴煤矿火工品监管不到位，未能及时发现庆兴煤矿存在非持证人员代签、代领、代发火工品等违法违规问题并做出处理。

对停产整顿期间企业违法违规生产问题失察。吉林八宝煤业有限责任公司“3·29”瓦斯爆炸事故发生后，省政府要求全省煤矿一律停产排查整改事故隐患，延边州安监局、和龙市政府、和龙市安监局、和龙市煤炭局在4月3日对庆兴煤矿检查过程中，检查不认真、不细致，没有发现庆兴煤矿违法违规生产问题。

对停产整改期间煤矿火工品监管不力。和龙市政府落实省政府4月3日“停产期间坚决停供火工品”指示精神不力，部门之间没有沟通配合，未形成对煤矿火工品的监管合力，致使庆兴煤矿井下存有大量火工品，为庆兴煤矿在全省煤矿停产整改期间违法违规生产创造了条件。和龙市公安局落实上级有关煤矿停产整改期间收缴封存火工品的要求不及时、不严格。

对企业隐患排查监督指导不力、复产验收工作不认真。和龙市政府在落实省政府统一部署开展的煤矿停产整改工作中，对企业隐患排查监督指导不力，在对庆兴煤矿验收过程中，不认真、不全面，没有发现庆兴煤矿隐瞒三段暗绞以下作业地点和采用国家明令禁止的巷道式采煤方法问题，给事故的发生留下重大隐患。

3）事故性质

经调查认定，吉林省延边州和龙市庆兴煤业有限责任公司庆兴煤矿“4·20”重大瓦斯爆炸事故是一起责任事故。

(4) 行政处罚建议

1）和龙市庆兴煤业有限责任公司庆兴煤矿违法违规生产引发重大事故，对事故的发生负有责任。依据《<生产安全事故报告和调查处理条例>罚款处罚暂行规定》第十六条规定，由吉林煤矿安全监察局对和龙市庆兴煤业有限责任公司处以罚款200万元。

建议由吉林省人民政府相关部门及吉林煤矿安全监察局依法吊销庆兴煤矿有关证照，由和龙市人民政府依法对庆兴煤矿实施关闭。

2）依据《<生产安全事故报告和调查处理条例>罚款处罚暂行规定》第十八条规定，由吉林煤矿安全监察局对庆兴煤矿矿长张作堂处以上一年年收入60%的罚款，终身不得再担任煤炭行业的矿长（董事长、总经理）职务，由颁发证照的部门吊销其矿长资格证和矿长安全资格证。

3）依据《<生产安全事故报告和调查处理条例>罚款处罚暂行规定》第十八条规定，由吉林煤矿安全监察局对庆兴煤业有限责任公司总经理刘志刚处以上一年年收入60%的罚款，由颁发证照的部门吊销其主要负责人安全资格证。

4）依据《<生产安全事故报告和调查处理条例>罚款处罚暂行规定》第十八条规定，由吉林煤矿安全监察局对和龙市庆兴煤业有限责任公司董事长葛强处以上一年年收入60%的罚款。

(5) 防范措施

1）切实提高企业依法办矿意识。要切实加强对煤矿企业安全生产法律法规的宣传教育，引导煤矿企业牢固树立以人为本、生命至上的理念，切实增强依法办矿和依法管矿意识。煤矿企业必须严格遵守和认真执行安全生产法律法规、国家安全技术标准，保证安全投入，按规定配齐安全管理机构和人员，落实各岗位安全生产责任制，加强安全教育和培训，认真组织开展隐患排查治理，切实做到安全生产自我约束、自我管理、自我提高。

2）认真贯彻落实“七条规定”。煤矿企业必须真正落实《煤矿矿长保护矿工生命安全七条规定》，所有煤矿矿长及煤矿安全生产管理人员必须以“七条规定”为准绳，把“生命至上、安全第一”的理念贯穿煤矿生产的全过程。要深入推进煤矿瓦斯防治，有效整治矿井通风系统不合理、治理措施不落实等重大隐患，加强对矿井安全监控系统的日常维护检查，保障系统正常运行监控有效，凡监测监控系统不完善、数据不能按规定上传的，都必须坚决责令停产整顿；要严格执行瓦斯检查制度，配齐瓦斯检查人员，加强瓦斯巡回检查，严禁瓦斯超限作业；要采用正规采煤方法，严禁采用国家明令禁止的采煤工艺，对违反规定使用国家明令禁止的设备和工艺的企业，要从重从严处罚。

3）切实加强煤矿安全技术管理。煤矿企业要全面加强安全管理，健全各项安全管理规章制度；要按规定配齐安全管理人员，切实强化现场安全管理，严肃查处“三违”行为，加大隐患排查治理力度，确保隐患整治到位；要切实加强技术管理，严格执行安全生产法规标准和规程，严格规程措施的制定、审查、审批和落实，严禁无设计施工、无规程作业；要严格放炮管理，按规定编制爆破说明书，合理确定炮眼深度、角度、装药量和封孔长度等，并认真执行“一炮三检”及“三人联锁”放炮制度，严禁违章放炮。

4）严厉打击煤矿非法违法生产行为，严肃查处蓄意隐瞒作业地点问题。要认真吸取庆兴煤矿违法违规生产事故教训，切实将“打非治违”作为煤矿安全生产工作的一项重要内容制度化、长期化，做到真正强化政府监管责任，坚决治理纠正违法违规生产作业行为。有关部门要积极开展联合执法，加大对煤矿非法违法生产行为的打击力度，严厉打击拒不执行政府停产整改指令抗拒监管的行为，依法从严从重处罚，直至提请关闭。要严肃查处煤矿蓄意隐瞒作业地点问题，采取明查暗访、突击检查等方式，切实加大执法力度，严防煤矿弄虚作假、逃避检查。

5）严格煤矿火工品管理。公安机关要严格火工品审批及供应管理，加强与相关部门配合，按照矿井核定的生产能力和工程量需求等实际情况核定火工品使用数量，及时查处煤矿非持证人员代签、代领、代发火工品等违法违规问题。对责令停产整顿的煤矿，要及时收缴封存煤矿火工品，严防煤矿借机利用火工品违法违规生产。

6）切实加大煤矿安全监管工作力度，做好煤矿复产验收工作。要进一步加强对煤矿安全监管人员的责任意识教育，真正提高监管执法质量，强化监管执法效能，严肃认真履行煤矿安全监管职责。要不断改进工作作风，加大煤矿安全监管力度，深入查处煤矿违法违规行为，特别是要针对当前全省煤矿普遍处于停产整改的状态，切实做好煤矿停产整改各项工作，严防煤矿停而不整甚至非法违法生产。要强化煤矿复产验收工作，严格执行复产验收标准，确保达到复产验收全覆盖，不留死角，同时要严格履行县、市两级政府初验、复验程序。对验收不合格的坚决不允许恢复生产，确保达到停产整改效果。

案例2 黑龙江龙煤矿业集团股份有限公司鹤岗分公司振兴煤矿重大水害事故

2013年3月11日13时43分，黑龙江龙煤矿业集团股份有限公司鹤岗分公司振兴煤矿（以下简称振兴煤矿）发生一起重大水害事故，死亡18人，直接经济损失2281万元。

(1) 矿井概况

振兴煤矿位于鹤岗市向阳区境内，设计生产能力60万吨/年，核定生产能力42万吨/年。隶属于黑龙江龙煤矿业集团股份有限公司鹤岗分公司，企业性质为国有。井田面积4.1平方千米。可采煤层13个，分别是3号、6号、7-1号、7-2号、8-2号、9-1号、9-2号、11号、13号、15号、16号、18号、30号煤层，截至2012年末，矿井地质储量为2359.39万吨，可采储量1074.4万吨。

矿井证照齐全并均在有效期内：

采矿许可证证号为C2300002009061120025999，有效期至2018年5月30日；

安全生产许可证证号为黑MK安许证字［2005］0207B4Y3，有效期至2014年10月16日；

煤炭生产许可证证号为202304021208，有效期至2030年8月31日；

营业执照证号为230400100016238；

矿长高玉涛，矿长资格证证号为MKZ122304154，安全资格证证号为MKA122304154，有效期至2015年10月15日。

煤矿安全生产管理人员持证情况：总工程师李承泽、开拓副矿长张承福、安全副矿长张尚武、机电副矿长谢军、通风副矿长侯玉成、安全副总工程师阚立新、机电副总工程师邢政伟、掘进开拓副总工程师闫兴华、通风副总工程师杨忠、规划副总工程师王成义已取得安全管理资格证。生产副矿长陈仁海于2012年11月26日任职、生产副总工程师杜国庆于2013年1月1日任职，无安全管理资格证（拟安排在2013年8月学习取证）。

矿井开拓方式为斜井多水平集中大巷布置。主井提升方式为强力皮带，担负原煤提升；副井提升方式为斜井串车，担负提矸和下料。井下原煤通过北部、中部两条皮带运输机运到三水平井底煤仓。矿井双回路6kV电源供电，一路来自水电公司运输变电所，另一路来自水电公司五槽变电所。矿井地质构造较复杂，水文地质类型属复杂型，2012年矿井最大涌水量248.3m^3/h，平均涌水量203.9m^3/h，井下涌水主要以孔隙、裂隙水为主，各含水岩层主要靠大气降水补给。通风方式为中央并列压入式，有2条入风井，3条回风井，主备扇型号均为BDK－8－No28，矿井总入风量7570m^3/min，总排风量7580m^3/min。属高瓦斯矿井，2012年鉴定矿井绝对瓦斯涌出量19.9m^3/min，相对瓦斯涌出量17.17m^3/t。井田内主采煤层是15号、18号层，为Ⅰ类发火煤层，发火期3~6个月，最短发火期为27天。矿井安装了KJ2000（N）型监测监控系统，该矿地面安设永久瓦斯抽放系统，安装2台SKA－520型水环式真空泵，额定抽放瓦斯能力235m^3/min，井下有移动抽放系统，安设4台移动抽放泵，其中2台SKA－303型，额定流量53m^3/min，2台2BEA－353型，额定流量90m^3/min。人员定位系统、通信联络系统、压风自救系统和供水施救系统已建完，紧急避险系统未建成（规划2013年建成）。

该矿有2个生产采区、1个开拓区、2个采煤工作面、2个煤巷掘进工作面、4个开拓工作面。

事故发生在采煤一队工作面，该工作面位于三水平中部区左一段，开采F40断层下盘18号层煤，设计走向长度290m，工作面倾斜平均长度103m。煤层平均厚度8m，平均倾角15°。采煤方法为走向长壁后退式，采煤工艺为滑移支架炮采放顶煤，顶板管理为全部陷落法。2012年11月7日正式回采，截至2013年3月1日已推进64m，开采面积为6264平方米，剩余走向长度226m，斜长116m。工作面采高2m，放顶煤高度6m。

该采煤工作面附近发育有8个断层，从上至下分别为F13、F2、F40、F20、F18、F5、F4和F3断层。其中F40为压扭性逆断层，其他为张性断层，部分为含水断层。对回采工作面影响较大的断层有F13、F2、F40和F3断层。工作面直接顶为粉砂岩，厚度为0.9~1.6m，基本顶为中细砂岩，厚度为13m，底板为中粗砂岩。

本区水害主要是老空区积水和构造裂隙水。工作面日常的涌水主要是构造裂隙水，涌水量最小9m^3/h，最大26.5m^3/h，平均18.7m^3/h。该工作面上方F40断层上盘18号层煤已于2009年11月回采结束。根据钻探、物探综合地质资料分析，18号层采空区赋水面积约为7705m^2，水位标高－200m，积水量预计为1.85万立方米。振兴煤矿于2011年8月开始采用瞬变电磁仪和钻探相结合的方法进行探放水工作，累计施工钻孔22个，总长度为1245.6m，开采前累计放水2.7万立方米。在该工作面开采前利用瞬变电磁仪和钻孔涌水量分析，同时根据各钻孔进回风或瓦斯涌出量判断采空区积水已基本放尽。在该工作面开采初次来压后，波及到上部采空区，推进37m时见原采空区的坑木冒落，进一步证实工作面上方积水已基本放完。

2013年3月1日5时50分，工作面第97组至98组支架（距下端头向上26m处）间软帮有煤、岩、水混合物缓慢溢出，至当日18时溃出物流淌到第三台皮带机道（距工作面下出口150m）并将工作面下部淤严，喷出的煤、岩、水等杂物共415m^3。事故发生后，振兴煤矿立即向鹤岗分公司报告，3月2日，鹤岗分公司副总工程师闫立章、吴永纯带领分公司相关业务处室人员到振兴煤矿，通过现场勘察，制定了专项措施进行巷道恢复治理。3月4日鹤岗分公司向龙煤集团公司报告了事故情况（但没有向省煤炭管理局及驻地煤矿安全监察分局报告）。3月8日龙煤集团安全监察部监察一处到事故现场督促落实治理措施。并依据龙煤集团《关于加强2013年安全生产工作的决定》（龙控发［2013］1号）、《2013年安全生产考核奖励办法》的规定，向鹤岗分公司下达了《重大安全隐患整改指令》，对鹤岗分公司罚款10万元，并责成振兴煤矿严格按照3月2日鹤岗分公司振兴煤矿技术分析会会议纪要要求进行整改，整改后，经鹤岗分公司验收合格，方可恢复生产。

(2) 事故经过、抢险救援过程及事故类别

1) 事故经过

2013年3月2日，采煤一队工作面开始井下清淤工作，至3月11日零点班下班时，清淤工作基本完成。

3月11日8点班，振兴煤矿全矿入井总人数698人，其中采煤一区75人（采煤一队工作面56人）。当班带班矿长谢军（机电矿长），一采区带班区长丁传斌（生产区长）。当班5时30分，生产矿长陈仁海组织召开矿调度会，采煤一区区长贾兆财开完矿调度会后，召开采区调度会，安排当班对这个工作面加强硬帮绕道支护，机道挖水沟、清浮货，上巷清浮货。7时10分，工人入井作业。14时左右，陈仁海、丁传斌和队长孙玉明在94组架子附近，忽然一股飓风，距他们下边2~3m位置有大量煤、岩、泥浆从顶板溃出，然后他们往上跑，跑到无极绳绞车处，陈仁海安排孙玉明向矿调度汇报后，向机道打电话，联系不上，然后从回风道出来到二台皮带头查看情况，看到煤、岩、泥浆已经将机轨下山淤满了，陈仁海领着几个工人在一段机道皮带头将一个在淤泥里的工人救了出来，这时又听到有人求救，后在一段机道皮带头往下几米处，将一个在淤泥里往外爬的工人救出。

事故后经计算核实共溃出5750m^{3}煤、岩、泥浆。煤、岩、泥浆淤满工作面机道、腰巷独头上山、一段机道集中巷、-266m标高石门、二段机道集中巷、机轨下山-283m标高联络巷、-283m标高机轨下山及-285.9m标高以下回风下山共550米长巷道。通风和通信系统被毁。事故发生后，全矿673人安全升井，25人被困（采煤一区18人、掘进区2201掘进队7人）。

2) 抢险救援过程

事故发生后，鹤岗分公司和振兴煤矿立即启动应急预案，成立抢险救灾指挥部，并迅

速制定了抢险救灾方案，按井上、井下两条线，成立了9个工作组，全面开展抢险救援工作。

在井下抢险救援过程中，国家安全监管总局、国家煤矿安监局局长付建华亲临现场，入井指挥，指导救援。省长王宪魁对事故抢险救援做出明确批示。副省长张建星带领省相关部门负责人赶赴事故现场，指导救援，并根据现场进展情况，研究部署事故救援措施。整个事故抢险救援过程分四个阶段：

第一阶段：从事故发生至3月12日4时，紧急调动鹤岗分公司益新煤矿生产一线69人增加救援力量，同时加快2201掘进工作面抢险速度，于12日3时25分成功救出7名矿工。

第二阶段：从3月12日4时至3月22日16时，为清淤、掘送安全通道阶段。鹤岗分公司抽调精干力量，共分6个救援组，共清理巷道170m，清淤1700m^3，掘进安全通道73m，还采取了井上、井下打钻探测、抽水等救援工程。3月18日起，振兴煤矿在地面设13个观测点，采用GPS定位技术对地表沉降及石头河水位变化情况进行了观测，经观测没有发现明显变化。

第三阶段：从3月22日16时至4月10日23时，省专家组对救灾工作进行安全评估后，为防止发生次生灾害，暂停清淤工作，改为打钻放水、稳定通风系统等措施，共打钻1506.7m，抽水1.1万m^3。

第四阶段：从4月10日23时起至9月26日，事故救援指挥部根据黑龙江省专家组对下一步救援工作提出的指导意见，按照科学施救原则，继续实施救援，进入隔氧防火、监测阶段。

清淤过程中，在一段机道集中巷发现了部分肢体和一具较完整的尸体，经DNA比对，认定为4名遇难者遗体，经矿山救援队和医疗救护专业人员组成的专家组现场勘察、分析和论证，认为事故失踪的其余14名矿工已无生还可能，若继续实施搜救，搜救人员将面临多方面重大危险威胁，生命安全无法保障，救援指挥部决定停止搜救。这次事故共造成18名矿工遇难。

3）事故类别

水害事故（溃水溃泥）。

(3) 事故报告情况

3月11日13时43分，采煤一队工作面发生溃水溃泥事故后，14时左右，在溃出点上方2~3m处逃生的生产矿长陈仁海跑到无极绳绞车位置，安排采煤一队队长孙玉明马上打电话汇报事故。孙玉明向采煤一区值班调度郭剑英报告了井下事故情况，郭剑英立即向矿值班调度马德忠报告。14时30分，马德忠又接到采煤一区区长贾兆财在井下打来的电话，报告采煤一队工作面第96组与97组架子（实际为第97组与98组架子）间溃水溃泥。接到马德忠报告后，矿长高玉涛立即组织人员下井救援，并安排总工程师李承泽在矿调度指挥中心值班。15时30分左右，高玉涛在井下给李承泽打电话，说井下情况很严重，让李承泽向鹤岗分公司总调度室汇报事故并请求矿山救护队救援。15时36分，鹤岗分公司总调度室接到李承泽汇报后，立即向分公司总经理赵凯等领导汇报，待事故情况了解清楚后，18时25分鹤岗分公司向龙煤公司调度室汇报事故。龙煤调度室接到报告后，立即向公司相关领导汇报，19时向省安委办、省煤炭生产安全管理局、黑龙江煤矿安全监察局报告了事故。

(4) 事故原因及性质

1) 直接原因

在F40逆断层下盘放顶煤开采18号特厚煤层，致使导水裂隙带发育增大，波及上部15号、18号煤层采空区和F13断层带（80～150m宽），导致工作面发生重大水害事故。

2) 间接原因

①振兴煤矿矿井水文地质技术管理存在缺陷。三水平18号层中部区左一段属地质构造较复杂区域，同时存在F40断层上盘18号、15号层煤采空区，缺少地质构造基础资料。在《作业规程》制定、审批过程中，应用经验公式，确定覆岩垮落带和导水裂隙带最大高度，对在多条不同力学性质断裂构造相互错动破坏条件下，近距离特厚煤层多煤层放顶煤重复采动导致顶板覆岩抽冒破坏带会出现异常发育高度现象缺乏认识。

②鹤岗分公司、振兴煤矿在水害治理上，对多层特厚煤层重复采动条件下断层（带）导（含）水性、采空区积水情况、断层带之间的连通性及其与上覆砾岩含水层之间的水力联系、重复采动影响下基本顶离层空间及积水量、覆岩破坏高度等灾害认识不足，没有采取相关措施。

③该矿作为水文地质条件复杂矿井，在2013年3月1日发生溃水溃泥事故后，鹤岗分公司组织相关业务部门进行分析时，在未能有效探明上方采空区积水积泥情况下，制定的防范措施针对性不强，缺少防止再次溃水溃泥的措施。

④龙煤集团公司分工负责包保鹤岗分公司全国“两会”期间煤矿安全工作的相关人员，对振兴煤矿2013年3月1日发生的溃水溃泥整改情况未能实施有效的监督检查。

3) 事故性质：责任事故

(5) 事故防范措施建议

1) 要牢固树立和落实科学发展观，牢牢坚守安全生产红线。黑龙江省人民政府和龙煤集团要认真吸取振兴煤矿事故教训，坚决贯彻落实党中央、国务院关于加强安全生产工作的重大决策部署和习近平总书记、李克强总理等中央领导同志的一系列重要指示精神，牢固树立和落实科学发展观，牢固树立以人为本、安全第一、生命至上的安全发展理念，牢固树立正确的政绩观和业绩观，坚持发展以安全为前提和保障，决不能以牺牲人的生命为代价来换取经济和企业的发展。要把安全生产尤其是煤矿安全生产纳入经济社会和企业发展的全局中去谋划、部署、落实，加强领导、落实责任、强化措施、统筹推进，健全体制、完善机制、强化法制、落实政策，突出重点、深化整治、夯实基础、全面提升，从根本上改善煤矿安全生产条件，提高安全保障能力。同时，要严格认真落实《煤矿矿长保护矿工生命安全七条规定》（国家安全监管总局令第58号），切实做到铁七条、钢执行、全覆盖、真落实、见实效。要针对制约煤矿安全生产的长期性、复杂性和深层次矛盾问题，坚决落实煤矿安全七项攻坚举措，下大决心，攻坚克难，不断提高煤矿安全生产水平，有效遏制事故发生。

2) 要切实加强煤矿企业安全管理。严格落实安全生产主体责任，按照《国务院关于进一步加强企业安全生产工作的通知》（国发〔2010〕23号）要求，龙煤集团及所有煤矿企业要在全面落实企业安全生产法定代表人负责制的基础上，建立健全安全管理机构，完善并严格执行以安全生产责任制为重点的各项规章制度，切实加强全员、全方位、全过程的精细化管理，把安全生产责任层层落实到区队、班组和每个生产环节、每个工作岗位。要加强对员工的安全教育与培训，增强职工维权意识，向作业人员如实告知作业场所和工作岗位存在的危险因素、防范措施以及事故应急措施，出现事故征兆时，要及时撤出井下作业人员。要加强煤矿安全质量标准化建设，依法提取和使用安全费用，加大安全投入，完善井下安全避险“六大系统”，加强对重大危险源的监控；要采取坚决有力有效的措施，加强企业内部的劳动、生产、技术、设备等专业管理；要严格落实煤矿企业领导干部带班下井制度，强化现场管理，严禁违章指挥、严查违章作业；要经常性开展安全隐患排查，并切实做到整改措施、责任、资金、时限和预案“五到位”，及时消除治理重大隐患。

3）要健全完善煤矿水文地质管理机构，配齐专业技术人员，明确职责分工，严格《作业规程》、安全措施审批。加强煤矿水文地质专业技术培训工作，采用先进适用的技术。严格按照设计规范、行业标准规定，严把矿井开拓布局关，在河流、采空区、地质构造复杂区域等条件下采煤，应按相关标准留设不同类型的防隔水、断层煤（岩）柱（防水、防砂或者防塌煤岩柱），在基岩含水层（体）或者含水断裂带下开采时，应当对断层破碎带宽度、波及范围、开采前后覆岩的渗透性及含水层之间的水力联系进行综合分析评价，合理留设断层保护、防隔水煤（岩）柱。

4）要加强走向长壁后退式并联顶梁液压支柱放顶煤工艺对于复杂地质、水文地质条件下开采的适应性研究。在地质及水文地质条件复杂地区，应做专门水文地质补充勘探工作，查清区域含水层及矿井充水含水层的补、径、排条件。煤矿开采期间，要完善水文地质观测系统，建立健全水文地质台账资料（包括钻孔资料、水位、水量、水质、水文地质图等），以便在出现水（砂）害征兆时及时提供矿井水文地质资料。不得在水文地质条件不清的情况下进行采掘活动。

5）要强化科技攻关，加强技术管理。在地质构造复杂条件下开采，必须加强地质、水文地质探测与分析研究工作，要通过物探和钻探等综合手段查明断层（带）规模、走向变化、导水及含水性等。特别是要对巷道难以揭露的走向断层（带），进行认真研究，分析其对安全开采的影响，采取必要的防范措施。在多层特厚煤层重复采动条件下，下部工作面回采之前，需要查明断层（带）导（含）水性、采空区积水情况、断层带之间的连通性及其与上覆砾岩含水层之间的水力联系、重复采动影响下基本顶离层空间及积水量、覆岩破坏高度等，必要时要投入足够的探放水工程，排除水（砂）隐患后进行试采及观测研究。开展“多煤层重复采动条件下导水断裂带发育高度研究”，包括导水断裂带高度探查、多煤层重复采动导水断裂带发育规律、受断层影响下导水断裂带发育特征等。试采过程中，若有水砂泥涌出，应停止采掘作业，以免在水砂泥来源不明的情况下盲目清淤造成更大的溃水溃砂溃泥灾害。应按照有关规定设计防治溃水溃砂溃泥方案，经专家论证后方可实施。

6）要杜绝煤矿企业瞒报、谎报、漏报、迟报事故现象。煤矿企业要按照《条例》等相关规定明确事故报告程序，及时报告煤矿事故。

6.5.2 事故案例表示

现实中的案例往往是文本形式表述的，不能直接被计算机识别与应用，为了实现事故案例信息的网络化，需要对其进行知识的提取，将其文本化的知识转变成可被计算机识别的知识语言，就需要借助案例表示方法对其进行抽象化描述。目前有10余种案例表示方法，主要包括框架表示法、状态空间表示法、产生式表示法、语义网络表示法、XML表示法等方法。每种方法都有其优缺点和使用范围，例如产生式规则表示法结构简单，表达自然，逻辑性强但规则的堆积存储，缺乏组织且缺乏结构化手段；产生式表示法无法有效地描述结构复杂的事物。这些案例表示方法中，尤以框架表示法的应用最为广泛。

6.5.2.1 框架表示法

A 概述

框架表示法是美国人工智能学者马文·明斯基（M. L. Minsky）在1975年提出的，其基本思想是：人类记忆和使用知识时，通常是把有关的一些信息组织在一起形成一个知识单元——框架。框架可以从多个方面、多重属性且可以采用嵌套结构分层地对一个实体进行描述，一个领域的框架系统反映了实体间固有的因果模型。

B 框架的基本形式

一个框架由框架名和一组槽组成，每个槽表示对象的一个属性，槽的值就是对象的属性值。一个槽可以由若干个侧面组成，每个侧面可以有一个或多个值，侧面的值也可以是其他框架，即允许嵌套。

C 框架的BNF描述

<框架式>::=<框架头><槽部分>[<约束部分>]

<框架头>::=框架名<框架名的值>

<槽部分>::=<槽>,[<槽>]

<约束部分>::=约束<约束条件>,[<约束条件>]

<框架名的值>::=<符号名>|<符号名>(<参数>,[<参数>])

<槽>::=<槽名><槽值>|<侧面部分>

<槽名>::=<系统预定义槽名>|<用户自定义槽名>

<槽值>::=<静态描述>|<过程>|<谓词>|<框架名的值>|<空>

<侧面部分>::=<侧面名>,[<侧面>]

<侧面>::=<侧面名><侧面值>

<侧面名>::=<系统预定义侧面名>|<用户自定义侧面名>

<侧面值>::=<静态描述>|<过程>|<谓词>|<框架名的值>|<空>

<静态描述>::=<数值>|<字符串>|<布尔值>|<其他值>

<过程>::=<动作>|<动作>,[<动作>]

<参数>::=<符号名>

D 框架的知识表示步骤

框架是一种描述对象属性并反映相关对象间的各种关系的数据结构，并且可以把它视作知识单位。对于要表达的知识，其中可能包含着许多对象，各个对象之间有着各种各样的联系，将这些有关系的对象的框架联结起来便形成了要表达知识的框架系统。

框架表示知识的具体步骤：

a　分析代表的知识对象及其属性，对框架中的槽进行合理设置

在槽及侧面的设置上要考虑两方面的因素：要符合系统的设计目标，凡是系统目标中要求的属性或是问题求解过程中可能用到的属性都要设置相应的槽；不能盲目地把所有的甚至无用的属性都用槽表示出来。

b　对各对象间的各种联系进行考察

使用一些常用的或根据具体需要定义一些表达联系的槽名，来描述上下层框架间的联系。在框架系统中，对象间的联系是通过各个槽的槽名来表述的。通常在框架系统中定义一些公用且标准的槽名，并把这些槽名称为系统预定义槽名。

6.5.2.2　事故案例知识规范化

瓦斯爆炸事故是矿山事故的“头号杀手”，以此为例，依据事故致因理论，归纳出瓦斯爆炸事故的信息要素，主要包括：事故基本信息、事故特征信息、事故原因信息以及事故结果信息四部分。

（1）事故基本信息，包括爆源点、事故发生时间、矿井所在地、矿井生产能力、曾否有历史事故等。事故基本信息是对事故场景的基本描述。

（2）事故特征信息，包括瓦斯积聚类型、火源类型、工艺过程、通风方式、采煤方法等内容。事故特征信息表征事故的个性信息。

（3）事故原因信息，包括瓦斯积聚原因与火源原因。

（4）事故结果信息，包括死亡人数、伤员人数、经济损失等内容。

为了避免文本形式案例的同一意思不同表述的语言表达弊端，在进行事故案例知识化前，需要先对案例知识化的事故信息进行统一规范化处理。针对瓦斯爆炸事故的瓦斯等级、通风方式、采煤方法、爆源点、工艺过程、瓦斯来源、火源类型、瓦斯积聚类型等事故信息的规范化处理见表6－1。

表6－1　基本信息规范内容

规范项目	基本信息规范的具体内容
瓦斯等级	低瓦斯矿井、高瓦斯矿井、煤与瓦斯突出矿井
通风方式	中央并列式、采用自然通风与局部通风机通风结合、中央并列对角式、独眼井、分区抽出式、对角抽出式、抽出式、自然通风、两翼对角式、中央边界抽出式、其他
采煤方法	高落法采煤、人工挑煤、巷柱式采煤方法、巷柱式手镐采煤、长壁炮采、走向长壁机采、刀柱回采、仓房式采煤方法、巷道式开采、仓储式、短壁刀柱式、掘进出煤、其他
爆源点	水平煤巷、倾斜煤巷、回采工作面、采煤工作面上隅角、回采准备工作面、刀柱工作面、采空区、回采头、撤采面内、盲巷、煤仓、停产盲巷头、退采工作面、封闭的废机道巷、回采顺槽、采煤工作面下口处、风巷掘进头、老空区、其他
工艺过程	采煤工艺、掘进工艺

续表 6－1

规范项目	基本信息规范的具体内容
瓦斯来源	煤层瓦斯、构造带内瓦斯、采空区瓦斯、断层瓦斯、高顶老空瓦斯、采空区大量瓦斯压出、20t 煤的吸附瓦斯、盲巷内瓦斯、断层瓦斯与煤层瓦斯、其他
火源类型	明火、电火花、放炮、摩擦起火、吸烟、其他
瓦斯积聚类型	停风、风量不足、瓦斯突增、瓦斯突增风量不足、瓦斯涌出量骤然增大，风量不足、自然通风，风量不足、其他

6.5.2.3 事故案例知识化

在进行完案例基本信息规范化处理后，应用框架表示方法对瓦斯爆炸事故案例进行知识化表达。在框架表示法中，一个“槽”是用于描述研究对象的某一方面属性，一个“侧面”则用来描述相应属性的一个面，槽和侧面的属性值分别为槽值和侧面值。结合瓦斯爆炸事故特征要素的分析，将瓦斯爆炸事故的案例框架划分成 4 个“槽”，不同的“槽”根据需要又分别划分成不同层级的“侧面”。具体如图 6－1 所示。

案例编号：××××

框架名：矿井瓦斯爆炸事故案例知识化

槽 1 事故基本信息描述

侧面 1 案例名称	侧面值 1
侧面 2 爆源点	侧面值 2
侧面 3 事故发生时间	侧面值 3
侧面 4 事故在班时间	侧面值 4
侧面 5 矿井所在地	侧面值 5
侧面 6 矿井生产能力	侧面值 6
侧面 7 曾否有历史事故	侧面值 7

槽 2 事故特征信息描述

侧面 1 瓦斯积聚类型	侧面值 1
侧面 2 火源类型	侧面值 2
侧面 3 工艺过程	侧面值 3
侧面 4 通风方式	侧面值 4
侧面 5 采煤方法	侧面值 5
侧面 6 瓦斯等级	侧面值 6
侧面 7 瓦斯来源	侧面值 7

槽 3 事故原因信息描述

侧面 1 瓦斯积聚原因	侧面值 1
侧面 2 火源原因	侧面值 2

槽 4 事故结果信息描述

侧面 1 死亡人数	侧面值 1
侧面 2 伤员人数	侧面值 2
侧面 3 经济损失	侧面值 3

图 6-1 瓦斯爆炸事故案例框架表示

6.5.2.4 事故案例表示实例

隐藏于事故案例原文中的隐性知识，需要通过对事故案例原文的阅读、分析与抽取，然后依据规范化的瓦斯爆炸事故信息，对其进行瓦斯爆炸事故案例知识化，进行瓦斯爆炸事故基本信息、事故特征信息、事故原因信息、事故结果信息的抽化提取。图 6-2 为案例 1 的事故案例知识化框架表示法。通过对瓦斯爆炸事故案例原文的案例知识化，可以实现瓦斯爆炸事故中隐性知识向显性知识的转化。

案例编号：0001	
框架名：瓦斯爆炸事故案例知识化	
槽 1 事故基本信息描述	
侧面 1 案例名称	20130420 吉林省延边州和龙市庆兴煤业有限责任公司庆兴煤矿重大瓦斯爆炸事故
侧面 2 爆源点	回采工作面
侧面 3 事故发生时间	2013-04-20-13-26
侧面 4 事故在班时间	8 时~16 时
侧面 5 矿井所在地	吉林延边州和龙市
侧面 6 矿井生产能力	12 万吨/年
侧面 7 曾否有历史事故	无
槽 2 事故特征信息描述	
侧面 1 瓦斯积聚类型	风量不足
侧面 2 火源类型	放炮
侧面 3 工艺过程	掘进作业
侧面 4 通风方式	中央并列式
侧面 5 采煤方法	巷道式开采
侧面 6 瓦斯等级	低瓦斯矿井
侧面 7 瓦斯来源	煤层瓦斯
槽 3 事故原因信息描述	
侧面 1 瓦斯积聚原因	未形成全负压通风系统
侧面 2 火源原因	违章放炮
槽 4 事故结果信息描述	
侧面 1 死亡人数	18
侧面 2 伤员人数	12
侧面 3 经济损失	16335000 元

图 6-2 案例编号 0001 的瓦斯爆炸事故案例框架表示

6.5.2.5 煤矿事故案例表示的应用

煤矿事故案例知识表示，是进行煤矿事故信息化的前提与基础。煤矿事故信息化的目标是实现煤矿事故信息的网络化管理。通过框架表示法获取的煤矿事故信息，给煤矿事故信息化带来极大的便利，具体体现在以下几方面。

A 便于进行煤矿事故案例的推理

事故案例推理，是本着"相似问题有相似解"的原则，通过对新问题的描述在案例库中搜索出最为相似的源案例，然后根据实际情况，对源案例进行重用或修改，从而为新问题提供一种解的推理模式。事故案例推理正是基于案例知识表示的基础上进行的，尤其规范化后的案例事故信息为煤矿案例推理提供了极大的便利。

B 实现隐性知识向显性知识的有效转化

通过框架知识表示法从煤矿事故案例原文中抽取的事故基本信息要素、事故特征信息要素、事故原因信息要素、事故损失信息要素，可以更加详尽地描述一起煤矿爆炸事故，有效地实现案例原文中隐性知识向显性知识的转化。

C 便于建立煤矿事故信息知识库

基于框架知识法提取的煤矿事故基本信息，可以建立煤矿事故知识库，为矿山工作人员提供学习煤矿经验知识的极佳途径。

本章小结

本章在简要介绍煤矿五大灾害事故及煤矿事故分类的基础上，重点介绍了煤矿事故现场勘察与取证的相关内容，如事故现场勘察的步骤、事故现场勘察的内容、事故现场测试的常用工具等内容。此外，本章还对煤矿常见事故原因进行了简单分析，为煤矿事故调查的原因分析提供了便利。并以煤矿事故案例实例为分析对象，对其进行事故案例知识化和规范化处理，便于有效地提取事故案例的隐性信息。

习题和思考题

6-1 煤矿事故的五大危害指哪些?

6-2 煤矿事故的分类方法有哪些?

6-3 简述煤矿事故现场勘察的步骤。

6-4 煤矿事故现场勘察的内容包括哪几方面?

6-5 简述煤矿事故现场测试的内容。

6-6 列举几种煤矿事故现场测试的常用工具。

6-7 简要分析矿井水灾事故的原因。

6-8 事故案例表示方法有哪几种？分别简述其特点。

7 建筑工程事故调查分析

本章学习要点：

（1）掌握建筑工程的五大灾害事故及其事故危害。

（2）了解建筑工程的事故分类及其依据。

（3）明确建筑工程事故现场勘察目的与任务，并掌握建筑工程事故的现场勘察步骤。

（4）掌握各类建筑工程事故的勘察要点，并可以学着应用于实际事故分析中。

（5）了解各类建筑工程事故的常见原因。

7.1 建筑工程事故概述

建筑业是国民经济支柱产业之一，建筑业所生产的大批建筑产品为我国国民经济的发展奠定了重要的物质基础，同时带动了相关产业的蓬勃发展，成为经济繁荣的支撑点。举世瞩目的三峡工程、西电东送、西气东输、青藏铁路、南水北调等重大项目以及其他不能尽数的工程项目，是我国建筑业发展的见证，它们完善了我国基础设施建设水平，加快了地域间的物质流通、人员往来、文化交流和沟通，改善了居民的生活条件，为推动我国经济发展，改善和提高人民生活水平，全面建设小康社会做出了贡献。然而建筑行业受其自身的生产特点影响，是一个危险性高、极易发生事故的行业，在全世界来说都属于事故多发行业。建筑业与其他行业不同，一是由于建筑产品的固定性、建筑施工的流动性决定了建筑安全生产的特殊性，即人、材料、机械设备围绕建筑产品进行野外露天作业，交叉环节多，施工过程中受自然环境如刮风、下雨、雷电、冰雹等影响大。二是目前建筑业70%以上的从业人员来自农村，文化素质不高，安全意识差，缺乏安全知识和自我防护能力。由于上述这些原因，使建筑业成为国民经济部门中事故多发行业之一。

7.1.1 建筑工程事故危害

由于建筑施工现场条件复杂，危险因素繁多，因此极易造成各种灾害事故。建筑施工中灾害事故的表现形式多样，其中高处坠落、倒塌、物体打击、火灾、触电是最主要的事故形式。

7.1.1.1 高处坠落

高处坠落是由于高处作业引起的，指人从高处跌落下来造成的事故。根据《高处作业分级》（GB/T 3608—2008）中规定，凡在坠落高度基准面2m以上（含2m）有可能坠落的高处进行的作业，都称为高处作业。根据这一规定，在建筑业中涉及高处作业的范围相当广泛。在建筑物内作业时，若在2m以上的架子上进行操作，即为高处作业。高处作业可分为四级：2～5m为一级高处作业，其可能坠落半径为2m；5～15m为二级高处作业，其可能坠落半径为3m；15～30m为三级高处作业，其可能坠落半径为4m；30m以上称为特级高处作业，其可能坠落半径为5m。

建筑施工中的高处作业主要包括临边、洞口、攀登、悬空、操作平台、交叉等六种基本类型，这些类型的高处作业场所是高处作业伤亡事故可能发生的主要地点。

（1）临边作业：是指在施工现场中，工作面边沿无围护设施或围护设施高度低于80cm时的高处作业。下列作业条件均属于临边作业：1）基坑周边、无防护的阳台；2）无防护楼层、楼面周边；3）无防护的楼梯口和梯段口；4）井架、施工电梯和脚手架等的通道两侧面；5）各种垂直运输卸料平台的周边。

（2）洞口作业：是指孔、洞口旁边的高处作业，包括施工现场及通道旁深度在2m及2m以上的桩孔、沟槽与管道孔洞等边沿作业。建筑物的楼梯口、电梯口及设备安装预留洞口等（在未安装正式栏杆，门窗等围护结构时），还有一些施工需要预留的上料口、通道口、施工口等，凡是洞口直径在2.5cm以上的，洞口若没有防护，就有造成作业人员高处坠落的危险，或者若不慎将物体从这些洞口坠落时，还可能造成下面的人员发生物体打击事故。

（3）攀登作业：是指借助建筑结构或脚手架上的登高设施或采用梯子或其他登高设施在攀登条件下进行的高处作业。在建筑物周围搭拆脚手架，张挂安全网，装拆塔机、龙门架、井字架、施工电梯、桩架，登高安装钢结构构件等作业都属于这种作业。进行攀登作业时作业人员由于没有作业平台，只能攀登在可借助物的架子上作业，要借助一手攀，一只脚勾或用腰绳来保持平衡，身体重心垂线不通过脚下，作业难度大，危险性大，若有不慎就可能坠落。

（4）悬空作业：是指在周边临空状态下进行高处作业。其特点是在操作者无立足点或无牢靠立足点条件下进行高处作业。建筑施工中的构件吊装，利用吊篮进行外装修，悬挑或悬空梁板、雨棚等特殊部位支拆模扳、扎筋、浇混凝土等项作业都属于悬空作业。由于是在不稳定的条件下施工作业，危险性很大。

（5）操作平台作业：常见的高空作业操作平台有：剪叉式高空作业平台、车载式高空作业平台、曲臂式高空作业平台、自行式高空作业平台、铝合金高空作业平台、套缸式高空作业平台等。

（6）交叉作业：是指在施工现场的上下不同层次，于空间贯通状态下同时进行的高处作业。现场施工上部搭设脚手架、吊运物料，地面上的人员搬运材料、制作钢筋；或外墙装修下面打底抹灰、上面进行面层装饰等都属于施工现场的交叉作业。交叉作业中，若高处作业不慎碰掉物料、失手掉下工具或吊运物体散落等都可能砸到下面的作业人员，发生物体打击伤亡事故。

7.1.1.2 触电

电是施工现场各种作业的主要动力来源，各种机械、工具等主要依靠电来驱动，即使不使用机械设备，也还要使用各种照明。任何一个建筑施工工地既是电气安全技术的特殊场所，又是具有特殊电气危险的场所。建筑施工工地的外部条件是较恶劣的，例如存在风吹、雨淋、日晒、水溅、沙尘等不利条件，加之工地上机动车辆的运行和机械设备的应用等，极易发生对电气设备的撞击和振动，这些因素均易导致电气故障的发生。建筑施工工地的施工人员在工作时往往受雨淋、水溅，使皮肤潮湿而导致人体阻抗下降，并且这些人员中大多数为非电气人员，缺乏用电安全知识，同时，工地的供电线路又属临时性线路，大部分为架空或明敷线路，这些因素多易造成电击事故。

施工现场的触电事故主要分为电击和电伤两大类，也可分为低压触电事故和高压触电事故。电击是人体直接接触带电部分，电流通过人体，如果电流达到一定数值就会使人体和带电部分相接触的肌肉发生痉挛，呼吸困难，心脏麻痹，直到死亡；电击是内伤，是最具有致命危险的触电伤害。电伤是指皮肤局部的损伤，有灼伤、烙印和皮肤金属化等伤害。

在施工现场常见的触电事故有：1）吊车及施工机械压、碰高压线路；2）工具、材料触及带电体；3）小型及手持式电动工具漏电；4）跨步电压造成触电，水泵电动机漏电或其胶质电缆线绝缘损坏，在潮湿或积水区域形成对人员的跨步电压触电；5）安全距离不足造成触电；6）管理制度不严或违章操作造成触电。

7.1.1.3 坍塌

坍塌事故主要包括在土方开挖中或深基坑施工中土石方的坍塌和拆除工程、在建工程及临时设施等的部分或整体坍塌。尤其是在地下水位较高或大土方开挖遇降大雨时最易发生塌方。《建设工程安全生产管理条例》规定的7项危险性较大的工程包括基坑支护与降水工程、土方开挖工程、模板工程、起重吊装工程、脚手架工程和拆除、爆破工程，在施工过程中主要出现坍塌的事故类型为脚手架坍塌、模板坍塌、基坑坍塌和拆除工程坍塌。

7.1.1.4 物体打击

物体打击是指落下物对人体造成的伤害。在施工过程中物体打击是指建筑施工过程中的砖石块、工具、材料、零部件、跳板、模板、构件等在高处下落以及崩块、锤击、滚石、滚木等，击中下面或旁边的作业人员造成伤害。凡在施工现场作业的人，都有可能被击中，特别是在一个垂直平面下的上下交叉作业，最容易发生此类事故。许多物体打击事故都是由高处落物造成的，物体打击不但能直接导致人身伤亡，而且还会对建筑物、构筑物、管线设备、设施等造成损害。

7.1.1.5 机械伤害

建筑施工中涉及的施工机械很多，而机械伤害也是较为常见的建筑施工事故，机械伤害事故可分为机械工具伤害和起重伤害。机械工具伤害是指施工现场使用中小型机械、手持电动工具等进行作业时，防护不完善或违章操作发生的工伤事故。起重伤害事故是指在进行各种起重作业（包括吊运、安装、检修、试验）中发生的重物（包括吊具、吊重或吊臂）坠落、夹挤、物体打击、起重机倾翻、触电等事故。

与一般的工厂生产条件相比，建筑施工现场的作业环境比较差，不安全因素比较多，在机械设备使用过程中，由于操作者的不安全行为、机械设备的不安全状态以及机械设备需要经常性的流动作业等原因，往往容易引发各种机械伤害事故，造成人员伤亡、财产损失，影响建筑施工的正常进行。常见的机械伤害事故有：人货梯吊笼出轨、卷扬机拉筋伤人、塔吊起重臂折倒等。

建筑施工伤亡事故大多发生在脚手架和模板的搭设（安装）或拆除中，洞口、临边也是事故多发部位。伤亡事故较集中的工种工程有土方开挖、起重安装、垂直运输、机械操作、拆除工程、施工用电和电焊工程等。常见的伤亡事故形式有33种，见表7－1。

表7-1 建筑施工伤亡事故的常见形式

事故类别	序号	常见形式
高处坠落	1	从脚手架坠落
	2	从垂直运输设施坠落，从预留洞口、楼梯口、电梯井口、通道口坠落
	3	从安装中的结构上坠落
	4	从楼面、屋顶、高台等临边坠落
	5	从机械设备上坠落
	6	其他：滑跌、踩空、拖地、碰撞等引起的坠落
	7	
触　电	8	带电电线、电缆破口、端头
	9	电动设备漏电
	10	起重机部件等触碰高压电线
	11	挖掘机损坏地下电缆
	12	移动电线、机具、电线拉断、破皮
	13	电闸箱、控制箱漏电或误触碰
	14	强力自然因素导致电线断裂
	15	雷击
物体打击	16	空中落物、崩块和滚动物体的砸伤
	17	硬物、反弹物碰伤、撞击
	18	器具飞击
	19	碎屑、破片飞溅
机械伤害	20	机械转动部分的绞、碾和拖带
	21	机械工作部分的钻、刨、削、锯、砸、轧、撞、挤等
	22	滑入或误入机械容器和运转部分
	23	机械部件飞出
	24	机械失稳、倾覆
	25	其他：机况不良，违章操作，机械安全保护设施欠缺
坍　塌	26	基槽或基坑壁、边坡、洞室等土石方坍塌
	27	地基基础悬空、失稳、滑移等导致上部结构坍塌
	28	施工质量极度低劣造成建筑物倒塌
	29	施工失稳倒塌
	30	脚手架、井架等设施倒塌
	31	施工用临时建筑物倒塌
	32	堆置物坍塌
	33	大风等强力自然因素造成倒塌

7.1.2 建筑事故分类

“建筑事故”含义广泛，包括质量事故、安全事故、灾害性事故以及其他事故等许多类别。本章阐述的事故主要是建筑工程施工的安全事故，指在建筑工程施工过程中，在施工现场突然发生的一个或一系列违背人们意愿的，可能造成人员伤亡（包括人员急性中毒）、设备损坏、建筑工程倒塌或弃废、安全设施破坏以及财产损失的（发生其中任一项或多项），迫使人们有目的的活动暂时或永久停止的意外事件。

7.1.2.1 按事故的原因及性质分类

从建筑活动的特点及事故的原因和性质来看，建筑安全事故可以分为四类，即生产事故、质量事故、技术事故和环境事故。

A 生产事故

生产事故主要是指在建筑产品的生产、维修、拆除过程中，操作人员违反有关施工操作规程等直接导致的安全事故。这种事故一般都是在施工作业过程中出现的，事故发生的次数比较频繁，是建筑安全事故的主要类型之一。目前我国对建筑安全生产的管理主要是针对生产事故。

原建设部3号令规定，在工程中由于责任过失造成工程倒塌或报废、机械设备毁坏和安全设施失效，进而造成人身伤亡或者重大经济损失的事故称为工程建设重大事故，并将重大工程事故分为四级：

一级事故：死亡30人以上；或直接经济损失300万元以上。

二级事故：死亡人数10~29人；或直接经济损失100万~300万元。

三级事故：死亡人数3~9人；或重伤20人以上；或直接经济损失30万~100万元。

四级事故；死亡人数2人以下；或重伤3~19人；或直接经济损失10万~30万元。

B 质量问题

质量问题主要是指由于设计不符合规范或施工达不到要求等原因导致建筑结构实体或使用功能存在瑕疵，进而引起安全事故的发生。在设计不符合规范标准方面，主要是指一些没有相应资质的单位或个人私自出图或设计本身存在的安全隐患。在施工达不到设计要求方面，一是施工过程违反有关操作规程留下的隐患；二是由于有关施工主体偷工减料的行为导致的安全隐患。质量问题可能发生在施工作业过程中，也可能发生在建筑实体的使用过程中。特别是在建筑实体的使用过程中，质量问题带来的危害是极其严重的，如果在外加灾害（如地震、火灾）发生的情况下，其危害后果是不堪设想的。质量问题也是建筑安全事故的主要类型之一。

按照《建筑结构可靠度设计统一标准》（GB 50068—2001）建筑结构必须满足以下各项功能的要求：

（1）能承受正常施工和正常使用时可能出现的各种作用；

（2）在正常使用时具有良好的工作性能；

（3）在正常维护条件下具有足够的耐久性；

（4）在偶然作用（如地震作用、爆炸作用、撞击作用等）发生时及发生后，结构仍能保持必要的整体稳定性。

当建筑结构因工程质量低下而不能满足上述要求时，统称为质量事故。小的质量事故影响建筑物的使用性能和耐久性，造成浪费；严重的质量事故会使构件破坏，甚至引起房屋倒塌，造成人员伤亡和严重的财产损失。施工质量事故可以分为以下几类：

（1）施工质量事故（或一般质量事故）。有下列后果之一者为施工质量事故：

1）直接经济损失在1万元（含1万元）以上，不满5万元的；

2）影响使用功能和工程结构安全，造成永久质量缺陷的。

（2）严重施工质量事故。有下列后果之一者为严重施工质量事故：

1）直接经济损失在5万元（含5万元）以上，不满10万元的；

2）严重影响使用功能或工程结构安全，存在重大隐患的；

3）事故性质恶劣或造成2人以下重伤的。

（3）重大施工质量事故。造成经济损失10万元以上或重伤3人以上或死亡2人以上的事故称为重大施工质量事故。重大质量事故是工程建设重大事故的起因之一。

C 技术事故

技术事故主要是指由于工程技术原因导致的安全事故，技术事故的结果通常是毁灭性的。技术是安全的保证，曾被确信无疑的技术可能会在突然之间出现问题，起初微不足道的瑕疵可能导致灾难性的后果，很多时候正是由于一些不经意的技术失误才导致了严重的事故。在工程建设领域，技术原因带来的惨痛失败教训是非常深刻的，如1981年7月17日美国密苏里州发生的海厄特摄政通道垮塌事故。技术事故的发生，可能发生在施工生产阶段，也可能发生在使用阶段。

D 环境事故

环境事故主要是指建筑实体在施工或使用的过程中，由于使用环境或周边环境原因导致的安全事故。使用环境原因主要是对建筑实体的使用不当，比如荷载超标、静荷载设计却动荷载使用，以及使用高污染建筑材料或放射性材料等。对于使用高污染建筑材料或放射性材料的建筑物，一是给施工人员造成职业病危害，二是对使用者的身体带来伤害。周边环境原因主要是一些自然灾害方面的，如山体滑坡等。在一些地质灾害频发的地区，应该特别注意环境事故的发生。我们往往将环境事故的发生归咎于自然灾害，其实是缺乏对环境事故的预判和防治能力。

7.1.2.2 按致害起因划分

根据《企业职工伤亡事故分类》，伤亡事故按致害起因可划分为20种。建筑施工安全事故按以上标准划分一般有10种，即物体打击、机械伤害、起重伤害、触电、灼烫、火灾、高处坠落、坍塌、爆炸、中毒和窒息。

由建筑物的建造过程及建筑施工特点，施工现场的操作人员随着从基础到主体再到屋面等分项工程的施工，要从地面到地下，再回到地面，再上到高空，经常处在露天、高空和交叉的作业环境中。建筑施工的不安全因素多存在于高处交叉作业、垂直运输、使用电气工具以及基础工程作业中。伤亡事故的主要类别是：高处坠落、物体打击、触电、机械伤害和坍塌事故。建设部通过对近几年来发生的职工因工伤亡事故的类别、原因、发生部位等进行统计分析表明，高处坠落占44.8%、触电占16.6%、物体打击占12%、机械伤害占7.2%、坍塌事故占6%，这五大类伤亡事故占事故总数的88.6%。如图7-1所示。

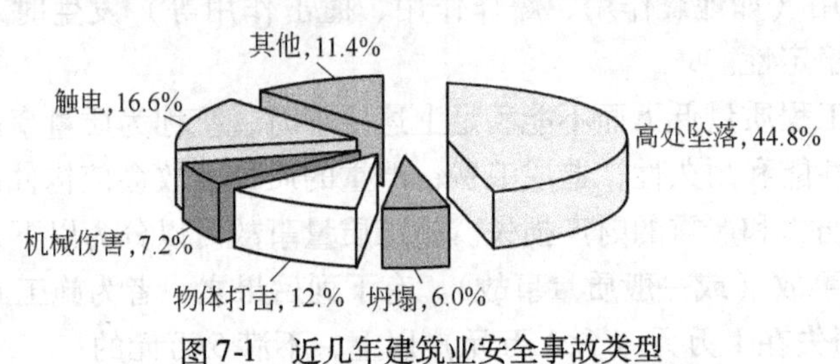

图7-1 近几年建筑业安全事故类型

7.1.2.3 按建设时期出现事故分类

策划期——根据需求提出设想，这种设想因主观和客观的原因，造成策划错误。

实施期——根据策划，依据具体的各方面条件，分步分期落实中出现错误。

使用期——对设想的实现及验证，主观要求和客观环境上的变化造成工程事故。

建筑工程事故的分类方法还有很多，如按建筑事故发生的阶段分，有施工过程中发生的事故、使用过程中发生的事故和改建时或改建后引起的事故；按事故发生的部位来分，有地基基础事故、主体结构事故、装修工程事故等；按结构类型分，有砌体结构事故、混凝土结构事故、钢结构事故和组合结构事故等；按事故的责任原因分，有因指导失误造成的质量事故，如下令赶进度而降低质量要求，有施工人员不按规程或标准实施操作造成的质量事故，如浇筑混凝土随意加水导致混凝土强度不足。

7.1.3 建筑工程事故分布规律

7.1.3.1 建筑工程事故的年龄与性别特征

在建筑工伤事故案例中，性别构成以男性伤害为主，这与建筑业的行业特点有关，建筑业从业人员中男性远远多于女性，且危险工种多由男性承担。通过将年龄划分成<30岁、30~39、40~49及50岁以上4个年龄段进行分组统计，统计结果表明年龄段在30~39、40~49的人更容易发生事故，这可能与这两个年龄段的从业工人数、暴露机会、工作环境及个体心理特征（如工作超时、疲劳、粗心大意、违章操作、易于冲动）等有关。

7.1.3.2 建筑工程事故的时间分布特征

随着时代的发展，建筑工伤事故率呈下降趋势。这与近年来建筑业的机械化程度得到提高，从业人员的安全生产信念和知识得到不断更新紧密相连。对工伤事故发生的实际时间进行分析，全年都有事故在发生，没有明显的时间差别。建筑工伤事故的发生是由诸多因素造成的，只要条件（人、工作内容、环境因素）成熟，就有发生建筑工伤事故的可能。

7.1.3.3 建筑工程事故类型分布特征

将建筑工伤依照劳动部规定的工伤事故类型进行分析，从统计结果来看，建筑重大工伤事故发生的类型以高空坠落、机械伤害为主。由于近年来安全网的普遍使用，高空坠落的比例逐年下降，而机械伤害的比例逐年上升。这也从一个侧面反映了建筑业的工伤特点。

7.1.3.4 建筑工程事故部位及工种分布特征

建筑工伤累及全身各个部位，通过对手、脚、四肢、头、躯干、眼分别统计，其中死亡案例中头部伤害最多见，机械伤害以手、四肢多见，木工、车工、铆工以手部伤害为主，其他工伤类型与工种、工伤部位的关系不太明确。

7.1.3.5 建筑工程事故地域分布情况

根据中国科学院中国现代化研究中心“中国地区现代化的现状”报告，我国大陆社会经济区域划分可以分为“三大片、八大区”，即北方片，包括东北地区（辽宁、吉林、黑龙江）、华北沿海地区（北京、天津、河北、山东）和黄河中游地区（河南、山西、陕西、内蒙古）；南方片，包括华东沿海地区（上海、江苏、浙江）、华南沿海地区（福建、广东、广西、海南）和长江中游地区（湖北、湖南、江西、安徽）；西部片，包括西南地区（重庆、四川、贵州、云南、西藏）和西北地区（甘肃、青海、宁夏、新疆）。

在此，以“三大片、八大区”为基础就我国的建筑安全生产情况进行地域分析。通过对比各大片的死亡人数，得到社会经济发展程度越高的地区其建筑安全生产事故造成的死亡人数相对越多；而各个片区内部，同样也反映了这样的事实，即死亡人数较多的省（市、自治区），基本都是各个区域中经济发展较快较好的。比如：南方片区中，华东沿海地区的上海市和浙江省、华南沿海地区的广东省、长江中游地区的湖南省；西部片区中，西南地区的重庆市和四川省；北方片区中，华北沿海地区的山东省。产值死亡率是衡量建筑安全生产情况的重要指标之一。西北地区、西南地区、华南沿海地区、东北地区以及长江中游地区的建筑安全生产形势比较严峻，尤其是以西北地区和西南地区构成的西部片区为最。西部片区建筑安全生产形势严峻的主要原因是：该地区的社会经济发展水平相对落后，西部大开发后，相继进行大量的基础设施建设，于是形成了基础设施投资超前的局面。在这种情况下，一方面是建筑安全管理水平跟不上发展的要求，另一方面是追求建设速度而忽视了对安全的管理。东北地区同样存在社会经济发展水平较为落后的问题，但是其基础设施建设规模没有西部地区的大，因此其产值死亡率低于西部地区是比较正常的。随着“振兴东北”战略的实施，东北地区将会掀起投资建设的高潮，各片区如果不重视安全生产，东北地区的产值死亡率有可能会超过目前的水平。华南沿海地区的经济比较发达，但是其产值死亡率却略高于东北地区，这主要受海南、福建和广西的高产值死亡率的影响所致。我们不应忽略一个事实，广东作为我国经济发达的地区，其建筑业产值死亡率和经济发展水平相当的省（直辖市、自治区）相比，还是显得比较高的。虽然华东沿海地区的产值死亡率较低，但是死亡人数绝对值却是最高的，因此该地区应该在减少伤亡事故和减低死亡人数上寻求新的突破。

7.2 建筑工程事故调查

7.2.1 建筑工程事故现场勘察的目的与任务

7.2.1.1 勘察目的

事故发生成立事故调查组之后，应该立即对事故现场进行勘察。现场勘察是一项技术性很强的工作，它涉及广泛的科学技术知识和实践经验，因此勘察必须及时、全面、细致、准确、客观地反映原始面貌，现场勘察的目的是：

（1）确定建筑工程事故的性质（责任事故或自然事故）；

（2）核定建筑工程事故的结果，比如事故造成的死亡人数、事故的类型、事故等级等；

（3）采集能对事故分析提供参考的痕迹物证；

（4）结合建筑工程事故现场所采集的物证，验证现场访问获得的线索和依据。

7.2.1.2 勘察任务

建筑工程事故现场勘察的最终目的是为了查明事故原因，因此勘察的基本任务包括收集、检验能证明建筑工程事故发生原因的证据，详细内容如下：

（1）记录事故发生的时间、地点、天气以及由于事故造成的设备设施、建筑体的破坏情况和破坏方式。

（2）绘制出事故发生时人员的位置及活动图、破坏物的立体图或展开图、建筑物的平面图和剖面图。

（3）查明事故当事人是否恰当使用劳动保护用品，并检测劳动保护用品的质量。

（4）收集相关资料，如伤亡人员证件、项目安全施工的资质和证件等。

7.2.2 建筑工程事故现场勘察的步骤

事故现场勘察的内容包括勘察、设计、施工、使用以及环境条件等方面的调查，一般可分为初步调查、详细调查和补充调查三类。同时，根据建筑物事故的具体情况，为保证事故调查的安全和顺利进行，应考虑临时防护措施及实施与否的问题。

7.2.2.1 初步勘察

初步勘察应包括下列内容：

（1）工程情况：无论已建或正在建的建筑物都须做现场调查，主要针对使用状况、周围建筑物的相互影响和相互作用，以及使用历史等进行调查，并与原设计作初步核对。其内容有建筑物所在场地的特征（如邻近建筑物情况、有无腐蚀性环境条件等），建筑结构主要特征，事故发生时工程的形象进度或工程使用情况等。

（2）事故情况；事故发生的时间和经过，事故现况和实测数据，从发生到调查时的事故发展变化情况，人员伤亡和经济损失，事故的严重性（如是否危及结构安全）和迫切性（不及时处理是否会出现严重后果），以及是否对事故作过处置等。

（3）图纸资料检查：设计图纸（建筑、结构、水电、设备等）和说明书，工程地质和水文地质勘测报告等；查阅原设计图或竣工图，历次维修、改建及加固设计图；历次结构检查观测资料和工程地质资料、水文资料等。根据已有资料，对有问题的结构或部位作尺寸或外观检查，对存在的问题作初步分析。

（4）其他资料检查：1）建筑材料、成品和半成品的出厂合格证和试验报告。2）施工中的各项原始记录和检查验收记录，如施工日志、打桩记录、混凝土施工记录、预应力张拉记录、隐蔽工程验收记录等。3）了解原始施工状况，查阅施工记录及质量保证资料，重点核实材料代用、设计变更、施工事故处理以及竣工验收文件等。

（5）使用情况调查：对已交工使用的工程应作专项调查，其内容包括房屋用途、使用荷载、腐蚀条件等方面的调查。

在初步调查的基础上，制订详细调查计划，重点是制订检测计划或试验大纲。

7.2.2.2 细项勘察

细项勘察应包括以下内容：

（1）设计情况：设计单位资质情况，设计图纸是否齐全，设计构造是否合理，结构计算简图和计算方法以及结果是否正确等。

（2）地基基础情况：地基实际状况、基础构造尺寸和勘察报告、设计要求是否一致，地基基础对上部结构的影响和反应，当调查发现问题时，应分析原因，必要时应开挖检查或进行试验检验。

（3）结构实际状况：包括结构布置、结构构造、连接方式方法、结构构件状况、支撑系统及连接构造的检查等。

（4）结构上各种作用力的调查：主要指结构上的作用力及其效应、作用力效应分析、作用力效应组合，以及作用力效应组合的调查分析，必要时进行实测统计。

(5) 施工情况：施工检查应检查是否按图施工，有关工种工程的施工工艺、施工方法是否符合施工规范的要求，施工进度和速度，施工中有无停歇，施工荷载值的统计分析等。此外还应查清地基开挖的实际情况，材料、半成品、构件的质量，施工顺序与进度，施工荷载，施工日志，隐蔽工程验收记录，质量检查验收有关数据资料，沉降观测记录，以及环境条件等。

(6) 建筑变形观测：沉降观测记录，结构或构件变形观测记录等。

(7) 裂缝观测：裂缝形状与分布特征，裂缝宽度、长度、深度以及裂缝的发展变化规律等。

(8) 结构材料性能的检测与分析，结构几何参数的实测，结构构件的计算分析，必要时应进行现场实测或结构试验。

(9) 房屋结构功能、结构附件与配件的检查。

(10) 使用调查：若事故发生在使用阶段，则应调查建筑物用途有无改变，荷载是否增大，已有建筑物附近是否有新建工程，地基状况是否变化。对生产性建筑物还应调查生产工艺有无重大变更，是否增设了振动大或温度高的机械设备，是否在构件上附设了重物、缆绳等。

(11) 环境调查：指气象条件、地质条件、操作条件、设备条件、建筑物变形情况及原因、结构连接部位的实际工作状况与其他周围建筑物的互相影响等。

综上所述，初步调查和详细调查合并又可称作基本调查，是指对建筑物现状和已有资料的调查，调查中应重点查清该事故的严重性与迫切性，前者是指事故对结构安全的影响程度，后者是指是否须及时处理，是否会导致事故恶化产生严重后果。

7.2.2.3　补充勘察

补充勘察往往需要补做某些试验、检验和测试工作，通常包括以下六方面内容：

(1) 对有怀疑的地基进行补充勘测；当原设计的工程地质资料不足或可疑时，应补充勘测，重点要查清持力层的承载能力，不同土层的分布情况与性能，建筑物下有无古墓、大的空洞，建筑场地的地震数据等。

(2) 设计复查，重点有：

1) 设计依据是否可靠；

2) 计算简图与设计计算是否正确无误；

3) 连接构造有无问题；

4) 新结构、新技术的使用是否有充分的根据。

(3) 测定建筑物中所用材料的实际强度与有关性能。

(4) 建筑结构内部缺陷的检查。

(5) 载荷试验：对结构或构件进行载荷试验，检查其实际承载能力情况。

(6) 较长时期的观测：对建筑物已出现的缺陷（如裂缝、变形等）进行较长时间的观测检查，以确定缺陷是已经稳定，还是在继续发展，并进一步寻找其发展变化的规律等。

补充调查的内容随着工程与事故情况的不同有很大差别，上述内容是经常遇到的一些项目。实践经验表明，许多事故往往依靠补充调查的资料，才可以分析与处理，所以补充调查的重要作用不可忽视。但是补充调查，有的既费事、又费钱，只有在已调查资料还不能分析、处理事故时，才做一些必要的补充调查。

7.2.3 建筑工程事故勘察示例

7.2.3.1 建筑物倒塌事故的现场勘察

建筑物倒塌是建筑工程质量事故中的常见事故。尽管倒塌事故的表现形式多种多样，但归纳起来只有整体倒塌和局部倒塌两种。任何倒塌事故都是由于结构丧失承载能力所致，其原因包括强度不足、刚度不足和失稳倒塌，事故可分为5种类型。

(1) 砖柱倒塌事故。其倒塌原因有断面过小，高度过大，计算错误或超载，组砖方法错误和施工马虎等。

(2) 砖墙倒塌事故。其倒塌原因与砖柱倒塌大致相同，只是通常失稳倒塌较多一些。

(3) 楼板塌落事故。其倒塌原因有钢筋数量少或板厚不够，混凝土标号不足，预应力损失，上面增放过重的材料或构件等。

(4) 阳台和雨篷倒塌事故。其倒塌原因有荷载漏算或配筋不足造成强度不足；受力钢筋放反；施工时不注意，使主筋向下位移，从而丧失或降低承载能力；顶部的阳台或雨篷因施工中过早拆除女儿墙，或所设计的抗倾安全度不合规范要求等。

(5) 模板倒塌事故。其倒塌原因有使用的支柱非计算确定，间距布置不合理，或使用直径过小的杆件，造成模板下部的横梁或立柱强度不够；立柱间的斜拉杆不足或不设支撑体系，没有形成牢固的空间接体造成失稳等。

现场勘察中，应重点勘验建筑物的支撑、地基、荷载量及施工方法等情况。要进行拍照和详细测量并认真做好记录。

7.2.3.2 高空坠落事故的现场勘察

高空坠落事故的现场勘察一般采取从下向上的顺序进行。首先应对现场地面上的痕迹、物证进行勘察，重点记录血迹的面积、穿戴物品和使用工具散落的范围、距嫌疑建筑物的水平距离和地面上承载客体的受损情况。

由坠落终止点向上观察，对怀疑为坠落运动轨迹经过的所有部位进行勘验（包括安全网、护栏、脚手架、升降机架、预壁等）。并逐层详细记录上面的擦蹭痕迹、血迹和损坏的情况，最终确定坠落的起点。

对坠落起点处的擦蹭痕迹进行测量和拍照固定，并与坠落人身上及衣物的有关痕迹进行对比检验，确定坠落的方式。同时对坠落起点附近和上方进行详细勘察，以确定附近有无造成触电的设备和上方有无物体坠落打击的可能。最后综合法医对尸体的解剖检验结果，确定坠落者致死的原因，进而确定事故的性质，查清其真相。

7.2.3.3 触电伤亡事故现场勘察

触电事故勘察的基本步骤可概括为：

(1) 检查事故现场的保护动作指示情况，如各级断电保护动作指示，以及各种开关的整定电流、时限、保险熔丝等，判断事故是否因短路引起保护装置动作失灵造成。

(2) 检查事故设备的损坏部位和损坏程度，初步找到漏电部位。

(3) 查问当时及历史资料，如天气、温度、运行电流、电压、电波及其他有关记录。

(4) 现场测试。根据不同的触电事故方式应采用不同的现场测试项目，如测量两相触电事故，应分别测量两相对地电压及相间电压等。

（5）现场痕迹的提取。应认真查找所有可能存在的痕迹、物证，包括绝缘物被损漏电痕迹，触电点处痕迹，电气设备、导线受外力作用的分离痕迹，老化痕迹，击穿痕迹，人为痕迹等。

（6）通过上述调查、测试，进行相关的研究分析，逐项排除疑点，最后找出事故的原因。

7.3　建筑工程事故常见原因分析

7.3.1　高处坠落事故原因分析

根据事故致因理论，高处坠落事故致因因素包括人的因素和物的因素两个主要方面。

7.3.1.1　人的不安全行为

（1）违章指挥、违章作业、违反劳动纪律的“三违”行为，主要表现为：

1）指派无登高架设作业操作资格的人员从事登高架设作业，如项目经理指派无架子工操作证的人员搭拆脚手架即属违章指挥。

2）不具备高处作业资格（条件）的人员擅自从事高处作业。根据《建筑安装工人安全技术操作规程》有关规定，从事高处作业的人员要定期体检，凡患高血压、心脏病、贫血病、癫痫病以及其他不适合从事高处作业的人员不得从事高处作业。

3）未经现场安全人员同意擅自拆除安全防护设施，如砌体作业班组在做楼层周边砌体作业时擅自拆除楼层周边防护栏杆即为违章作业。

4）不按规定的通道上下进入作业面，而是随意攀爬阳台、吊车臂架等非规定通道。

5）拆除脚手架、井字架、塔吊或模板支撑系统时无专人监护且未按规定设置足够的防护措施，许多高处坠落事故都是在这种情况下发生的。

6）高空作业时不按劳动纪律规定穿戴好个人劳动防护用品（安全帽、安全带、防滑鞋），等等。

（2）人操作失误，主要表现为：

1）在洞口、临边作业时因踩空、踩滑而坠落；

2）在转移作业地点时因没有及时系好安全带或安全带系挂不牢而坠落；

3）在安装建筑构件时，因作业人员配合失误而导致相关作业人员坠落。

（3）注意力不集中，主要表现为作业或行动前不注意观察周围的环境是否安全而轻率行动，如没有看到脚下的脚手板是探头板或已腐朽的板而踩上去坠落造成伤害事故，或者误进入危险部位造成伤害事故。

7.3.1.2　物的不安全状态

（1）高处作业的安全防护设施的材质强度不够、安装不良、磨损老化等，主要表现为：

1）用作防护栏杆的钢管、扣件等材料因壁厚不足、腐蚀、扣件不合格而折断、变形失去防护作用；

2）吊篮脚手架钢丝绳因摩擦、锈蚀而破断导致吊篮倾斜、坠落引起人员坠落；

3）施工脚手板因强度不够而弯曲变形、折断等导致其上人员坠落；

4）因其他设施设备（手拉葫芦、电动葫芦等）破坏导致相关人员坠落。

（2）安全防护设施不合格、装置失灵导致事故，主要表现为：

1）临边、洞口、操作平台周边的防护设施不合格；

2）整体提升脚手架、施工电梯等设施设备的防坠装置失灵而导致脚手架、施工电梯坠落。

（3）劳动防护用品缺陷，主要表现为高处作业人员的安全帽、安全带、安全绳、防滑鞋等用品因内在缺陷而破损、断裂、失去防滑功能等引起的高处坠落事故。有的单位贪图便宜，购买劳动防护用品时只认价格高低，而不管产品是否有生产许可证、产品合格证，导致工人所用的劳动防护用品本身质量就存在问题，根本起不到安全防护作用。

7.3.2 触电事故原因分析

（1）违反操作规程，带电作业导致触电事故的发生。《建筑安装工人安全技术操作规程》规定，线路上禁止带负荷接电或断电、禁止带电操作等，但是在实际作业中，有的作业人员（主要是电工）违反有关规定，带电操作，从而造成触电伤害事故。

（2）机械设备和电动设施维修保养不善，安全管理检查措施不力造成漏电，导致触电事故。

（3）建筑施工中计划措施不周密，安全管理不到位，造成意外触电伤害事故，例如起重机械作业时触碰高压电线，挖掘机作业时损坏地下电缆，移动机具拉断电线、电缆等。

（4）由于自然因素导致电线断裂以及雷击触电等。为了有效地防止各种意外的触电伤害事故，保障施工人员的安全，施工现场临时用电的要求主要是：一是在施工现场实行TN－S系统，即增加保护零线，做到重复接地，把施工现场原来使用的三相四线变成五线；二是实行两级保护，即在电气设备的首末端分别安装漏电保护器。这些措施将加强临时用电的安全性。

（5）缺乏电气安全知识，自我保护意识淡薄。电气设施安装或接线不是由专业电工操作，而是由自己安装。安装人又无基本的电气安全知识，装设不符合电气安全的基本要求，这些都是造成意外的触电事故原因。

（6）电气设备安装不合格。电气设备安装必须遵守安全技术规定，否则由于安装错误，当人身接触带电部分时，就会造成触电事故。如电线高度不符合安全要求，太低，架空线乱拉、乱扯，有的还将电线拴在脚手架上，导线的接头只用老化的绝缘布包上，以及电气设备没有做好保护接地、保护接零等，一旦漏电就会发生严重触电事故。

7.3.3 坍塌事故原因分析

由于在施工过程中主要出现的坍塌事故类型为脚手架坍塌、模板坍塌、基坑坍塌和拆除工程坍塌，故仅对以上四种坍塌事故的原因进行详细分析。

7.3.3.1 脚手架坍塌

（1）建筑业对脚手架的材料和质量有较高要求，但部分施工单位贪图便宜，选用一些质量低劣、容易扭曲变形的脚手架杆件及配件，加大了坍塌事故发生的风险。

（2）在脚手架搭建过程中，脚手架的安装设计不合理，杆件间距过大、剪力撑或连墙体的设计不规范。

(3) 很多建筑工地没有配备专业的架子工，脚手架的搭建人员并不具备施工资质，在搭建过程中盲目遵照个人经验，易导致脚手架支撑体系失稳。

7.3.3.2 模板坍塌

(1) 未准确判断与识别模板工程危险源，编制施工方案时考虑得不够全面，支撑体系的安全技术设计不到位，而且施工人员经常未严格按照施工方案搭设模板支撑系统。

(2) 模板施工前没有经过精确核算，所用模板的刚度和强度不足，钢材、胶合板等不符合国家标准。

(3) 浇筑混凝土时，缺乏对模板的实时监护，在承压力和侧压力的作用下模板容易变形、炸模，从而引发坍塌事故。

7.3.3.3 基坑坍塌

(1) 施工单位未按照设计要求施工，有的施工单位甚至在缺少相关设计图纸、支护方案未经专家认证的情况下，就草率开始施工。

(2) 在施工前，对工程概况、周围建筑物的分布以及地下水的控制缺乏深入的了解，没有结合施工区域内地质条件，明确指定选用的降水、截水措施和基坑边坡支护形式。尤其遇到暴雨等自然现象时，没有切实可行的方案进行适时排水。

(3) 现场监测人员在施工期间未对邻近建筑物的沉降和位移变化加以监测，甚至出现了基坑坍塌的明显预兆，也没能引起应有的重视，更没有采取针对性的措施。

7.3.3.4 拆除工程坍塌

(1) 施工时，违反规定随意改变拆除的顺序，甚至数层同时拆除，容易造成毗邻部位建筑物的倒塌。

(2) 施工前准备工作不够充分，未对施工场所和对象进行实地勘测，不熟悉其物理结构，导致编制拆除方案时设计有误。

(3) 拆除作业时，施工人员的技术水平没有达到要求，随意搭建脚手架等支撑体系，导致结构失稳，为坍塌事故的发生埋下隐患。

7.3.4 物体打击事故原因分析

(1) 施工现场管理混乱。施工现场不按规定堆放材料、构件，放置机械设备；施工现场环境脏乱差，管理不善；多支施工队伍同时交叉作业，作业时不安全；有的施工现场临边洞口无防护或防护不严密；有的作业人员无个人防护用品或个人防护用品不全、使用不正确，等等。

(2) 安全管理不到位。安全管理停留在表面，未能实际落实。人为抛掷工具、零件、吊装器具、绳索、容器、建筑垃圾等，作业时由下向上抛掷砖瓦及工具更是屡见不鲜。

(3) 机械设备不安全。由于建筑施工主要是露天作业，长期的风吹雨打，造成机械设备不安全，如有的起重机械制动失灵，钢丝绳、吊钩断裂，连接松脱，滑轮破损、出轨等，有的起吊物体时绑扎不牢、外溢；有的采用的索具、索绳不符合安全规范的技术要求；从而埋下安全隐患。

(4) 施工人员违章操作或者误操作。这是造成物体打击事故的重要因素。由于安全教育不够，安全管理和安全防护措施不到位，使施工人员在作业中由于人为操作不慎，致使零部件、工具、材料从高处坠落伤人，或者由于违章操作向下抛扔物件伤人。

7.3.5 机械伤害事故原因分析

（1）安全防护措施不完善。施工机械的安全防护，包括单台机械的安全防护及多台机械的安全防护。在施工现场的特定环境中，大量的施工机械集中在一起，机械与机械之间必然会互相影响，如果施工场地狭窄必然会进一步加剧这种相互之间的影响。在编制施工方案和实施作业时考虑不周，或者安全防护措施存在漏洞，就会造成机械伤害事故。这种事故一旦发生，通常是比较严重的伤亡事故。

（2）违章操作、误操作以及冒险作业。这种事故在施工中最为多见，主要是由于操作者缺乏安全操作知识或者违反安全管理规程造成的。例如违反特种作业人员必须经考核合格后上岗的规定，让不具备资格的人员上岗操作；违反《建筑机械使用安全技术规程》的有关规定，在机械设备运行和运转中进行维修、保养、调整作业，等等。

（3）机械设备故障。在建筑施工中，由于施工单位不顾条件抢工期、抢进度，造成机械设备的超负荷运行或带病运行，给事故的发生创造了条件，许多事故都是由于机械设备的故障引起的。

（4）安全管理上存在问题。一些施工企业机械管理水平低下，重使用、轻维修，拼设备、拼机具的问题突出，机具完好率不高；有些自制机具质量差、安全隐患多；有些低资质施工企业为了降低成本，购买了大中型企业淘汰的、落后的、安全性能差的机械设备，造成机械设备本质上的不安全。这些都容易导致机械伤害事故的发生。

本章小结

本章简要介绍了建筑工程常见的五大灾害事故类型及建筑工程分类方法和分布规律，在此基础上，重点阐述了建筑工程各类事故现场勘察的任务与实施步骤，并以高空坠落、物体打击、建筑物倒塌事故为例，具体介绍了这些事故现场勘察的要点及内容，最后对建筑工程的五大灾害事故发生的原因进行了详细的阐述，为现场勘察工程技术人员寻找事故原因提供便利。

习题和思考题

7-1 建筑工程事故中，最主要的事故形式有哪些？

7-2 根据建设部3号令，将重大工程事故分为了几级，分级标准是什么？

7-3 论述发生高空坠落事故时，如何进行现场勘察。

7-4 论述造成建筑工程机械伤害事故的原因。

8 事故调查报告编写

本章学习要点：

(1) 掌握事故调查报告的内容及编写要求。
(2) 了解四类事故调查报告编写的格式要求。
(3) 掌握事故报告中图表的制作要求。
(4) 能够完成某类事故中示意图的绘制。
(5) 学习实事求是、客观守法的工作作风。

8.1 事故调查报告的内容

事故调查报告是调查报告的一种，是事故调查后经过调查者的分析研究写成的报告材料。伤亡调查报告既是企业安全生产管理的档案材料，又是对事故责任人追究法律责任的依据，所以应该具有严密的科学性和法律的权威性。事故调查报告的写作必须遵循实事求是的原则、严肃认真的写作态度和准确无误的科学分析。

在我国，对伤亡事故发生后的调查、报告、处理、结案等有关事项早有明确规定，内容和要求都是统一的。

伤亡事故调查报告的主要内容包括：

(1) 企业详细名称；
(2) 经济类别；
(3) 事故发生时间；
(4) 事故发生地点；
(5) 事故类别；
(6) 事故发生的原因，其中必须说明事故的直接原因；
(7) 事故的严重级别；
(8) 事故伤亡情况；
(9) 事故的损失工作日情况；
(10) 事故的经济损失情况，其中必须说明事故的直接经济损失；
(11) 事故的详细经过；
(12) 事故的原因分析；
(13) 事故预防措施，这部分是针对原因分析直接得到的预防措施；
(14) 事故责任分析和事故责任人的处理意见；

（15）附件；

（16）调查组组成人员名单（签字）。

就内容而言，事故调查报告的第1项～11项内容可以直接填写，根据实际情况填写就可以了，相对比较容易；事故调查报告的第12项、13项、14项属于调查报告的核心内容，需要调查组成员认真完成；事故调查报告的第15项内容是各种支持材料，第16项明确事故调查组成员组成，接受公众的监督。

由于事故经过是事故原因分析和责任分析乃至制定预防措施吸取教训的依据，所以事故过程是否清楚十分关键，因此事故经过的叙述一定要详细，对来龙去脉都要交代清楚。

分析事故的直接原因一般从人的不安全行为、物的不安全状态和环境的不安全因素来分析。

人的不安全行为指操作者本人的不安全行为造成的错误表现，主要包括疲劳作业、未执行规定的机能、错误地执行规定的机能、执行了未规定的机能等。在事故分析中这是很重要的部分。

物的不安全状态是指事故发生时涉及的物质（包括生产过程中的原料、燃料、产品、机械设备、工具附件和其他非生产性物质）的固有属性及其潜在的破坏能力构成了生产中的不安全因素。分析事故原因应对事故中物的作用因素有足够的重视和分析。

环境的不安全因素是指生产作业场地的平面和空间布置、管路和机器设备，以及在生产过程中产生的局部过热、噪声、振动、光线、烟尘、毒气等原因。

分析事故间接原因一般从以下几个方面入手：技术上和管理上的缺陷，安全教育不够，劳动组织不合理，对现场工作缺乏监督检查或指导失误，没有安全操作规程或规程内容不具体，可操作性差，没有或不认真实施事故防范措施，对事故隐患整改不力等。此部分内容在事故调查报告中也比较重要。

这里必须指出的是，安全生产经费投入不足是各类事故的重要原因。由于没有足够的资金购买安全装置，不能提供有吸引力的薪酬招聘高素质员工，于是各种危险因素就开始不断积累，直到事故的最终爆发。所以，事故调查报告不要忽略安全生产经费投入情况的分析，因为这是导致事故发生的重要因素。

事故预防措施是针对事故原因制定的。事故原因分析准确则制定的预防措施就能够切实可行。本部分内容也要从人、物、环境、资金投入等几方面应采取的预防措施、管理措施或技术措施入手，如职工的技术培训、安全教育、规章制度的建立与完善、增加安全生产经费投入、设备维修和更新、改进工艺流程和产品结构、生产场所的改善等。

安全技术措施主要在安全技术、工业卫生和辅助设施以下三个方面展开。安全技术方面包括生产设备本质安全化的直接安全技术措施，采用安全防护装置的间接安全技术措施，增加提示性安全措施（如信号装置、安全标志），特殊安全技术措施（如限制自由接触技术设备），其他安全技术措施（如场地合理布局、机械设备的维修保养等）；工业卫生方面的技术措施包括防尘防毒、降低噪声、防寒供暖、防暑降温、采光照明等；辅助设施方面的措施包括工人休息室、更衣室、女职工卫生间及其有关设施。所有这些措施并不要求全部被包括，应该根据具体事故分析的原因有针对性地制定措施，特别要着重于防止事故重复发生应采取的措施。

对事故责任人的处理是对其本人及广大员工进行安全教育的一种重要方式，也是事故调查处理的重要内容之一。目的是吸取教训，改进工作，防止事故重复发生，确保安全生产。对事故直接责任人、领导责任人、主要责任人要根据其责任大小提出相应的处理意见，这是调查报告必须涉及的内容。

8.2 事故调查报告的要求

事故调查报告的性质决定了它必须具有严密的科学性和权威性，其内容必须客观实在，是事故本来面貌的记录。总体要求是：事故经过真实，原因分析准确，对事故责任人的处理意见客观公正，事故预防措施切实可行，真正起到吸取教训、提高认识、消除隐患、预防事故、推动安全工作的作用。

写事故调查报告必须做到：

（1）搞好事故的调查研究，掌握第一手材料。有了这个基础，通过归纳、分析和探求事故发生的本质和规律才能保证事故报告的严密准确、无懈可击。

（2）严肃认真、一丝不苟的科学分析态度。事故调查报告不仅是事故的文字记录，更是事故定案性结论，如果出现偏差，就会影响事故经验教训的吸取以及预防措施的制定与实施，最终不能真正避免事故再次发生。这是事故调查人员必须具备的基本态度。

（3）坚持实事求是的写作原则。一般应注意不避重就轻，不虚构情节或扩大事实，不能将孤立的证言、未定性的材料作为事故调查报告的依据。

事故调查报告的具体格式和内容虽然都有固定的要求，但写好事故调查报告还需要掌握一定的技巧。

事故调查报告一般采用倒叙的方式，先摆出事故发生的事实（如事故发生的时间、地点、伤亡人数、经济损失等），然后按事故发生的先后顺序叙述事故的经过和事故原因分析以及处理意见等。

调查报告的文字不需要文学式的描写，只要求语言文字表达简洁、明白、准确。但要注意不要使用比较生僻的术语、地方用语或应用面比较窄的行业术语。使用通用的标准化专业术语是事故调查报告的重要要求。

事故调查报告是一种报告，注意不要写成请示或新闻稿等其他文体。另外，调查报告的标题应该简洁、明确，要能表达清楚，字数力求少而精。

8.3 事故调查报告的格式

8.3.1 通用报告格式

题目：“×××”事故调查处理报告

一、事故发生单位概况

二、事故发生经过和事故救援情况

事故发生详细经过中包括生产过程、状态；事故中的当事人的行为、语言表述；事故状态；事故场所机械、设备、状况等。

应急救援情况主要包括救援过程；抢救地点、过程、结果。

三、事故造成的人员伤亡和直接经济损失状况

四、事故发生的原因和事故性质

（一）事故原因

1. 直接原因

（1）人的不安全行为：根据相关法规的规定进行分析。

（2）机械、物质或环境的不安全状态：根据 GB 5441—86 中 A6 部分的规定。

2. 间接原因

（1）技术和设计上的缺陷。

（2）教育培训不够，缺乏安全技术知识。

（3）劳动组织不合理。

（4）对现场工作缺乏检查指导。

（5）没有安全操作规程或不健全。

（6）对事故隐患整改不力，没有落实事故防范措施等。

（二）事故性质

关键是要确定此次是否为责任事故，列举事故责任人的违法违规的事实，以及相对应的法律依据。

五、对事故的责任认定及对事故责任人的处理建议

（1）对事故单位的责任认定及处理意见，依据法律法规的规定提出行政处罚建议。

（2）对事故有关部门的责任认定，依据法律法规的规定提出行政处罚建议。

（3）对有关责任者的责任认定，提出对其责任人的行政处罚建议、党、政纪处分建议，以及是否追究责任人的刑事责任。

六、防范和整改措施建议

防范和整改措施要结合本次事故原因、特点提出，一定注意措施合法性、针对性和可操作性。

七、附件

1. 事故调查人员签字名单

2. 伤亡人员名单

3. 有关资料复印件

（1）企业提供资料的复印件；

（2）现场照片；

（3）现场示意图；

（4）笔录复印件；

（5）行政处罚的法律文书；

（6）刑事处罚的法律文书；

（7）罚款收据复印件；

（8）行政处分的复印件；

（9）党内处分的复印件；

（10）其他需要提交的有关材料等。

8.3.2 未遂事故调查报告格式

一般地，未遂事故的调查报告主要包括未遂事故基本概况（未遂事故发生的时间、地点、发生单位或部门）、未遂事故的报告（报告人姓名、所在单位或部门、联系电话）、未遂事故的调查（调查人员姓名、所在单位或部门、调查日期）、未遂事故的经过描述、未遂事故的潜在后果、未遂事故的原因分析、未遂事故的整改建议以及未遂事故处理的落实八部分内容。

×××未遂事故调查报告

未遂事故报告卡	
未遂事故报告卡（正面）	未遂事故报告卡（背面） 调查人员：
时间： 日期：	部门： 日期：
地点：	事故名称：
发生单位/部门：	潜在后果： 事故分类：
未遂事故经过：	事故原因：
整改措施和建议：	防范措施： 1. 2. 3. 责任人： 完成期限：
报告人姓名： 部门： 联系电话：	防范措施验证：

8.3.3 煤矿行业事故调查报告样式

××煤矿“×·×”××事故调查报告

×年×月×日，××煤矿发生一起××事故，造成×人死亡，×人重伤，直接经济损失×万元。

有关领导对事故的批示及赶赴事故现场指导抢险救灾的情况。

×月×日至×日，××专家对事故进行了技术鉴定。

根据有关法律法规的规定，××牵头，组织××安监局、监察局、煤炭行业管理部门、公安局、总工会等单位组成事故调查组（见附件1），并邀请××检察院参加，对事故进行了调查。调查组通过现场勘察、调查取证、技术认定、综合分析，查清了事故发生的经过和原因，认定了事故性质和责任，提出了对事故责任者的处理建议及防范和整改措施。

一、事故概况

1. 企业名称：××县（市、区）××煤矿（公司），注意企业名称必须与其证照上的名称一致。

2. 企业性质：××（国有、集体、私营：股份合作、联营、有限责任公司、股份有限责任公司）企业。

3. 事故时间：×年×月×日×时×分。

4. 事故地点：××地点。

5. 事故类别：××事故。

6. 事故伤亡情况：死亡×人，重伤×人。

7. 直接经济损失：××万元。

二、事故单位基本情况

（一）煤矿概况

企业所处位置及交通条件、企业成立时间及建设情况、现有矿井数、职工状况、企业经济性质、股东构成、经营管理方式、企业安全管理机构的设置及人员配备情况。

（二）矿井证照情况

持证情况，包括证件编号、发证机关、证照期限等。

（三）矿井开采条件及生产系统

矿井由来、保有储量、设计生产能力、核定生产能力、上年实际产量，矿井安全管理机制及特种作业人员配备情况，矿井开采技术条件，矿井各生产系统状况。（注：与事故直接有关的情况应作详细叙述：如突出事故，要详细叙述矿井防突情况，包括机构设置、人员配备、设备设施、规章制度、防突实施等情况；水害事故主要叙述防治水情况；顶板事故的顶底板状况、采煤方法及支护等情况。）

（四）事故地点概况

描述事故地点各方面有关情况。如煤层、瓦斯赋存、巷道布置、工程进展、设备设施、支护、防突、防水等。特别注意重点叙述与事故原因分析和责任追究有关的情况。

（五）事故前安全监管情况

叙述地方政府及其煤矿安全监管部门在事故发生前对煤矿的安全监管情况。特别注意重点写监管在哪些方面未落实到位，要写具体事实。

三、事故发生经过及抢救救援情况

描述从当班班前会直至事故发生的全部经过，从发生事故直至抢救出最后一名遇难者的整个过程情况（善后处理也要进行说明）。

特别注意：事故经过及抢救过程必须依照时间顺序进行简洁、明了、完整地叙述，要与事故原因在内容上相互呼应。

四、人员伤亡和直接经济损失

本次事故共造成××人死亡，××受伤（见附件2）。直接经济损失××万元（见附件3）。突出事故写明突出量、瓦斯涌出量；突水事故写明突水、突泥量。因事故抢救扩大了事故或有人员未抢救出来的要说明。

五、事故原因及性质

（一）直接原因

根据技术鉴定、现场勘察情况、调查询问笔录及技术方面的调查资料相互印证，事实确凿，从物的不安全状态（机械、物质或环境）和人的不安全行为两个方面叙述，语言简明扼要，客观写实，重证据，重数据，无主观臆断成分。

（二）间接原因

根据调查取证资料和调查报告叙述的有关内容描述事故发生的间接原因。要突出重点、有层次，语言简明扼要，证据充分。特别注意：事故原因是追究事故责任单位和责任人的事实依据，一定要写完全、准确。

1. 技术和设计上的原因；
2. 现场管理方面的原因；
3. 安全管理和责任制落实上的原因；
4. 安全教育培训方面的原因；
5. 安全操作规程方面的原因；
6. 安全防范措施实施及事故隐患整改方面的原因；
7. 安全监管或其他方面的原因。

（三）事故性质

经调查认定，本次事故是一起责任事故。

六、责任划分与处理建议

责任划分：直接责任、主要责任、重要责任、领导责任（直接、主要、重要、领导）

（一）建议不再追究人员

责任人员的责任认定表述模式：姓名，政治面貌，身份，现任职务，分管业务。违规事实（如有多条违规事实，则用分号隔开，下同）。应负何种责任。鉴于其已在事故中死亡，不再追究。

（二）建议移送司法机关处理人员

责任人员的责任认定表述模式：姓名，政治面貌，身份，现任职务，分管业务。违规事实。应负何种责任。涉嫌构成犯罪，建议移送公安（检察）机关追究刑事责任（或立案侦查）。特别注意：矿和公司有关人员移送公安机关，国家机关工作人员和国家公务员移送检察院。

（三）建议给予党纪和政纪处分人员

责任人员的责任认定表述模式：姓名，政治面貌，身份，现任职务，分管业务。违规事实。应负何种责任。根据何规定（条款）建议给予何种处分（包括诫勉谈话、预备党员延长预备期、写检讨）。

1. 注意国家公务员、国家机关工作人员的处分认定，要根据国务院行政法规、监察部、国家安监总局、中国共产党纪律处分条例等有关规定。

2. 矿、公司人员的处分认定，包括主要负责人撤职，副职负责人及一般职工，都要根据《安全生产法》、监察部、国家安监总局等法律法规进行处分认定。

（四）建议给予行政处罚的单位和人员

1. 责任人员的责任认定表述模式：姓名，政治面貌，身份，现任职务，分管业务。违规事实。应负何种责任。根据何规定（条款），建议由何执法单位给予何种行政处罚。

2. 责任单位的责任认定表述模式：单位名称，违法、违规事实，根据何规定（条款），建议由何执法单位给予何种行政处罚。

行政处罚由何单位依法执行。

注意罚款、暂扣证和吊证，都要根据国务院有关行政法规，给予经济处罚时，应注明由谁处罚和罚款数额。停产整顿、关井，根据有关法律法规，关井的行政处罚一定要写明由煤矿安全监察机构或安全监管部门提请地方人民政府关闭。责任单位和责任人写明违规事实和应负的责任及处理依据。

七、防范措施

主要针对事故单位，就事故发生的原因，从管理、装备、技术、培训等方面，提出具有针对性、切实可行的防止类似事故发生的措施。针对管理部门的防范措施尽量简略，并有具体所要整改的内容。

1. 管理方面的措施；
2. 装备方面的措施；
3. 安全教育培训方面的措施；
4. 其他方面的措施。

八、附件

附件1：煤矿事故调查组成员名单（见表8-1）。

表8-1 ××煤矿"×·×"××事故调查组成员名单

调查组职务	姓 名	单 位	职务职称	签 名
组 长				
副组长				
成 员				

附件2：煤矿事故伤亡人员名单（见表8-2）

表8-2 ××煤矿"×·×"××事故伤亡人员名单

事故单位（盖章）：

序号	姓名	伤害程度	伤害部位	性别	年龄	文化程度	培训情况	籍贯	工种	工龄

附件3：煤矿事故直接经济损失（见表8-3）。

表8-3 ××煤矿"×·×"××事故直接经济损失表

事故单位（盖章）：

序号	项 目	金额（万元）	备 注
一	人身伤亡后所支出费用		
1	医疗费用（含护理费）		
2	丧葬及抚恤费用		
3	补助及救济费用		
4	歇工工资		
二	善后处理费用		

续表 8 - 3

序号	项 目	金额（万元）	备 注
5	现场抢救费用		
6	清理现场费用		
7	处理事故的事务性费用		
8	事故罚款和赔偿费用		
三	财产损失价值		
9	固定资产损失价值		
10	流动资产损失价值		
	合 计		

附件4：煤矿事故现场示意图（见表8-4）。

表8-4 ××煤矿“×·×”××事故现场示意图

（不能完全照搬技术鉴定的图纸，图纸包括现场示意图、事故地点局部放大示意图等）

××煤矿××井
“×·×”××事故现场示意图

现场勘察	勘察日期
CAD 制图	制图日期

说明：

①标题使用小标宋体2号字。

②图中文字一律使用宋体5号字。

③图中必须标注方位。

④巷道一般采用双线条绘制。

⑤图中主井、风井、主要巷道必须标注其标高、名称、通风设施位置、风流方向、倾斜方向及倾角。

⑥事故地点特征应重点标注，当在主图中难以全面反映事故地点特征时，应绘制局部放大图。

⑦井巷及事故地点特征符号必须采用图例说明。

⑧在图签中，标题采用宋体5号字，其他采用宋体小5号字；如有多个现场勘察人员，则填列2个主要人员，其中至少有一名安全监管或监察人员。

⑨图形应尽可能与其采掘工程平面图相似，图幅分布均匀、清晰、美观、合理，标注一致。

⑩采用A4纸幅打印。

附件5：煤矿事故技术鉴定报告

××煤矿××井“×·×”××事故技术鉴定报告（顶板、机电、运输、放炮、其他类别一般事故有现场勘察报告即可）

8.3.4 建筑行业事故调查报告样式

建筑行业的事故调查报告主要包括事故时间、地点、事故类型、造成人员伤亡情况、经济损失、事故发生后哪些部门、人员赶赴现场、施救情况、组成调查组情况、通过什么形式和方式查明了事故原因；认定的事故情况和责任；提出的对相关责任人员的处理意见和防范措施的建议。建筑行业事故调查报告样式如下。

××建筑单位“×·×”××事故调查报告

×年×月×日，××建筑单位发生一起××事故，造成×人死亡，×人重伤，直接经济损失×万元。

一、基本情况

（一）工程概况

（二）项目投资主体、参加各方基本情况及工作关系

1. 建设单位全称及基本情况、投资基本情况；

2. 总承包单位全称及基本（情况），承包工程（项目）基本情况；

3. 分包单位全称及分包工程（项目）基本情况；

4. 监理公司（全称）及基本情况，监理工程（项目）基本情况；

5. 建设工程（项目）政府专项监管部主管部门及对工程（项目）审批监管基本情况；

6. 项目投资主体与参建各方关系示意图。

二、事故经过及施救情况

（一）事故经过

（二）施救情况

（三）人员伤亡情况（见表8-5）

表8-5　人员伤亡情况

序号	姓名	性别	年龄	文化程度	工作单位	家庭住址	工种	伤害程度

三、事故原因及性质

（一）直接原因

（二）间接原因

（三）事故性质

四、对有关责任人的处理意见

（一）主要责任单位全称

违法事实及主要责任认定的表述

1. 责任人姓名违法事实表述，处罚或处理意见。

2. 责任人姓名违法事实表述，处罚或处理意见。

（二）次要责任单位全称

违法事实及次要责任表述

1. 责任人姓名、违法事实表述、处罚或处理意见。

2. 责任人姓名、违法事实表述、处罚或处理意见。

五、防范措施建议

六、调查组成员签名（见表8-6）。

表 8-6　×××事故调查组成员名单

姓　名	工作单位	职 务	调查组职务	调查组成员签字

8.4　煤矿事故报告中图表制作

8.4.1　事故图表总体要求

事故调查报告中事故图的绘制，要客观、准确地在事故图上表述事故信息。事故图应包括事故现场示意图、流程图、受害者位置图等。事故图的总要求：用 CAD 制图，图幅一般采用 A4（或 A3）纸横排，图上应有图签、图例说明；事故现场示意图和受害者位置图上应标识指北针、图例、必要的尺寸。图签中应有图名、制图人签名、审图人签名。煤矿事故现场示意图应按顶板、瓦斯、机电、运输、放炮、水害、火灾、其他等八个类别分别制图。流程图应根据煤矿不同事故类别进行取舍。瓦斯、火灾事故应有矿井、事故地点局部通风系统图；水害事故应有排水系统图；瓦斯事故、水害事故、火灾事故应有避灾路线图。

受害者位置图，应在图中标明受害者的位置和相对尺寸，应按 GB 6441—86 的要求列表说明受害者的受伤部位、受伤性质、伤害方式。

8.4.2　顶板事故示意图绘制

顶板事故分回采工作面顶板事故和掘进工作面顶板事故，一般应制作 3 张示意图（平面示意图、事故地点走向断面示意图和倾向剖面示意图）。平面示意图主要说明事故地点及生产系统、辅助系统、工作面的支护等情况。事故地点走向断面示意图和倾向剖面示意图，主要是描述事故发生后现场勘察的实际情况，说明事故发生后现场的状态。3 个图可以根据图幅大小合并布置在 1 张图上。顶板事故现场示意图绘制具体要求见表 8-7。

表 8-7　顶板事故现场示意图绘制具体要求

事故类别	示意图名称	示意图制作说明
回采工作面顶板事故	×××煤矿“××”顶板事故平面示意图	1. 工作面的推进方向； 2. 运输巷和回风巷位置、标高标注，放顶线和剖面线等； 3. 采空区范围，工作面附近巷道布置情况； 4. 标注风流； 5. 工作面支护：上下安全出口、工作面和切顶
	×××煤矿“××”顶板事故地点走向断面和倾向剖面示意图	1. 标注煤体、直接顶板、底板和采空区； 2. 标注顶板冒落断面的状态（事故位置）； 3. 工作面支护方式和支护尺寸（柱距和排距）； 4. 最大和最小控顶距（断面示意图）； 5. 倾向剖面示意图要标注运输巷和回风巷

续表 8－7

事故类别	示意图名称	示意图制作说明
掘进工作面顶板事故	×××煤矿“××”顶板事故平面示意图	1. 巷道断面、标高注记和剖面线； 2. 工作面附近的主要井巷； 3. 支护情况； 4. 标注风流
	×××煤矿“××”顶板事故地点走向断面和倾向剖面示意图	1. 标注工作面档头、直接顶板、底板和两帮岩石性； 2. 标注顶板冒落断面的状态（事故位置）； 3. 工作面支护方式和支护尺寸； 4. 剖面图标注剖面线和其他图纸对应

8.4.3 瓦斯事故示意图绘制

瓦斯事故分为瓦斯爆炸、瓦斯燃烧、煤与瓦斯突出、瓦斯窒息事故，除窒息事故原因较简单外，其他事故原因较复杂，为能充分说明原因，一般应制作2张示意图：一是系统示意图，此图主要是说明事故地点及生产系统、辅助系统、安全设施设备情况；二是瓦斯事故现场勘察示意图，主要是描述事故发生后现场勘察的实际情况。瓦斯事故现场示意图绘制具体要求见表8-8。

表8-8 瓦斯事故现场示意图绘制具体要求

事故分类	示意图名称	示意图制作说明
瓦斯爆炸	×××煤矿“××”瓦斯爆炸事故示意图	1. 通风系统：新鲜风流、乏风流，局部通风机安装位置，风门、风桥、密闭、栅栏； 2. 安全监控系统：甲烷传感器个数、安装位置，风速甲烷传感安装位置、风速，设备停开传感安装位置等； 3. 瓦斯抽放系统（高瓦斯、突出矿井）：瓦斯抽放泵站位置，抽放泵型号、抽放管线路、管径、抽放管排放出口位置，安全设施等； 4. 防灭火系统：防灭火管线路、管径、消火栓安装位置； 5. 防尘系统（煤尘参与爆炸的事故）：防尘管线路、管径、各种防尘设施安装位置，有煤尘爆炸危险性的还要标注隔爆设施； 6. 供电系统；变电所位置、供电电缆规格型号、事故地点电气设备规格型号、电气设备位置等
	×××煤矿“××”瓦斯爆炸事故现场勘察示意图	1. 标注瓦斯爆炸事故点位置、爆炸影响范围； 2. 爆炸地点巷道破坏情况：插入断面图或剖面图，并标注有关参数； 3. 事故附近的所有设施、设备应标注与事故点相对位置、规格型号、损坏程度； 4. 安全仪器仪表的具体位置、规格型号、显示的有关参数； 5. 火源位置，根据事故调查分析确定的瓦斯爆炸事故引爆火源，然后标注在现场勘察示意图上

续表 8－8

事故分类	示意图名称	示意图制作说明
瓦斯燃烧	×××煤矿“××”瓦斯燃烧事故系统示意图	1. 通风系统：新鲜风流、乏风流，局部通风机安装位置，风门、风桥、密闭、栅栏； 2. 防灭火系统：防灭火管线路、管径、消火栓安装位置； 3. 供电系统：变电所位置、供电电缆规格型号、事故地点电气设备规格型号、电气设备位置等； 4. 安全监控系统：甲烷传感器个数、安装位置，风速甲烷传感安装位置、风速，设备停开传感安装位置等； 5. 瓦斯抽放系统（高瓦斯、突出矿井）：瓦斯抽放泵站位置，抽放泵型号、抽放管线路、管径、抽放管排放出口位置，安全设施等； 6. 有煤尘爆炸危险性的还要标注隔爆设施； 7. 标注瓦斯燃烧事故点位置，瓦斯燃烧烟流影响区域
	×××煤矿“××”瓦斯燃烧事故勘察示意图	1. 标注瓦斯燃烧事故点位置、瓦斯燃烧烟流影响范围； 2. 瓦斯燃烧地点巷道破坏情况：插入事故描述分图、并标注有关参数； 3. 事故附近的所有设施、设备应标注与事故点相对位置、规格型号、损坏程度； 4. 安全仪器仪表的具体位置、规格型号、显示的有关参数； 5. 引起瓦斯燃烧的火源位置，根据事故调查分析确定的瓦斯燃烧的火源，然后标注在现场勘察示意图上
煤与瓦斯突出	×××矿“××”煤与瓦斯突出事故示意图	1. 剖面线； 2. 通风系统：新鲜风流、乏风流，局部通风机安装位置，风门、风桥、密闭、栅栏； 3. 安全监控系统：甲烷传感器个数、安装位置，风速甲烷传感安装位置、风速，设备停开传感安装位置等； 4. 瓦斯抽放系统：瓦斯抽放泵站位置，抽放泵型号、抽放管线路、管径、抽放管排放出口位置，安全设施等； 5. 供电系统；变电所位置、供电电缆规格型号、事故地点电气设备规格型号、电气设备位置等； 6. 标注煤与瓦斯突出事故点位置，并用文字说明
	×××矿“××”煤与瓦斯突出事故现场勘察示意图	1. 标注煤与瓦斯突出事故点位置、事故地点进、回风巷甲烷、风速传感器安装位置及显示参数； 2. 煤与瓦斯突出地点破坏情况：插入突出点突洞、堆积、支架情况的描述分图、并标注有关参数； 3. 事故附近的所有设施、设备应标注与事故点相对位置、规格型号、损坏程度； 4. 安全仪器仪表的具体位置、规格型号、显示的有关参数； 5. 标注放炮地点位置、电煤钻位置、排放孔钻机位置； 6. 瓦斯抽放系统：瓦斯抽放泵站位置，抽放泵型号、抽放管线路、管径、抽放管排放出口位置，安全设施等
瓦斯窒息	×××矿“××”瓦斯窒息事故示意图	1. 标注瓦斯窒息事故点位置，并用文字说明； 2. 标注通风系统有关参数：如新鲜风流、乏风流，局部通风机安装位置，风筒与遇难者位置、风门、风桥、密闭、栅栏等； 3. 标注安全监控系统仪表：如甲烷、风速传感器安装位置； 4. 巷道支架情况等

8.4.4 机电事故示意图绘制

机电事故分机械和电气事故（主要为电气事故）。电气事故分地面供电系统事故、井下电气事故。机电事故现场示意图绘制具体要求见表8-9。

表8-9 机电事故现场示意图绘制具体要求

事故分类	示意图名称	示意图制作说明
电气事故	×××矿“××”地面供电系统事故示意图 ×××矿“××”井下供电系统事故示意图	1. 供电系统示意图要标注事项： ①供电来自何方、电压； ②变压器型号、容量； ③开关型号； ④电缆型号、规格、长度； ⑤漏电继电器型号、规格； ⑥照明、信号综保型号规格； ⑦防爆照明灯型号、规格； ⑧其他动力负荷型号、规格（水泵、绞车、空压机、煤电钻、探水钻等等设备）。 2. 注出井口、落底标高、斜井倾角。 3. 视情况而定，可作局部放大图（出事点断面尺寸）

8.4.5 运输事故示意图绘制

运输类事故分为地面、井下运输事故。包括矿车、皮带或提升等设备引起的事故，运输事故现场图绘制要求见表8-10。

表8-10 运输事故现场图绘制要求

事故分类	示意图名称	示意图制作说明
运输类	×××矿“××”地面运输事故示意图 ×××矿“××”井下运输事故示意图	1. 标出绞车房的位置、型号，配置电机型号、电压、功率； 2. 注出绞车使用的提升钢丝绳、规格； 3. 注出提升容器的型号、规格，串车提升数量； 4. 注出轨道规格； 5. 注出井口、落底标高、斜井倾角； 6. 视情况而定，可作局部放大图（出事点断面尺寸）

8.4.6 火灾事故示意图绘制

煤矿火灾根据发火原因可以分为外因火灾和内因火灾。

8.4.6.1 外因火灾

外因火灾的火源包括：

(1) 明火（包括火柴点火、吸烟、电焊、气焊、使用电炉、火炉、大灯泡取暖等产生的）。

(2) 电火花（由于管理不善或操作不当由井下照明和设备的电源、电路、电气失爆、矿灯失爆、电器装置）而产生的电火花，以及电气设备（动力线、照明线、变压器、电动设备等）的绝缘损坏和性能不良引起的。

(3) 放炮火花。放炮时炮泥装填不满，放炮不使用水炮泥，用煤粉或木块充填，最小抵抗线不够和放明炮、糊炮，接线不良及炸药雷管不符合《煤矿安全规程》安全等级要求等引起的。

(4) 撞击摩擦火花。主要是机械设备之间的撞击、设备与坚硬岩石之间的撞击、坚硬顶板冒落时的撞击、金属表面的摩擦等产生火花。

(5) 静电火花和地面雷击。一些高分子材料表面电阻高，容易积聚电荷，放电时可产生电火花，如化纤衣服等；地面雷击可以通过电线电缆、铁轨、金属管路等传导至井下，从而引起瓦斯爆炸。

(6) 油料（包括润滑油、变压器油、液压设备用油、柴油设备用油、维修设备用油等）在运输、保管和使用时引起的火灾。

8.4.6.2　内因火灾

内因火灾是由矿岩本身的物理和化学反应热引起的。主要煤矿为煤自燃，煤自燃有三个要素：

(1) 具有自燃倾向性的煤层；

(2) 有不断适量供给的氧气；

(3) 有散热不良、热量得以积聚的条件。

煤矿火灾事故分为中毒和燃烧事故，火灾事故现场示意图绘制要求见表8-11。

表8-11　火灾类事故现场示意图绘制要求

事故分类	示意图名称	示意图制作说明
火灾中毒	×××煤矿“××”地方火灾中毒事故示意图	1. 标注火灾中毒人员名称和时间； 2. 标注火灾的引火源的原因：可分为外因火灾和内因火灾； 3. 标注可燃物：煤炭、胶带、油料、木材、纺织物、炸药、煤尘、含硫矿物等； 4. 标注助燃剂：如矿山常见的有氧气和氯气； 5. 井下火灾中毒主要有毒有害气体，如有一氧化碳、硫化氢、二氧化硫、二氧化氮及瓦斯等
火灾燃烧	×××煤矿“××”地方火灾燃烧事故示意图	1. 标注火灾燃烧的时间：××年××月××日。 2. 标注火灾燃烧地点：可分为地面火灾和井下火灾。地面火灾地点：工业广场的厂房、仓库、井架、露天矿场、矿仓、贮矿堆等处；井下火灾地点：井下硐室、巷道、井筒、采煤工作面、掘进工作面、井底车场、采空区、盲巷等处。 3. 井下火灾发生的四个基本条件：具有一定能量的引火源；可供火灾继续的可燃物；可供火灾继续的助燃剂；适当的环境或场所。 ①标注火灾原因：可分为外因火灾和内因火灾； ②标注可燃物：煤炭、胶带、油料、木材、纺织物、炸药、煤尘、含硫矿物等； ③标注助燃剂：如矿山常见的有氧气和氯气。 4. 标注火灾燃烧状态：阴燃火灾和明燃火灾。 5. 标注局部放大示意图

8.4.7　水灾事故示意图绘制

水害事故分老空透水事故，矿井水透水，地表水、洪水灌井透水事故。应绘制事故平面示意图、井上下对照图（适用于老窑和小煤窑透水）和剖面图。水害事故平面图主要说明与水害事故相关的矿井生产系统、辅助系统相关巷道和积水量等情况，包括积水量、透水点位置、伤亡人员位置、水流路线等情况；井上下对照图（适用于老窑和小煤窑透水）主要是描述透水区域地表地形、老窑井口、井巷、积水区；剖面图主要是描述积水位置、透水点位置、冒落带和导水断裂带、煤层顶底板和剖面方位等。水害事故现场示意图绘制具体要求见表8-12。

表8-12 水害事故现场示意图绘制具体要求

事故分类	示意图名称	示意图制作说明
老空透水事故	（一）×××煤矿“××”水害事故平面示意图	1. 剖面线； 2. 老空区位置和标高、积水范围、水位和水量； 3. 事故工作面探水钻孔布置情况，透水点位置和标高，透水量； 4. 透水波及巷道和作业人员位置
	（二）×××煤矿“××”水害事故井上下对照图	1. 剖面线； 2. 老窑或小煤窑积水区位置和标高、积水范围和水量，井口标高和位置； 3. 事故工作面探水钻孔布置情况，透水点位置和标高，透水量； 4. 透水波及巷道和作业人员位置
	（三）×××煤矿“××”水害事故剖面图	1. 标注剖面线和其他图纸对应； 2. 事故工作面方向； 3. 透水点位置和积水位置及标高； 4. 冒落带和导水断裂带的情况； 5. 煤层厚度和顶底板岩性情况； 6. 剖面方位
矿井透水事故	（一）×××煤矿“××”水害事故平面示意图	1. 剖面线； 2. 矿井水积水巷道，位置和标高、积水范围和水量，是邻矿矿井水要标注邻矿积水相关情况； 3. 事故工作面探水钻孔布置情况，透水点位置和标高，透水量； 4. 透水波及巷道和作业人员位置
	（二）×××煤矿“××”水害事故剖面图	1. 标注剖面线和其他图纸对应； 2. 透水区域与邻矿的相互关系； 3. 透水点位置和积水位置及标高； 4. 冒落带和导水断裂带的情况； 5. 煤层厚度和顶底板岩性情况
地表水、洪水灌井透水事故	（一）×××煤矿“××”水害事故平面示意图	1. 剖面线； 2. 透水位置、积水位置及标高、透水区域和地表水体的相互关系； 3. 透水地点和附近井巷工程及标高； 4. 地表水通过邻矿井巷透水要标注邻矿相关井巷情况； 5. 地表水的径流路线、单位流量、突水点位置、总突水量； 6. 透水波及巷道和作业人员位置
	（二）×××煤矿“××”水害事故井上下对照图	1. 剖面线； 2. 透水位置、积水位置及标高、透水区域和地表地形与地表水体的相互关系； 3. 透水地点和附近井巷工程及标高； 4. 地表水通过老空或老窑透水要标注相关井巷情况和相互关系； 5. 地表水的径流路线、单位流量、突水点位置、总突水量，突水后水位标高； 6. 透水波及巷道和作业人员位置
	（三）×××煤矿“××”水害事故剖面图	1. 标注剖面线和其他图纸对应； 2. 事故工作面方向； 3. 透水点位置和积水位置及标高； 4. 冒落带和导水断裂带的情况； 5. 煤层厚度和顶底板岩性情况； 6. 剖面方位

8.4.8 放炮事故示意图绘制

放炮事故分为放炮、瞎炮处理。放炮事故现场示意图绘制具体要求见表8-13。

表8-13 放炮事故现场示意图绘制具体要求

事故分类	示意图名称	示意图制作说明
放炮	×××矿“××”放炮事故示意图	1. 标注放炮事故工作面，启爆位置与工作面距离，并用文字说明； 2. 标注通风系统有关参数：如新鲜风流、乏风流，局部通风机安装位置，风筒与遇难者位置、风门、风桥、密闭、栅栏等； 3. 巷道支架情况等
瞎炮处理	×××矿“××”瞎炮处理事故示意图	1. 与放炮事故示意图内容相似； 2. 增加巷道断面图及处理瞎炮的炮眼布置图

8.4.9 其他事故示意图绘制

其他事故包括捅溜煤眼和其他死亡。其他死亡包括：物体打击、起重伤害、淹溺、灼烫、坍塌、爆破、火药爆炸、锅炉爆炸、容器爆炸、其他爆炸和窒息等。其他类事故现场示意图绘制的具体要求见表8-14。

表8-14 其他类事故现场示意图绘制

事故分类	示意图名称	示意图制作说明
捅溜煤眼	×××煤矿“××”事故现场示意图	1. 标注时间； 2. 在工程布置示意图上标注地点； 3. 标注局部放大示意图
其他死亡	×××煤矿“××”事故现场示意图	1. 标注时间； 2. 在工程布置示意图上标注地点； 3. 标注局部放大示意图

本章小结

本章在事故调查报告编写内容和编写要求的基础上，以通用事故报告、未遂事故报告、煤矿行业事故报告、建筑行业事故报告四个典型报告格式为例，介绍了事故调查报告的编写格式。并以煤矿事故报告中图表的制作，如顶板事故示意图、火灾事故示意图、瓦斯爆炸事故示意图等的绘制为例，说明了煤矿事故报告中图表的制作要求。通过对本章的学习，可以熟练编写各类事故报告。

习题和思考题

8-1 伤亡事故调查报告的主要内容包括哪些？

8-2 编写事故调查报告的基本要求有哪些？

8-3 简述四类事故调查报告格式的特点及区别。

8-4 简述事故调查报告中事故图制作的主要内容及其总要求。

8-5 煤矿顶板事故现场示意图绘制的具体要求有哪些？

8-6 简述煤矿火灾事故的分类及其火源来源。

8-7 煤矿放炮事故现场示意图绘制的具体要求有哪些？

参考文献

[1] 蒋军成. 事故调查与分析技术 [M]. 2 版. 北京：化学工业出版社，2011.

[2] 于殿宝，唐紫荣. 事故研究与应急管理 [M]. 北京：煤炭工业出版社，2011.

[3] 王凯全，邵辉，等. 事故理论与分析技术 [M]. 北京：化学工业出版社，2004.

[4] 甄亮编. 事故调查分析与应急救援 [M]. 北京：国防工业出版社，2007.

[5] 赵承河. "未遂事故"——一个权威的错误用法 [J]. 现代职业安全，2008 (4).

[6] 徐伟东. 事故调查与根源分析技术 [M]. 广州：广东科技出版社，2006.

[7] 姚建编. 事故调查与案例分析 [M]. 北京：煤炭工业出版社，2012.

[8] 张玲，陈国华. 事故调查分析方法与技术述评 [J]. 中国安全科学学报，2009 (4)：169 ~ 176.

[9] 刘双跃. 安全评价 [M]. 北京：冶金工业出版社，2010.

[10] 何学秋. 安全工程学 [M]. 徐州：中国矿业大学出版社，2000.

[11] 汪元辉. 安全系统工程 [M]. 天津：天津大学出版社，2004.

[12] 金龙哲，宋存义. 安全科学原理 [M]. 北京：化学工业出版社，2004.

[13] 罗云等. 事故分析预测与事故管理. 北京：化学工业出版社，2006.

[14] GB/T 28001—2011，职业健康安全管理体系 [S]. 2007.

[15] 袁大祥，严四海. 事故的突变论 [J]. 中国安全科学学报，2003，10 (3)：5 ~ 7.

[16] Lina B. Wright，G A Utrecht，et al. The use of near miss information in the railway industry. A case study in the Netherlands [C] // ACM International Conference Proceeding Series，Chania，Greece，2005，132：51 ~ 56.

[17] 史晓虹. 生产安全未遂事件管理研究 [D]. 北京：首都经济贸易大学，2011.

[18] 陈国华，编著. 国外重大事故管理与案例剖析 [M]. 北京：中国石化出版社，2010.

[19] 吴宗之. 重大事故应急救援系统及预案导论 [M]. 北京：冶金工业出版社，2003.

[20] 陈宝智. 安全原理 [M]. 2 版. 北京：冶金工业出版社，2002.

[21] 王若一. 爆炸火灾现场勘察方法及事故原因的认定 [J]. 消防科技，1987 (2)：20 ~ 24.

[22] 曹晓强. 火灾原因和事故责任认定的探讨 [J]. 成都电子机械高等专科学校学报，2005 (1)：89 ~ 92.

[23] 廖国荣. 浅谈火灾事故现场的保护及注意事项 [J]. 攀枝花学院学报，2011 (3)：28 ~ 31.

[24] 李强. 浅谈火灾原因调查的方法 [J]. 广西民族大学学报（自然科学版），2006，S1：34 ~ 36.

[25] 谢建兵，周家铭，施祖建，等. 危险化学品火灾爆炸事故鉴证 [J]. 中国安全科学学报，2007 (4)：131 ~ 135.

[26] 汪丽莉，谢建兵，周家铭. 危险化学品火灾爆炸事故鉴定及实验室建设的初步研究 [C] //中国职业安全健康协会. 中国职业安全健康协会 2007 年学术年会论文集. 中国职业安全健康协会，2007：4.

[27] 陈洪文. 火灾调查学 [M]. 南昌：江西科学技术出版社，1989.

[28] 中国标准出版社第三编辑室. 火灾原因调查及鉴定方法标准汇编 [M]. 北京：中国标准出版社，2010.

[29] 徐宝成. 企业危险化学品事故预防及应急处置 [M]. 哈尔滨：黑龙江人民出版社，2008.

[30] 张荣. 危险化学品安全技术 [M]. 北京：化学工业出版社，2010.

[31] 蒋军成. 危险化学品安全技术与管理 [M]. 北京：化学工业出版社，2005.

[32] 公安部政治部编. 火灾物证分析 [M]. 北京：警官教育出版社，1999.

[33] 刘铁民. 应急体系建设与应急预案编制 [M]. 北京：企业管理出版社，2004.

[34] www. chinasafety. goy. cn/国家安全生产监督管理总局.

[35] 史宗保. 煤矿事故调查技术与安全分析 [M]. 北京：煤炭工业出版社，2009.

[36] 王君，潘星，李静，等. 基于案例推理的知识管理咨询系统 [J]. 清华大学学报（自然科学版），2006，46（S1）：990～995.

[37] 李国祯，李希建，刘玉玲. 矿井瓦斯爆炸与预防 [J]. 工业安全与环保，2011，37（6）：36～38.

[38] 冯国军，吴文鹏，冯鹏程，等. 浅谈煤矿“五大自然灾害”的危害及预防 [J]. 陕西煤炭，2010（6）.

[39] 熊廷伟. 煤矿瓦斯爆炸预警技术研究 [D]. 硕士学位论文，重庆：重庆大学，2005.

[40] 王海勇. 企业常见事故案例分析与控制 [M]. 北京：气象出版社，2005.

[41] 庄越，雷培德. 安全事故应急管理 [M]. 北京：中国经济出版社，2009.

[42] 石社文. 建筑机械伤害事故的分析 [J]. 建筑安全，2003，11：9～10.

[43] 杨俊平，马坤. 浅析我国建筑施工安全中五大类事故的原因 [J]. 科技风，2011，10：265～268.

[44] 段联保. 建筑施工安全事故的原因与对策 [J]. 建筑安全，2011，11：34～37.

[45] 李晓东，陈琦. 我国建筑生产安全事故的主要类型及其防范措施 [J]. 土木工程学报，2012，（S2）：245～248.

[46] 饶兰，张霞. 我国建筑施工安全事故原因分析 [J]. 珠江现代建设，2010（2）：32～34.

[47] 赵安全. 国外建筑安全管理纵览 [M]. 太原：山西科学技术出版社，2006.

[48] 杨文柱. 建筑安全工程 [M]. 北京：机械工业出版社，2004.

[49] 张仕廉. 建筑安全管理 [M]. 北京：中国建筑工业出版社，2005.

[50] 吕方泉. 建筑安全资料编制与填写范例 [M]. 北京：地震出版社，2006.

[51] 李林. 建筑工程安全技术与管理 [M]. 北京：机械工业出版社，2010.

[52] 江见鲸. 建筑工程事故分析与处理 [M]. 北京：中国建筑工业出版社，2003.

冶金工业出版社部分图书推荐

书　名	作　者	定价(元)
中国冶金百科全书·安全环保卷	本书编委会	120.00
采矿手册（第6卷）矿山通风与安全	本书编委会	109.00
我国金属矿山安全与环境科技发展前瞻研究	古德生	45.00
矿山安全工程（第2版）（本科教材）	陈宝智	38.00
系统安全评价与预测（第2版）（本科教材）	陈宝智	26.00
安全系统工程（本科教材）	谢振华	26.00
安全学原理（第2版）（本科教材）	金龙哲	39.00
防火与防爆工程（本科教材）	解立峰	38.00
重大危险源辨识与控制（第2版）（本科教材）	姜　威	49.00
燃烧与爆炸学（第2版）（本科教材）	张英华	32.00
土木工程安全管理教程（本科教材）	李慧民	33.00
职业健康与安全工程（本科教材）	张顺堂	36.00
网络信息安全技术基础与应用（本科教材）	庞淑英	21.00
安全工程实践教学综合实验指导书（本科教材）	张敬东	38.00
火灾爆炸理论与预防控制技术（本科教材）	王信群	26.00
化工安全（本科教材）	邵　辉	35.00
安全管理基本理论与技术	常占利	46.00
突发事件应急能力评价——以城市地铁为对象	黄典剑	38.00
矿山企业安全管理	刘志伟	25.00
煤矿安全技术与管理	郭国政	29.00
建筑施工企业安全评价操作实务	张　超	56.00
煤炭行业职业危害分析与控制技术	李　斌	45.00
新世纪企业安全执法创新模式与支撑理论	赵千里	55.00
现代矿山企业安全控制创新理论与支撑体系	赵千里	75.00
危险评价方法及其应用	吴宗之	47.00
重大事故应急救援系统及预案导论	吴宗之	38.00
起重机司机安全操作技术	张应立	70.00
爆破安全技术知识问答	顾毅成	29.00
爆破安全技术	王玉杰	25.00
安全生产行政处罚实录	张利民	46.00
安全生产行政执法	姜　威	35.00
安全管理技术	袁昌明	46.00
矿山安全与防灾（高职高专教材）	王洪胜	27.00
煤矿钻探工艺与安全（第2版）（职教国规教材）	姚向荣	50.00
冶金煤气安全实用知识（培训教材）	袁乃收	29.00
炼钢厂生产安全知识（培训教材）	邵明天	29.00